U0033785

關鍵年代
空軍一九四九年鑑
（一）

The Critical Era: Annual of R. O. C. Air Force in 1949

Section I

編輯凡例

一、本書收錄國史館藏陳誠副總統文物「三十八年度
　　空軍年鑑」，自第一篇第一章至第四篇第十七章。

二、原排印稿異體字、俗寫字、通同字等一律改為現行
　　字，無法辨識文字，以■表示。

三、本書史料內容，為保留原樣，維持原「匪」、「共
　　匪」等用語。

四、本書改直排文字為橫排，內容之如右（即如前）、
　　如左（即如後）等文字皆不予更動。

五、為便利閱讀，本書重製部份表格，並將部分中文數
　　字改為阿拉伯數字，惟序數、單位番號等皆仍使用
　　中文。

目錄

附圖

總司令周至柔肖像

副總司令毛邦初肖像

副總司令王叔銘肖像

參謀長劉國運肖像

空軍總司令部全景（台灣台北）

38 年 10 月 6 日 C-47-303 號機由寧夏脫險到達台北
松山機場，受本軍及各機關與民眾代表歡迎之盛況

由寧夏脫險之飛　　38 年 12 月 13 日由昆明脫險
行員毛昭宇等六　　飛來台北之 C-46-352 號機之
員名到達松山機　　雄姿
場時，總司令授
勛情形

C-46-352 號機到達台北松山機場，受本軍及各機關
與民眾代表歡迎之盛況

由昆明脫險之飛行員
梁丙戍等廿四員名到
達松山機場時，總司
令授勛情形

飛行員杜季鴻、劉善達
二員脫險歸到定海，王
副總司令授勛情形

SIKORSKY S-51 之雄姿

空軍沿革簡史

　　我國航空事業，肇始於民國紀元前 2 年，其後北京政府及東北、粵、桂、滇、湘等省，雖有航空教育之創設及部隊之編組，但除南苑、廣東、東北略具規模外，其他皆未著成效。迄民國 17 年 5 月，北伐成功，國府奠都南京，于軍政部下設航空署，轄有航空隊 4 隊，飛機 24 架。民國 18 年創設航空班，附屬于中央陸軍軍官學校，訓練飛行人員。民國 19 年，擴編航空隊 5 隊、偵察隊 1 隊，並有航空修理工廠 2 所。民國 20 年 3 月，航空班擴大組織，並遷杭州筧橋，改稱軍政部航空學校。21 年春，縮編航空隊為四個隊，同時設立南京、漢口及其他各地航空站 23 處。9 月 1 日，改軍政部航空學校為中央航空學校，軍委會委員長蔣自兼校長，毛邦初為副校長，大量招收飛行與機械學生，空軍建軍，實于斯時始。是年參加淞滬戰役，為空軍對外作戰之先聲。22 年 2 月，航空署全體職員改敘空軍階級，空軍官制始行確立。又增編轟炸、驅逐、偵察 3 隊，並籌設中央杭州飛機製造廠及南京飛機修理廠。

　　民國 23 年 3 月，軍委會委員長蔣駐贛，遷航空署於南昌，5 月，改航空署為航空委員會，仍自兼委員長，以陳慶雲為辦公廳主任，下設 5 處 17 科。擴編航空隊：轟炸 2 隊、驅逐 2 隊、偵炸 3 隊、偵察 1 隊，共 8 隊。任周至柔為中央航空學校校長。成立防空學校，任黃鎮球為校長。並成立防空委員會，創設保險傘製造

所。又於中央、交通、武漢三大學增設航空工程學系。
同年 11 月，籌設航空分校於洛陽。民國 25 年 1 月，
航委會遷南京，4 月，改辦公廳主任為航委會主任，承
委員長之命，統率全軍，以一事權。3 月 1 日，復行
改組，仍由軍委會委員長蔣自兼委員長，設委員 6 至 8
人，以蔣宋美齡任祕書長，周至柔為主任。成立航空機
械學校，並將前廣州航空學校改為中央航空學校廣州分
校。空軍部隊則擴編為 9 大隊，統轄 30 個中隊，改韶
關工廠為飛機製造廠，成立廣州空軍總站及廣州屬境各
航空場站。是年空軍各種人員逐漸增加，自美新購飛機
亦陸續運到，部隊編訓以及場站設備均有顯著進步。
至此空軍建軍方稱略具規模，而中國空軍亦始堪當為
軍也。

　　民國 26 年 5 月，劃分空軍區，先於南昌成立第三
軍區司令部。6 月，籌設航空發動機修造廠。七七抗戰
軍興，設空軍前敵總指揮部，以周至柔為總指揮，毛
邦初副之，同時撤銷第三軍區司令部。8 月，設第一軍
區司令部於南京，旋遷蘭州。是月 13 日，滬戰爆發，
我空軍於 14 日拂曉，出擊上海敵寇軍事據點及海上艦
船。同日，敵以其著名之木更津、鹿屋兩海軍航空隊襲
我杭州及廣德機場，我機昇空截擊，第四大隊大隊長高
志航率部於杭州上空首開紀錄，擊落敵九六式轟炸機 2
架，乃定八一四為空軍節。

　　同年 9 月，成立北正面航空支隊，設司令部於太
原，以協助晉北與平漢線方面陸軍之作戰。11 月，航
委會由南京西遷漢口，實行緊縮，裁減原編制人數三分

之一，改設主任及副主任，成立空軍兵站監部，專司戰時運輸補給之責。12月，創設空軍軍士學校於成都（32年冬，士校解組，並取消飛行軍士制度）。又本年為加強地面設備，增設航空總站十餘處，航空站及飛行場百餘處。

27年3月，撤銷空軍前敵總指揮部。航委會亦復改組，分設軍令、軍政、總務三廳，以錢大鈞為主任。所屬各學校校長改由委員長蔣自兼，設教育長主持校務。中央航空學校改稱空軍軍官學校，航空機械學校改稱空軍機械學校。並設空軍第一、二、三司令部，成立空軍轟炸、驅逐兩總隊，積極訓練作戰人員。本年因戰局轉移，航委會會址由漢口遷衡陽，再遷貴陽。在遷移期間，業務雖未嘗間斷，一切預定計劃，難免遭受延宕。同年1月，蘇聯以新式飛機接濟我空軍，並有蘇志願隊參戰，實力較為充沛。我空軍重要戰役，為保衛徐州及武漢會戰。四二九，敵天長節，漢口空戰，一次擊落敵轟炸及驅逐機11架，並不斷出擊長江下游敵艦船及機場。10月杪，廣州、武漢相繼淪陷於敵手，空戰亦暫告一段落。綜計自26年八一四迄27年底，我軍計出動627次，使用飛機3,248架，除其他戰果不計外，擊落敵機達2百餘架，擊斃敵空軍號稱驅逐之王之三輪寬少佐，其號稱四大天王者，亦被我斃二俘一。

28年1月，航委會由貴州遷成都，機構仍舊，人事亦少更動。5月，委員長召開空軍第一次軍事會議於陪都，改革編制，錢大鈞解職，以周至柔為主任，黃光銳為副主任，取消廳制，設訓練監、防空監，原有參事

室、顧問室保留，祕書室、航空研究所及參謀、教育、人事、航政、機械、經理等處均直隸於會，以 8 月 1 日為實行日期。是年空軍根據地西移四川，飛機人員均感不足，而寇燄方張，於 28、29 兩年，敵機不斷襲川，並侵擾昆明、蘭州等處。我空軍除參加桂南戰役協助友軍作戰外，並為保衛渝、蓉領空與敵空戰 60 餘次，擊落敵機 32 架。

29 年 12 月 1 日，創設空軍參謀學校於成都，以造就空軍幕僚與指揮人才。

30 年 3 月，航委會為劃分軍令、軍政，復行改組，設委員長 1 人，委員 10 至 14 人，主任 1 人，仍由周至柔擔任，移重慶辦公。另在成都設空軍總指揮部與軍政廳，以毛邦初為總指揮，黃光銳為廳長，改防空監為防空總監部。同年 8 月，中國空軍美志願隊由陳納德上校（後晉升至中將）徵集美員組成，初駐仰光，旋遷昆明，即以飛虎隊馳名中外。同年 12 月，太平洋戰事突起，中美併肩作戰。31 年 7 月，美志願隊改編為美陸軍第十四航空隊，駐昆明，仍以陳納德少將為司令，於是中國戰場之空中勢力漸形改觀。

航委會自 30 年 3 月組織調整，迄 32 年春兩年以來之經驗，證明該項機構，尚非盡善，遂於 2 月撤銷總指揮部與軍政廳，以毛邦初、黃光銳為副主任，並均遷渝辦公。同年 5 月，敵集 10 萬之眾，向鄂西進犯。10 月，又轉犯常德，掠奪湘北。是時我空軍已接收美製新機，實力大增。常德會戰，為時不過一月又半，我空軍出動 216 次，使用轟炸機 280 架，驅逐機 1,467 架，擊

落擊傷及炸毀敵機達 70 架，控制權已為我有。

33 年 3 月，第五次空軍幹部會議後，依委員長訓示要旨，將航委會組織加以修正，主要人事，初無更動。增設第四、五路司令部，分駐重慶、桂林、成都、蘭州、昆明（二路部於 34 年 6 月 1 日撤銷）。是年有中原、長、衡、桂、柳諸戰役。34 年，有豫西、鄂北、湘西諸戰役，我空軍無役不從。

34 年 9 月 3 日，日寇投降，大戰告終，為處理及接收光復區敵空軍，臨時成立地區司令部 13 處，各配屬地勤隊，分赴各主要區域，辦理接收事宜。35 年 1 月 6 日，首批遷都人員抵京，仍回別來八年之小營舊址辦公。

我空軍之組織，十餘年來，幾一年一變，或應一時之戰況需要，或為局部之業務調整，凱旋歸來，基於八年大戰之經驗，及戰後復員建軍之需要，與夫世界新軍事組織之趨向，並為配合國軍整個軍事機構之重新部署，於 35 年 8 月 16 日實行改編，成立空軍總司令部於南京小營，任空軍中將周至柔為總司令，空軍中將毛邦初，空軍少將王叔銘為副總司令，並由王副總司令兼參謀長，下設 5 署、4 室、9 獨立處及航空工業局，撤銷各路司令部及地區司令部，劃分全國為 5 個空軍區，並設供應、訓練兩司令部。

至本部編制，雖在 36 年 6 月 1 日、37 年 8 月 1 日、38 年 4 月 1 日，統籌修改各一次，更局部修改數次，惟自 35 年 8 月改制以來，根本機構及高級人事鮮有變動。

37 年 6 月 1 日，增設副參謀長 1 員，以第三軍區司令劉國運調升。38 年 11 月 1 日，因副總司令王叔銘須常駐各空軍基地指揮作戰，不能顧及部內業務，以副參謀長劉國運調升參謀長。駐美辦事處現仍由副總司令毛邦初駐節華盛頓主持。

空軍各軍事學校校長，原由國府主席蔣公親兼，而實際業務由教育長主持。

36 年 10 月 1 日，奉主席手令，辭去所兼軍事、警察等學校校長，遵將本軍各校校長以各該校教育長調充，並刪除原有之教育長編制。

至於主要工作，則以戡亂與建軍並重，自抗戰勝利迄今，經常保有 8⅓ 大隊兵力。自 37 年 10 月起，戰局突呈逆轉，38 年 1 月恢復和談，本總部逆知共匪之毫無誠意，本於既定計劃，一面加強江南基地及前線兵力，一面將空軍主基地作轉移台灣之準備，所有空軍各校班與接近前線地區之重要物資、檔案、官兵之眷屬等，均先期疏運到台及其他較為安全地區。及 4 月 21 日，和談破裂，本總部乃於 23 日自南京正式遷台。

38 年終了時，各空軍軍區部均已撤來台灣，乃將各地空軍機構按照需要酌予緊縮，並為便利作戰，設立空軍指揮部於海南，設立指揮所於定海，至此大陸地區，則僅有西昌、蒙自兩基地矣。

歷年戰役，除對匪區軍事設施、交通據點、造船廠所與叛艦等作廣泛性之攻擊，及自 38 年 6 月 26 日，遵照政府命令，執行關閉匪區政策外，所有各地大小戰鬥，幾乎無不參加。37 年度共出動作戰機 19,098 架

次，38 年度，共出動作戰機 6,433 架次。

38 年秋期，受戰局影響，國庫收入銳減，物價逐步高漲，本軍為減少官兵生活困苦，於 9 月 19 日，在本部內組設福利總社，下設農業、工業、漁業管理委員會及消費合作總社、新生社，於各地區組設分會分社，負責辦理全軍各級福利康樂事宜。

同年 11 月 10 日，本軍為確實達成空軍堅強之團結，建設革命之空軍，並以三民主義為中心思想，以復興我中華民國，特制頒空軍全軍代表大會組織規程，定於明（39）年 2 月 6 日召開全軍代表大會。代表人選，係本於「全軍各工作單位，各出身業科，上至將校，下至士兵，均有資格膺選為出席代表」原則之下，按照人數比例，分配名額，截至年內止，各單位代表人選，均先後競選完畢，並已收到提案六百餘件，俟大會開會商討，製成方案，以備本總部或轉呈政府採擇施行。

空軍組織系統

（一）空軍組織系統表

38 年 12 月 31 日

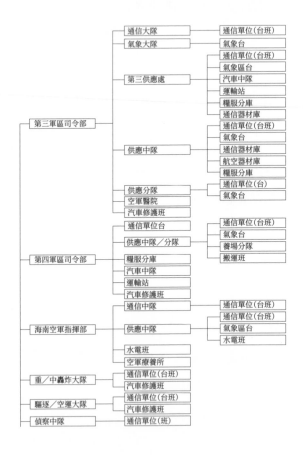

第三軍區司令部
- 通信大隊 — 通信單位（台班）
- 氣象大隊 — 氣象台
- 第三供應處
  - 通信單位（台班）
  - 氣象區台
  - 汽車中隊
  - 運輸站
  - 糧服分庫
  - 通信器材庫
- 供應中隊
  - 通信單位（台班）
  - 氣象台
  - 通信器材庫
  - 航空器材庫
  - 糧服分庫
- 供應分隊
  - 通信單位（台）
  - 氣象台
- 空軍醫院
- 汽車修護班

第四軍區司令部
- 通信單位台
- 供應中隊／分隊
  - 通信單位（台班）
  - 氣象台
  - 養場分隊
  - 搬運班
- 糧服分庫
- 汽車中隊
- 運輸站
- 汽車修護班

海南空軍指揮部
- 通信中隊 — 通信單位（台班）
- 供應中隊
  - 通信單位（台班）
  - 氣象區台
  - 水電班
- 水電班
- 空軍療養所

重／中轟炸大隊
- 通信單位（台班）
- 汽車修護班

驅逐／空運大隊
- 通信單位（台班）
- 汽車修護班

偵察中隊
- 通信單位（班）

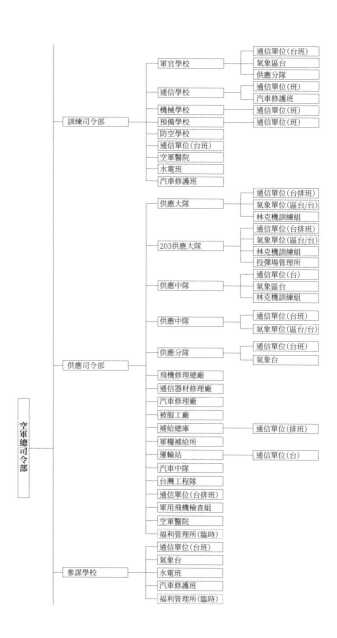

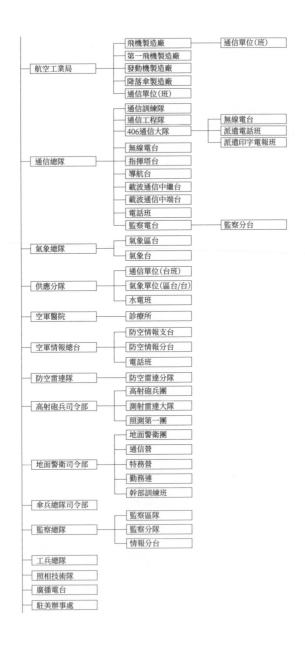

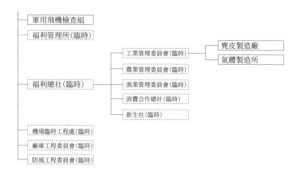

資料來源：空軍總司令部第五署組織計劃室

附註：標示（臨時）之單位為臨時機構

（二）空軍總司令部組織系統表

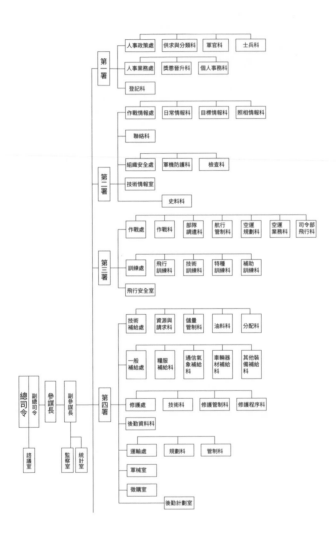

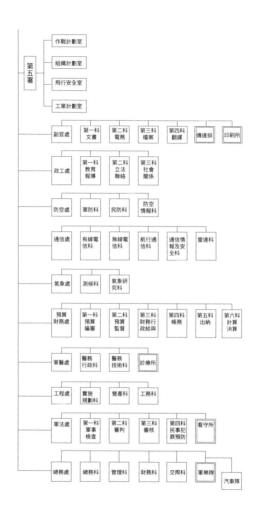

資料來源：（38）維怡發 148 號訓令及續後各修正案之登記

第一篇　人事

第一章　概述

第一節　人事業務之重心

　　本年度因戡亂戰局急遽轉變，空軍人事業務重心，遂略有變更。若干既定設施，如任官、招生、退除役職等經常業務，不得不暫予停止，而致力於人員之調配，以充實作戰機構、安置撤退人員，遣退庸劣及游離份子，以儲備反攻必要之人才。

　　他如嚴明賞罰，重獎作戰有功將士，優卹傷亡及其遺族，保障其生活，使官兵無後顧之憂。

　　加強官兵福利機構，充實所必須之人力，以提高官兵生活水準等，亦均為爭取勝利之措施。

第二節　人事公開制度之推行

　　軍事機構中之人事措施，必須公開，人才纔有表彰之機會，而是非功過亦纔不致溺於少數人之偏見，士氣乃能有所振奮。本部本此原則，於 6 月 14 日，頒佈「空軍各級人事評判會議實施細則」通飭各級機構均組織人事評判委員會，公開評議其所屬人事案件，以求集思廣益，溝通上下隔閡，匡正業務主管單位思考之所未週，輔佐長官耳目之所不及。現各級機構均已組成實施評議，對人事業務之推進多所裨助。

第二章　普通士兵之撥補

　　空軍學員生及各種專業人員之徵募工作，已于上年度暫停，本年度亦尚無恢復之必要。至所屬各陸軍建制部隊，普通士兵之缺額，經報請國防部撥補者為 11,239名，但因戰局南移，兵源枯竭，向各方面設法結果，經接領之士兵僅 4,236 名如附表（一）。

　　東南軍政長官公署規定駐台部隊不得自行招募，士兵缺額，概由台灣省防衛司令部統籌撥補。至各級機構所需補充之少數雜兵伕役，則准自行募補，惟必須確具妥保，且以非 17、18 年次之役男為限。本軍所屬遷台後，經由本部轉請長官公署撥補之士兵名額共 9,620名，尚在防衛司令部核辦中。

38 年度各地面部隊接撥新兵概況表（附表一）

單位	高砲部隊
請撥人數	5,139
請撥文號	
奉准文號	國防部（38）高遠樞 095 號代電
接兵人數	603
呈報文號	
備考	奉國防部代電准在大陸自行募補，後因時局轉變，奉准改在台灣募補，僅募得如上數。

單位	地面警衛司令部
請撥人數	6,000
請撥文號	（37）文京 48 撥代電
奉准文號	
接兵人數	
呈報文號	
備考	奉國防部（38）高達元 1261 號代電准在黔省招募 2,000 名，因黔綏署不同意在黔省招募，未能招補。

單位	地面警衛司令部一團
請撥人數	100
請撥文號	（38）文台 685 號代電
奉准文號	國防部（38）高達悅 1000 代電
接兵人數	
呈報文號	
備考	奉國防部代電准在芷江招募，嗣因情況轉變，未能前往。

單位	地面警衛司令部四團
請撥人數	
請撥文號	
奉准文號	
接兵人數	257
呈報文號	（38）動台 760 號代電
備考	該團自與第九編練司令部洽撥。

單位	地面警衛司令部五團
請撥人數	
請撥文號	
奉准文號	
接兵人數	413
呈報文號	（38）文台 2886 號代電
備考	該團自與重慶師管區洽撥。

單位	地面警衛司令部七團
請撥人數	
請撥文號	
奉准文號	
接兵人數	1,453
呈報文號	（38）文台 118 號代電
備考	上海機場守備重要，臨時由衢州綏署指撥。

單位	地面警衛司令部
請撥人數	
請撥文號	
奉准文號	
接兵人數	1,510
呈報文號	
備考	地面警衛司令部 11 月 9 日接收湯恩伯部一個團及一個通信營之士兵。

單位	合計
請撥人數	11,239
請撥文號	
奉准文號	
接兵人數	4,236
呈報文號	
備考	

第三章　分類任職

第一節　空軍人員分類任職之實施

　　空軍編制各單位所屬軍官佐屬士之軍職專長分類工作，大部於 37 年完成，其少數因特殊情況尚未分類者，經本年度繼續辦理，於 5 月終前全部完成。

　　依據專長任職之實施，於 37 年 9 月以空軍供應總處為實驗單位，試行未久，該處由滬遷台，成效不如理想之圓滿。但若干執行技術問題，則逐有改進。原訂自本年 1 月份起普遍施行，旋因各機關多在遷移途中，延至 6 月 1 日起實施。並為適應當時交通困難情況，除任職不當者統籌調整外，其餘概以就原機關內調整為原則，故有一部份人員係以其次要專長而任職。同時頒佈「空軍人員帶職受訓實施細則」等辦法，以減少人事上之更張，但仍以不失用其所長之原意為主旨。截至本年終止，各屬人員任職清冊多數已報部。

　　根據已報部之任職清冊統計結果，各機關官佐按主要專長任職者佔 38% 弱，次要專長任職者佔 28% 強，帶職受訓者佔 23% 強，任職不當者佔 10% 弱，軍士以主要專長任職者佔 21% 強，以次要專長任職者佔 38% 弱，帶職受調者佔 33% 強，任職不當者佔 10% 強，所有任職不當者，正在調整中。

第二節　陸軍人員軍職專長之編訂

　　陸軍人員軍職專長之編訂工作，在本年 11 月前將將美軍有關分類法規譯述竣事，以為編訂藍本，並派員

分赴各有關部隊作實地上之考查與校正，預計是項工作
可於 39 年 3 月完成。

第三節　編訂分類面試手冊

　　欲求人員之分類授予專長正確無誤，僅就學歷經歷
加以審核，尚不足以達成此一要求。在空軍人員分類任
職規程中，雖有面試之規定，但分類任職官如何遂行其
面試之任務。則非有豐富之測驗資料與統一之標準不
可，故分類面試手冊之編訂實為必要。是項手冊，其內
容包括測驗各類專長人員之題材與答案多種，俾分類任
職官於面試時提出若干有關問題，以測知人員之學識能
力，而授予適合之專長。此項手冊所須資料，因牽涉
之範圍甚廣，須有較長時間之蒐集與整編，預期於下
年度內完成。

第四章　人事心理測驗之研究與運用

　　本軍人事心理測驗工作，過去著重於普通分類測驗及教育成就測驗之編製與施行，藉以探測投效人員之聰明才智，為分科訓練與分類任職之準據。本年度以各校暫停招生，各單位復限制新進，是以此種測驗亦暫無繼續編製之需要。測驗研究工作，乃轉而著重於普通分類測驗之追蹤研究以及在職官佐戰時心理之調整。茲將研究結果分述如後。

第一節　普通分類測驗之追蹤研究

　　普通分類測驗追蹤研究之目的，在探求測驗成績與本軍各種訓練成績是否具有顯著之相關。若測驗成績優良者，在某項訓練方面，其成績亦較優良，而測驗成績低劣者，在某項訓練方面，其成績亦較低劣，則此種測驗對於此項訓練，始具有預測之功能。是以此種追蹤研究，實即普通分類測驗效度研究之繼續與擴大。

　　追蹤研究工作，以各校學員生入學時或入學後之普通分類測驗成績，及其畢業時之學術科總成績為主要資料。研究之法有二，其一，按測驗成績將受試學員生分為五等，計算各等學員生畢業成績之平均數而加以比較。其二，採用英國統計學家皮爾遜之積差公式，求測驗成績與畢業成績之相關係數。按相關係數為表示兩種數量相關程度之一種係數，若兩者完全相關，則係數為正一或負一；若兩者毫無關係，則係數為零。

　　茲將本軍各種訓練成績與測驗成績之相關研究結果

列如次表。

一、參謀訓練成績與測驗成績之相關

班期別	人數	按測驗成績分等，各等學員生畢業成績之平均數					相關	
		一	二	三	四	五	係數	顯著性
七期	62	85.48	83.88	81.80	79.29	－	0.51	非常顯著
八期	55	83.70	81.65	79.67	81.08	－	0.24	不顯著
備註	1. 測驗成績等第較高者，其畢業成績之平均數，均大致較優。在六對數字之比較中，僅有八期第四次為例外。 2. 相關係數大者為 0.51，小者為 0.24，均屬正相關。此二者合併後之總係數為 0.35，具有統計上之顯著性。 3. 依據上列事實，可見測驗成績對於參謀訓練成績具有相當之預測功能。							

二、飛行訓練成績與測驗成績之相關

班期別	人數	成績類別	按測驗成績分等，各等學員訓練成績之平均數					相關	
			一	二	三	四	五	係數	顯著性
二十五期	93	開始單飛時間	4.04	3.92	4.26	－	－	0.06	不顯著
		畢業成績：飛行	73.56	77.44	75.14	－	－	0.30	非常顯著
		畢業成績：學科	72.52	76.58	74.38	－	－	0.38	非常顯著
二十六期	102	開始單飛時間	14.37	14.16	14.83	14.74	－	-0.03	不顯著
		畢業成績：飛行	74.53	74.72	72.21	70.50	－	0.23	顯著
		畢業成績：學科	76.78	76.14	75.19	72.88	－	0.26	非常顯著
備註	1. 就開始單飛時間而言：測驗成績與單飛時間為零相關（相關係數大者為 0.06，小者為 -0.03，合併後之係數為 0.01）即智力等第較高者，其開始單飛時間並不較他人為早。 2. 就畢業成績之飛行成績而言，測驗成績與飛行成績，有相當之相關（相關係數大者為 0.30，小者為 0.23，合併後之係數為 0.26），但在 25 及 26 期中，測驗成績列二等者，其飛行成績之平均數，均反較列一等者為優。 3. 就畢業成績之學科成績而言，測驗成績與學科成績具有顯著之相關（相關係數大者為 0.38，小者為 0.26，合併後之係數為 0.32）。 4. 依據上列事實，普通分類測驗不足為預測飛行成績之圓滿依據，而有加試飛航性能測驗之必要。								

三、防空訓練成績與測驗成績之相關

班期別	人數	按測驗成績分等，各等學員畢業成績之平均數					相關	
		一	二	三	四	五	係數	顯著性
高射砲學員隊第五期	21	─	82.79	81.38	78.55	─	0.51	顯著
情報班一期	67	86.96	83.81	83.79	79.31	77.08	0.58	非常顯著
測射雷達軍士組第一期	16	─	79.96	78.85	65.22	─	0.73	非常顯著
維護班一期	36	─	─	83.27	82.51	77.51	0.64	非常顯著
備註	1. 測驗成績等第較高者，其畢業成績之平均數，均較測驗等第較低者為優，無一例外。 2. 相關係數最大者為 0.73，最小者為 0.51。此四個係數合併後之總係數為 0.60，具有統計上之顯著性。 3. 依據上列事實，可見測驗成績對於防空訓練成績具有相當之預測功能。							

四、通信訓練成績與測驗成績之相關

班期別	人數	按測驗成績分等，各等學員畢業成績之平均數					相關	
		一	二	三	四	五	係數	顯著性
八期高級機務組	12	75.65	75.22	70.06	─	─	0.52	不顯著
八期正科機務組	40	80.54	77.77	74.73	─	─	0.55	非常顯著
九期正科有線組	34	*71.07	73.52	*70.68	73.23	─	-0.02	不顯著
九期正科無線組	32	*76.83	77.41	74.97	─	─	0.27	不顯著
九期正科通信組	38	77.51	74.62	74.03	73.35	─	0.49	非常顯著
九期初級有線組	33	80.21	*76.31	76.75	70.57	─	0.51	非常顯著

班期別	人數	按測驗成績分等，各等學員畢業成績之平均數					相關	
		一	二	三	四	五	係數	顯著性
九期初級通信組	12	—	80.17	*73.98	79.11	—	0.14	不顯著
九期初級機務組	44	76.57	75.19	74.68	71.37	—	0.23	不顯著
一期候補軍官班	15	78.20	76.68	73.48	—	—	0.68	非常顯著
一期雷達軍官班	20	78.81	75.84	74.85	—	—	0.58	非常顯著
二期雷達軍官班	16	81.76	75.56	74.11	—	—	0.38	不顯著
一期雷達軍士班	13	—	80.98	*75.27	76.10	71.71	0.56	顯著
備註	1. 測驗成績等第較高者，其畢業成績之平均數，均大致較優，在 29 對數字之比較中，僅有 6 次為例外（註 * 處）。 2. 相關係數，最大者為 0.68，最小者為 -0.02，其中 11 個係數為正相關，1 個係數為不顯著之負相關。此 12 個係數合併後之係數為 0.40，具有統計上之顯著性。 3. 依據上列事實，可見測驗成績對於通信訓練成績具有相當之預測功能。							

五、機械訓練成績與測驗成績之相關

班期別	人數	按測驗成績分等，各等學員畢業成績之平均數					相關	
		一	二	三	四	五	係數	顯著性
十八期高級班結構研究組	4	80.42	74.54	72.60	—	—	0.98	顯著
十八期高級班修理組	27	*75.31	77.29	74.24	—	—	0.07	不顯著
九期正科機械組	55	81.46	77.13	76.18	*80.00	—	0.34	顯著

班期別	人數	按測驗成績分等，各等學員畢業成績之平均數					相關	
		一	二	三	四	五	係數	顯著性
九期正科軍械組	23	81.59	77.67	*79.37	*79.77	—	0.30	不顯著
十期正科機械組	49	76.83	76.11	74.27	—	—	0.37	非常顯著
十期正科軍械組	13	80.28	76.37	—	—	—	0.76	非常顯著
十九期初級機械組	32	81.43	77.03	73.88	67.87	—	0.43	顯著
十九期初級軍械組	47	79.79	78.95	77.64	77.32	—	0.37	非常顯著
十九期初級汽車組	31	76.29	76.07	71.18	70.46	—	0.29	不顯著
二十期初級機械組	36	*75.54	75.74	74.07	70.83	—	0.46	非常顯著
二十期初級軍械組	12	—	*76.47	76.85	—	—	0.21	不顯著
備註	1. 測驗成績等第較高者，其畢業成績之平均數，均大致較優，在 28 對數字之比較中，僅有 6 次例外（註＊處）。 2. 相關係數最大者為 0.98，最小者為 0.07，此十一個係數合併後之總係數為 0.37，具有統計上之顯著性。 3. 依據上列事實，可見測驗成績對於機械訓練成績具有相當之預測作用。							

六、測候訓練成績與測驗成績之相關

班期別	人數	按測驗成績分等，各等學員畢業成績之平均數					相關	
		一	二	三	四	五	係數	顯著性
八期正科	102	75.54	73.50	70.29	69.50	—	0.54	非常顯著
九期正科測候組	65	74.71	72.22	72.25	67.90	—	0.29	顯著

班期別	人數	按測驗成績分等，各等學員畢業成績之平均數					相關	
		一	二	三	四	五	係數	顯著性
九期正科工程組	16	78.92	78.33	75.59	74.13	—	0.39	不顯著
三期初級班	71	78.66	75.66	74.46	74.07	72.26	0.32	非常顯著
四期初級班	22	83.00	73.58	71.67	—	—	0.71	非常顯著
一期軍佐班	20	80.64	73.72	68.82	66.12	—	0.69	非常顯著
備註	1. 測驗成績等第較高者，其畢業成績之平均數，均大致較優，在 18 對數字之比較中，僅有九期正科測候組第二次例外。 2. 相關係數最大者為 0.71，最小者為 0.29，此六個係數合併後之總係數為 0.46，具有統計上之顯著性。 3. 依據上列事實，可見測驗成績對於測候訓練成績具有相當之預測功能。							

七、中美普通分類測驗效度之比較

訓練類別	本軍普通分類測驗成績與各種訓練成績之相關係數	美軍普通分類測驗成績與各種訓練成績之相關係數
參謀訓練	0.35	—
飛行訓練	0.01（開始單飛時間） 0.26（畢業成績飛行） 0.32（畢業成績學科）	—
防空訓練	0.60	0.54
通信訓練	0.40	0.35
機械訓練	0.37	0.38
測候訓練	0.46	0.43
備註	1. 本表所列本軍普通分類測驗成績與各種訓練成績之相關係數，係本節一至六款所列各相關合併後之總係數。 2. 本表所列美軍普通分類測驗成績與各種訓練成績之相關係數係美軍副官局分類任職處人事研究室報告（載 *Psychological Bulletin*, Vol. 42, No.10, December, 1945）所列各相關係數合併後之總係數。 3. 美軍普通分類測驗舉行於投效人員報到處，作為分派各人員前往技術學校受訓之一種依據，航空學生另有空勤人員分科測驗。故本表數字，有所缺略。	

綜上所述，可知本軍普通分類測驗成績與防空、通信、機械、測候等訓練成績，均有顯著之相關，所有各相關係數與美軍方面同類之相關係數皆相接近。普通分類測驗成績與參謀訓練成績，亦有顯著之相關。惟普通分類測驗成績與飛行訓練成績，雖有相當之相關，但不足為預測飛行成績之圓滿依據。如欲對飛行成績作較圓滿之預測，似有依照美軍成規，於普通分類測驗外，加用飛航性能測驗之必要。

第二節　官佐戰時心理之測驗

第一款　測驗目的

舉辦在職官佐戰時心理測驗之目的，在求明瞭戡亂期中本軍各官佐之一般心理狀態，藉為改善軍政措施加強訓導工作之依據。查戡亂期中一般部隊士氣低落，「厭戰」、「消極」、「失敗」、「投降」等思想之所以發生，多由於下列事實：

一、以戡亂軍事為內戰，為黨爭，對作戰目的缺乏正確之認識。

二、不知共匪之陰險與殘酷，缺乏敵愾同仇之意念。

三、團體意識不強，無捨己為群貫澈團體目的之決心。

四、認所從事之戰爭，已無希望，喪失最後勝利之信心。

五、個人英雄思想遭受打擊，悲憤抑鬱，發生鋌而走險之企圖。

六、與主官相處不融洽，不能激發共患難同生死之

決心。

七、對敵人實力估計過高，發生恐怖情緒。

八、經濟困難，生活痛苦，對戰時生活，已感厭倦。

乃針對上列事實，編製測驗一種，定名個人事實及
識見調查表，於 8 月中旬，印發各部隊及各學
校官佐分別填答，藉以考查其一般心理狀態。

第二款　分析結果

據各部隊各學校先後將所屬官佐填答之個人事實
及識見調查表彙報到部，計飛行部隊 2,529 份，傘兵部
隊 857 份，地勤部隊 1,225 份，學校機關 1,453 份，合
計 6,064 份，當即加以統計分析與檢討。依據分析檢討
結果，發見一般官佐團體意識尚屬堅強，同袍相處亦稱
融洽，對共匪陰謀，既有深刻體認，對共匪實力，復無
過高估評。惟尚有部份官佐，對作戰目的，缺乏明晰認
識，對最後勝利，缺乏堅定信心，精神方面頗感抑鬱，
生活方面，深覺痛苦。

不良反應，其發現次數在 5 % 以上者，計有下列
數端：

一、以戡亂作戰為內戰，有似南北美戰爭。

二、對戡亂時期士氣所以較差，歸咎於非對外作戰。

三、以大學教授為當前最佳職務，似欲超然於所謂
「黨爭」之外。

四、以國民革命事業在當時之遭際，有似太平天國
末期之將終於覆亡。

五、以國民革命事業在當時之遭際，有似宋室南渡
後之將終於偏安。

六、認為對國家貢獻較多而所受獎勵較少。

七、對於工作地位之保全時懷憂慮。

八、自覺周遭中以對其施壓抑與打擊之人最多。

九、自覺為當前職位與環境所限，無法施展其抱負於萬一。

十、自認在工作本位上已無發展之希望。

十一、從無機會與主官作輕鬆而愉快之聚談。

十二、認為軍事失利時各種謠言常為次一行動所證實。

十三、薪津收入與維持生活所需相差太多。

十四、認為空軍待遇較一般人之收入為差。

十五、認為所屬機關對於福利問題之解決尚未開始努力。

所有測驗問題及各答案選答人數及百分比，詳見附表（一）。

第三款　處理原則

本部鑒於上述現象之存在，除分飭各單位主官針對現實，提高警覺，改善客觀環境，加強訓導，以資矯正外，並製訂「現階級闡明作戰目的，堅定自信心理，消滅抑鬱情緒，解除生活痛苦實施綱要」一種，頒發各有關單位實施，藉促正常心理之發展。茲將該綱要摘錄如左：

一、闡明作戰目的

1. 輯印國內各界人士主張戡亂之言論，分發閱覽，以示戡亂非一黨之私見，而為全國多數人之公意。

2. 將各報所刊各國人士對我戡亂軍事表示同情之言論，及各國整肅共黨與對蘇備戰之事實，彙編印發，以示反共抗俄為多數國家之共同行動。

3. 搜集資料，經常報導共匪出賣國家主權危害人民自由之真相，以示為爭取國家獨立與個人自由不得不戰。

4. 購置「鐵幕」、「蘇俄在波羅的海的血罪」等書，放映「鐵幕」電影，使全軍人員明瞭鐵幕內之慘無人道。

5. 舉行讀書測驗，徵求讀書報告，擇優獎勵，以鼓勵全軍官佐對上述各類書籍之閱讀興趣，並規定此項測驗及報告成績即為思想考績之一種根據。

二、堅定自信心理

1. 全力支援金門與舟山前線，以戰鬥的勝利，恢復信心。

2. 編撰專書，闡述過去政府失敗之因，共匪倖勝之由，及目前以大陸方面之失地增多而優劣之地位互易，歸結於共匪愈接近於勝利，即愈接近於崩潰。

3. 搜集資料，經常報導淪陷區經濟紊亂人民反抗之具體事實，及歷史上異族傀儡與流寇之敗亡經過，證實共匪必敗。

4. 延聘專家，講述有關台灣地理，及「英國憑藉英倫海峽抵抗希特勒猛烈進攻」之史實，

以示台灣足為禦侮復興基地。

5. 相機透露「美援所以停止，非由於美國之不反共，而由於美國不信任我國過去之政府，本軍官佐，如奮發有為，即可成為美國援助之對象，即可成為復興中國之基幹」以重燃其對於未來之希望。

三、消滅抑鬱情緒

1. 規定辦法，使自覺對國家有貢獻而未受獎勵之官佐，得列舉事實，報請獎勵晉升。

2. 規定辦法，使自覺現有職位與環境不足發展其才能之官佐，得列舉理由與事實，報請調動職務。

3. 通令各級主官，應實行禮賢下士之主官作風，經常採用訪問、聚餐、座談、同樂等方式，與部屬保持親切之接觸，並關心其生活，重視其建議，尤貴能發現其疾苦而予以解除，體察其困難而予以協助。

4. 通令各級主官，應閱讀名將傳說，研究領導技術，以達「知人善用」的目的。

5. 密令各單位主官，經常派員調查部屬所發之「怨言」，其有關本身者，應虛心檢討，切實改正，其有關上級者，應據實層報，以供參考，但切戒據以報復。

四、解除生活痛苦

1. 建議政府，提高官兵待遇。

2. 積極推動各種福利事業，杜絕中飽，防止套

賣，使全軍人員，蒙其實惠。

3. 倡導高級官佐自動節約，以縮短其與低級人員間之享受距離，並竭力調劑各單位間員工福利之懸殊現象，以消除「不患寡而患不均」之反感。

4. 成立休息營地，規定輪值辦法，實行內外互調，使作戰時間過久之人員，獲有休養整訓之機會。

5. 加強各種業餘活動，以減少本軍官佐對於戰時生活之單調感覺。

舉辦官佐戰時心理測驗之答案統計表（附表一之一）

問題		目前你的薪金收入能否維持你和全家的生活？							
答案 人數		1. 相差太多		2. 勉能維持		3. 稍有餘裕		其他（未答或選答兩個以上答案）	
		百分數	人數	百分數	人數	百分數	人數	人數	百分數
選答人數及百分數	飛行部隊	886	35.03	1,601	63.31	37	1.46	5	0.20
	傘兵部隊	556	64.88	281	32.79	17	1.98	3	03.5
	地勤部隊	555	45.31	647	52.82	22	1.79	1	0.08
	學校	350	24.09	1,057	72.75	43	2.96	3	0.20
	合計	2,347	38.70	3,586	59.14	119	1.96	12	0.20

舉辦官佐戰時心理測驗之答案統計表（附表一之二）

問題		你所屬的機關，已否努力解決你們的福利問題？						其他（未答或選答兩個以上答案）	
答案人數		1. 已盡最大努力		2. 相當努力		3. 尚未開始努力			
		百分數	人數	百分數	人數	百分數	人數	百分數	
選答人數及百分數	飛行部隊	536	21.19	1,765	69.79	224	8.86	4	0.16
	傘兵部隊	100	11.67	336	39.21	417	48.66	4	0.46
	地勤部隊	242	19.76	763	62.29	219	17.87	1	0.08
	學校	284	19.55	985	67.79	178	12.25	6	0.41
	合計	1,162	19.16	3,849	63.47	1,038	17.12	15	0.25

舉辦官佐戰時心理測驗之答案統計表（附表一之三）

問題		你覺得空軍待遇較之一般人的收入如何？						其他（未答或選答兩個以上答案）	
答案人數		1. 較一般人的收入為佳		2. 較一般人的收入為差		3. 和一般人的收入略等			
		百分數	人數	百分數	人數	百分數	人數	百分數	
選答人數及百分數	飛行部隊	505	19.97	687	27.16	1,331	52.63	6	0.24
	傘兵部隊	178	20.77	145	16.92	511	59.63	23	2.68
	地勤部隊	294	24.00	274	22.37	631	51.51	26	2.12
	學校	385	26.50	308	21.20	757	52.10	3	0.20
	合計	1,362	22.46	1,414	23.31	3,230	53.27	58	0.96

舉辦官佐戰時心理測驗之答案統計表（附表一之四）

問題		你是否感覺軍事生活的單調？						其他（未答或選答兩個以上答案）	
答案人數		1. 有時感覺單調		2. 深深感覺單調		3. 並不感覺單調			
		百分數	人數	百分數	人數	百分數	人數	百分數	
選答人數及百分數	飛行部隊	922	36.46	30	1.18	1,574	62.24	3	0.12
	傘兵部隊	409	47.72	48	5.60	399	46.56	1	0.12
	地勤部隊	454	37.06	39	3.18	731	59.68	1	0.08
	學校	437	30.08	23	1.58	990	68.13	3	0.21
	合計	2,222	36.64	140	2.31	3,694	60.92	8	0.13

舉辦官佐戰時心理測驗之答案統計表（附表一之五）

問題		假使可能的話，你是否需要一個較長期間的休養？						
答案 人數		1. 沒有此種 需要		2. 有此需要 但不迫切		3. 迫切需要		其他（未答 或選答兩個 以上答案）	
		百分 數	人數	百分 數	人數	百分 數	人數	百分 數	
選答 人數 及百 分數	飛行部隊	1,618	63.98	843	33.33	64	2.53	4	0.16
	傘兵部隊	532	62.08	288	33.61	37	4.31	—	—
	地勤部隊	866	70.69	337	27.52	20	1.63	2	0.16
	學校	1,023	70.40	403	27.74	26	1.79	1	0.07
	合計	4,039	66.61	1,871	30.85	147	2.42	7	0.12

舉辦官佐戰時心理測驗之答案統計表（附表一之六）

問題		你覺得在你的週遭裡，那一種人最多？						
答案 人數		1. 幫助你 提攜你的人 最多		2. 壓抑你 打擊你的人 最多		3. 冷淡你不 關心你的人 最多		其他（未答 或選答兩個 以上答案）	
		百分 數	人數	百分 數	人數	百分 數	人數	百分 數	
選答 人數 及百 分數	飛行部隊	1,536	60.74	99	3.92	880	34.79	14	0.55
	傘兵部隊	447	52.16	77	8.98	315	36.76	18	2.10
	地勤部隊	772	63.02	68	5.55	368	30.04	17	1.39
	學校	885	60.91	62	4.27	493	33.93	13	0.89
	合計	4,640	60.02	306	5.05	2,056	33.91	62	1.02

舉辦官佐戰時心理測驗之答案統計表（附表一之七）

問題		你被指定的任務，以那一類居多？						
答案 人數		1. 勝任愉 快的		2. 與本身能 力興趣尚屬 相稱的		3. 難以完成 或完成而沒 有效果的		其他（未答 或選答兩個 以上答案）	
		百分 數	人數	百分 數	人數	百分 數	人數	百分 數	
選答 人數 及百 分數	飛行部隊	818	32.34	1,645	65.05	54	2.14	12	0.47
	傘兵部隊	159	18.55	612	71.41	73	8.52	13	1.52
	地勤部隊	284	23.18	878	71.67	57	4.66	6	0.49
	學校	417	28.70	954	65.66	79	5.44	3	0.20
	合計	1,678	27.67	4,089	67.43	263	4.34	34	0.56

舉辦官佐戰時心理測驗之答案統計表（附表一之八）

問題		你覺得你現在的職位和環境，能否容許你儘量發揮自己的才能與抱負？							
答案 人數		1. 可以儘量發揮		2. 不能儘量發揮		3. 無法施展抱負於萬一		其他（未答或選答兩個以上答案）	
		百分數	人數	百分數	人數	百分數	人數	百分數	
選答人數及百分數	飛行部隊	1,480	58.52	951	37.60	88	3.48	10	0.40
	傘兵部隊	417	48.66	336	39.21	95	11.08	9	1.05
	地勤部隊	734	59.92	422	34.45	62	5.06	7	0.57
	學校	804	55.33	583	40.12	63	4.34	3	0.21
	合計	3,435	56.64	2,292	37.80	308	5.08	29	0.48

舉辦官佐戰時心理測驗之答案統計表（附表一之九）

問題		你的建議、是否為團體所接受？							
答案 人數		1. 所提建議從未被採納		2. 所提建議很少被採納		3. 所提建議常常被採納		其他（未答或選答兩個以上答案）	
		百分數	人數	百分數	人數	百分數	人數	百分數	
選答人數及百分數	飛行部隊	55	2.18	884	34.95	1,528	60.42	62	2.45
	傘兵部隊	49	5.71	442	51.58	342	39.91	24	2.80
	地勤部隊	50	4.08	503	41.06	654	53.39	18	1.47
	學校	29	2.00	524	36.06	877	60.36	23	1.58
	合計	183	3.02	2,353	38.80	3,401	56.09	127	2.09

舉辦官佐戰時心理測驗之答案統計表（附表一之十）

問題		你是否為主管長官所重視？							
答案 人數		1. 常受輕視		2. 偶然被重視		3. 長官視為不可缺少的助手		其他（未答或選答兩個以上答案）	
		百分數	人數	百分數	人數	百分數	人數	百分數	
選答人數及百分數	飛行部隊	70	2.77	1,667	65.92	751	29.69	41	1.62
	傘兵部隊	38	4.43	548	63.94	237	27.65	34	3.98
	地勤部隊	47	3.84	742	60.57	425	34.69	11	0.90
	學校	66	4.54	874	60.15	501	34.48	12	0.83
	合計	221	3.64	3,831	63.18	1,914	31.56	98	1.62

舉辦官佐戰時心理測驗之答案統計表（附表一之十一）

問題	你是否常常有機會和主管官作輕鬆而愉快的聚談？							
答案 人數	1. 從來沒有 這種機會		2. 很少有這 種機會		3. 常常有這 種機會		其他（未答 或選答兩個 以上答案）	
	百分 數	人數	百分 數	人數	百分 數	人數	百分 數	
選答 人數 及百 分數 飛行部隊	133	5.26	1,064	42.07	1,321	52.24	11	0.43
傘兵部隊	93	10.85	411	47.96	348	40.61	5	0.58
地勤部隊	87	7.10	488	39.84	644	52.57	6	0.49
學校	115	7.92	642	44.18	689	47.42	7	0.48
合計	428	7.05	2,605	42.96	3,002	49.51	29	0.48

舉辦官佐戰時心理測驗之答案統計表（附表一之十二）

問題	你覺得你所受國家的獎勵和你對國家的貢獻，是否相稱？							
答案 人數	1. 獎勵較多 貢獻較少		2. 貢獻較多 獎勵較少		3. 貢獻與獎 勵相稱		其他（未答 或選答兩個 以上答案）	
	百分 數	人數	百分 數	人數	百分 數	人數	百分 數	
選答 人數 及百 分數 飛行部隊	200	7.91	512	20.24	1,790	70.78	27	1.07
傘兵部隊	97	11.32	194	22.64	556	64.88	10	1.16
地勤部隊	135	11.02	242	19.76	835	68.16	13	1.06
學校	126	8.67	313	21.54	1,000	68.82	14	0.97
合計	558	9.20	1,261	20.79	4,181	68.95	64	1.06

舉辦官佐戰時心理測驗之答案統計表（附表一之十三）

問題	你覺得你自己在現在的工作本位上，有無發展的希望？							
答案 人數	1. 極有希望		2. 無大希望		3. 沒有希望		其他（未答 或選答兩個 以上答案）	
	百分 數	人數	百分 數	人數	百分 數	人數	百分 數	
選答 人數 及百 分數 飛行部隊	1,331	52.63	1,058	41.84	123	4.86	17	0.67
傘兵部隊	273	31.86	472	55.08	104	12.13	8	0.93
地勤部隊	540	44.08	597	48.73	83	6.78	5	0.41
學校	721	49.62	601	41.36	126	8.7	5	0.35
合計	2,865	47.24	2,728	44.99	436	7.19	35	0.58

舉辦官佐戰時心理測驗之答案統計表（附表一之十四）

問題		你是否常常為你的工作地位的保全問題而感覺憂慮？							
答案 人數		1. 從未憂慮		2. 很少憂慮		3. 時常憂慮		其他（未答 或選答兩個 以上答案）	
		百分 數	人數	百分 數	人數	百分 數	人數	百分 數	
選答 人數 及百 分數	飛行部隊	1,495	59.11	898	35.51	133	5.26	3	0.12
	傘兵部隊	421	49.12	318	37.11	112	13.07	6	0.70
	地勤部隊	583	47.59	516	42.13	119	9.71	7	0.57
	學校	848	58.36	506	34.82	94	6.47	5	0.35
	合計	3,347	55.19	2,238	36.91	458	7.55	21	0.35

舉辦官佐戰時心理測驗之答案統計表（附表一之十五）

問題		在飛行或作戰時，你是否常常想到危險？							
答案 人數		1. 從未想到 危險		2. 有時想到 危險		3. 常常想到 危險		其他（未答 或選答兩個 以上答案）	
		百分 數	人數	百分 數	人數	百分 數	人數	百分 數	
選答 人數 及 分數	飛行部隊	1,551	61.33	756	29.89	37	1.46	185	7.32
	傘兵部隊	529	61.73	263	30.69	26	3.03	39	4.55
	地勤部隊	831	67.84	290	23.67	16	1.31	88	7.18
	學校	966	66.48	332	22.85	20	1.38	135	9.29
	合計	3,877	63.94	1,641	27.06	99	1.63	447	7.37

舉辦官佐戰時心理測驗之答案統計表（附表一之十六）

問題		在下列三種職務中，你以為一個人目前從事何種職 務較好？							
答案 人數		1. 軍人		2. 公務員		3. 大學教授		其他（未答 或選答兩個 以上答案）	
		百分 數	人數	百分 數	人數	百分 數	人數	百分 數	
選答 人數 及百 分數	飛行部隊	2,273	89.87	115	4.55	131	5.18	10	0.40
	傘兵部隊	727	84.83	86	10.03	41	4.79	3	0.35
	地勤部隊	1,011	82.53	143	11.67	65	5.31	6	0.49
	學校	1,219	83.90	119	8.19	108	7.43	7	0.48
	合計	5,230	86.24	463	7.64	345	5.69	26	0.43

舉辦官佐戰時心理測驗之答案統計表（附表一之十七）

問題		在軍事失利時，常有許多謠言發生，根據你的經驗，這些謠言的性質如何？						
答案 人數		1. 每與事實不符		2. 常為次一行動所證實		3. 欲得正確消息須從謠言中研究		其他（未答或選答兩個以上答案）
		百分數	人數	百分數	人數	百分數	人數	百分數
選答人數及百分數	飛行部隊	,1385	54.76	274	10.83	861	34.05	9	0.36
	傘兵部隊	447	52.16	90	10.50	318	37.11	2	0.23
	地勤部隊	678	55.35	100	8.16	438	35.75	9	0.74
	學校	932	64.14	122	8.40	391	26.91	8	0.55
	合計	3,442	56.76	586	9.66	2,008	33.12	28	0.46

舉辦官佐戰時心理測驗之答案統計表（附表一之十八）

問題		根據你的判斷，中共是否已有足與政府對抗的空軍？						
答案 人數		1. 未經運用之中共空軍力量已相當強大		2. 目前中共空軍力量遠不及政府的空軍		3. 中共無法建立足與政府對抗的空軍		其他（未答或選答兩個以上答案）
		百分數	人數	百分數	人數	百分數	人數	百分數
選答人數及百分數	飛行部隊	25	0.99	1,093	43.22	1,407	55.63	4	0.16
	傘兵部隊	7	0.82	351	40.95	493	57.53	6	0.70
	地勤部隊	12	0.98	604	49.32	602	49.13	7	0.57
	學校	36	2.48	648	44.60	758	52.17	11	0.75
	合計	80	1.32	2,696	44.46	3,260	53.76	28	0.46

舉辦官佐戰時心理測驗之答案統計表（附表一之一十九）

問題		共匪為什麼優待我被俘官兵？						
答案 人數		1. 由於彼方缺乏有訓練之工作人員		2. 是一種分化離間的陰謀		3. 暫時利用而已		其他（未答或選答兩個以上答案）
		百分數	人數	百分數	人數	百分數	人數	百分數
選答人數及百分數	飛行部隊	82	3.24	1042	41.20	1,387	54.85	18	0.71
	傘兵部隊	34	3.97	453	52.86	360	42.00	10	1.17
	地勤部隊	45	3.67	519	42.37	653	53.31	8	0.65
	學校	40	2.75	594	40.88	807	55.54	12	0.83
	合計	201	3.31	2,608	43.01	3,207	52.89	48	0.79

舉辦官佐戰時心理測驗之答案統計表（附表一之二十）

問題		戡亂作戰的意義，和那一次戰役的意義相近？						
答案 人數		1. 對日抗戰		2. 南北美 戰爭		3. 反希特勒 戰爭		其他（未答 或選答兩個 以上答案）
		人數	百分數	人數	百分數	人數	百分數	百分數
選答 人數 及百 分數	飛行部隊	917	36.26	200	7.91	1,396	55.20	16	0.63
	傘兵部隊	335	39.09	118	13.77	396	46.21	8	0.93
	地勤部隊	523	42.69	78	6.37	610	49.80	14	1.14
	學校	576	39.64	116	7.98	751	51.69	10	0.69
	合計	2,351	38.77	512	8.44	3,153	52.00	48	0.79

舉辦官佐戰時心理測驗之答案統計表（附表一之廿一）

問題		抗戰時士氣較佳，戡亂時士氣較差，其主要原因何在？						
答案 人數		1. 由於抗戰 是對外作戰		2. 由於官兵 在長期戰爭 後希望休息		3. 由於戡亂 時期官兵生 活較抗戰時 期更苦		其他（未答 或選答兩個 以上答案）
		人數	百分數	人數	百分數	人數	百分數	百分數
選答 人數 及百 分數	飛行部隊	438	17.32	856	33.85	1,199	47.41	36	1.42
	傘兵部隊	183	21.35	296	34.54	349	40.72	29	3.38
	地勤部隊	227	18.53	369	36.13	608	49.63	21	1.71
	學校	304	20.92	463	31.86	674	46.39	12	0.83
	合計	1,152	19.00	1,984	32.71	2,830	46.67	98	1.62

舉辦官佐戰時心理測驗之答案統計表（附表一之廿二）

問題		共軍佔領長江下游一帶以後，將發生何種後果？						
答案 人數		1. 人力物力 增加戰鬥力 因之增強		2. 負擔加重， 遭遇通貨膨 脹的困難		3. 民主自由人 士漸失所望， 控制不易		其他（未答 或選答兩個 以上答案）
		人數	百分數	人數	百分數	人數	百分數	百分數
選答 人數 及百 分數	飛行部隊	52	2.06	1,515	59.90	920	36.38	42	1.66
	傘兵部隊	51	5.95	388	45.27	399	64.56	19	2.22
	地勤部隊	63	5.14	650	53.06	496	40.49	16	1.31
	學校	76	5.23	782	53.82	575	39.57	20	1.38
	合計	242	3.99	3,335	55.00	2,390	37.41	97	1.60

舉辦官佐戰時心理測驗之答案統計表（附表一之廿三）

問題		共黨廣播其即將停止清算與鬥爭的行動，是否可信？						
答案 人數		1. 共黨佔領國際觀瞻所繫的都市以後即停止清算與鬥爭		2. 清算與鬥爭為其把握無產階級心理的一貫政策，絕不會永久放棄		3. 清算與鬥爭為其排除異己的手段，縱其一黨專政成功後，其內都亦將互相清算鬥爭不已		其他（未答或選答兩個以上答案）	
		百分數	人數	百分數	人數	百分數	人數	百分數	
選答人數及百分數	飛行部隊	25	0.99	1,052	41.60	1,440	56.94	12	0.47
	傘兵部隊	9	1.05	343	40.02	489	57.06	16	1.87
	地勤部隊	18	1.47	459	37.47	727	59.35	21	1.71
	學校	42	2.89	615	42.32	785	54.03	11	0.76
	合計	94	1.55	2,469	40.72	3,441	56.74	60	0.99

舉辦官佐戰時心理測驗之答案統計表（附表一之廿四）

問題		共黨用什麼手段對待與其政見相左的同黨？						
答案 人數		1. 殘害		2. 清除		3. 說服		其他（未答或選答兩個以上答案）	
		百分數	人數	百分數	人數	百分數	人數	百分數	
選答人數及百分數	飛行部隊	1,679	66.39	778	30.76	57	2.26	15	0.59
	傘兵部隊	572	66.75	192	22.40	75	8.75	18	2.10
	地勤部隊	761	62.12	360	29.39	89	7.27	15	1.22
	學校	991	68.20	417	28.70	33	2.27	12	0.83
	合計	4,003	66.01	1,747	28.81	254	4.19	60	0.99

舉辦官佐戰時心理測驗之答案統計表（附表一之廿五）

問題	你覺得空軍在未來的戡亂戰爭中，能夠發生怎樣的威力？							
答案 人數	1. 能夠決定戰爭的勝負		2. 可以協同陸軍海軍，爭取勝利		3. 對於佔有廣大地區的敵人，不能給以有效的打擊		其他（未答或選答兩個以上答案）	
	百分數	人數	百分數	人數	百分數	人數	百分數	
選答人數及百分數 飛行部隊	649	25.66	1,845	72.96	30	1.18	5	0.20
傘兵部隊	166	19.37	653	76.20	30	3.50	8	0.93
地勤部隊	229	18.69	974	79.51	15	1.23	7	0.57
學校	419	28.84	1,013	69.72	13	0.89	8	0.55
合計	1,463	24.13	4,485	73.96	88	1.45	28	0.46

舉辦官佐戰時心理測驗之答案統計表（附表一之廿六）

問題	以台閩粵桂川黔等地為根據地，政府能否復興？							
答案 人數	1. 可能		2. 不可能		3. 視其他條件而定		其他（未答或選答兩個以上答案）	
	百分數	人數	百分數	人數	百分數	人數	百分數	
選答人數及百分數 飛行部隊	1,449	57.29	5	0.20	1,069	42.27	6	0.24
傘兵部隊	443	51.69	5	0.58	403	47.03	6	0.70
地勤部隊	755	61.63	6	0.49	457	37.31	7	0.57
學校	968	66.62	6	0.41	471	32.42	8	0.55
合計	3,615	59.61	22	0.36	2,400	39.58	27	0.45

舉辦官佐戰時心理測驗之答案統計表（附表一之廿七）

問題		根據你的預測，第三次世界大戰如果發生，何方可獲最後的勝利？							
答案人數		1. 英美集團先發制人獲得勝利		2. 長期混戰後，英美由敗轉勝		3. 英美原子彈不能戰勝共產國際之思想戰與組織戰		其他（未答或選答兩個以上答案）	
		百分數	人數	百分數	人數	百分數	人數	百分數	
選答人數及百分數	飛行部隊	1,351	53.42	1,112	43.97	52	2.06	14	0.55
	傘兵部隊	543	63.36	244	28.47	54	6.30	16	1.87
	地勤部隊	669	34.61	491	40.08	54	4.41	11	0.90
	學校	750	51.62	660	45.42	35	2.41	8	0.55
	合計	3,313	54.63	2,507	41.34	195	3.22	49	0.81

舉辦官佐戰時心理測驗之答案統計表（附表一之廿八）

問題		國民革命事業在今日之遭際，與歷史上何種時期相似？							
答案人數		1. 太平天國末期		2. 宋室南渡之時		3. 南京淪陷，政府西遷重慶開始長期抗戰之日		其他（未答或選答兩個以上答案）	
		百分數	人數	百分數	人數	百分數	人數	百分數	
選答人數及百分數	飛行部隊	155	6.13	150	5.93	2,213	87.51	11	0.43
	傘兵部隊	64	7.47	59	6.88	721	84.13	13	1.52
	地勤部隊	77	6.29	86	7.02	1053	85.96	9	0.73
	學校	88	6.06	81	5.57	1,277	87.89	7	0.48
	合計	384	6.33	376	6.20	5,264	86.81	40	0.66

舉辦官佐戰時心理測驗之答案統計表（附表一之廿九）

問題	萬一軍費困難，銀餉兩缺時，你準備怎樣？							
答案 人數	1. 為減輕當局負擔計，擬請求轉業		2. 只要有飯吃，願意苦幹到底		3. 一面找飯吃一面與共匪奮鬥到底		其他（未答或選答兩個以上答案）	
	百分數	人數	百分數	人數	百分數	人數	百分數	
選答人數及百分數 飛行部隊	51	2.02	1,521	60.14	949	37.52	8	0.32
傘兵部隊	36	4.20	410	47.84	404	47.14	7	0.82
地勤部隊	52	4.24	663	54.13	504	41.14	6	0.49
學校	36	2.48	742	51.07	668	45.97	7	0.48
合計	175	2.89	3,336	55.01	2,525	41.64	28	0.46

舉辦官佐戰時心理測驗之答案統計表（附表一之三十）

問題	萬一大陸全部淪陷，台灣危險，你準備如何？							
答案 人數	1. 暫時妥協		2. 入山從事游擊戰		3. 改裝為老百姓，隱藏原有的身份		其他（未答或選答兩個以上答案）	
	百分數	人數	百分數	人數	百分數	人數	百分數	
選答人數及百分數 飛行部隊	17	0.67	2,203	87.11	289	11.43	20	0.79
傘兵部隊	16	1.86	780	91.02	52	6.07	9	1.05
地勤部隊	17	1.39	1069	87.26	132	10.78	7	0.57
學校	13	0.89	1,282	88.23	147	10.12	11	0.76
合計	63	1.04	5,334	87.96	620	10.22	47	0.78

第五章　任免調遣概況

第一節　官佐之調遣

第一款　調遣原則

　　官佐之調遣，除依照往年成規及慣例外，為適應大陸戰況之變遷及實際情況，作以下之修正與補充。

一、除醫務人員外，概不錄用新進。

二、凡台灣區人員，不調往大陸區工作，大陸區人員，如意志堅定志願來台者，則儘量調補台灣區缺額。

三、全軍人員按照分類專長任職。

第二款　調遣概況

一、本軍人員，按照軍職專長任職，自下半年度開始實施後順利完成。惟受戰況影響，對于定期調職，則未能達到預期要求。

二、因大陸戰況轉變，編制組織時而撤銷時而成立人員動盪不定並多失蹤者，除本軍必需人員儘量調派職務，充實作戰人力外，其非本軍必需人員則予資遣。

三、某項專業人員如感缺乏而又屬急需者，則就另類過剩人員中調補，並施以短期訓練或帶職受訓，以宏運用（如政工人員缺乏，曾就過剩之機械人員中抽訓調補，又如統計員缺乏，就機械及通信或軍文人員中抽調補充）。

四、本年度空軍各類人員定員與現員比較表如附表（一）。

五、本年度各單位正副主官編階少將以上者異動次
　　數如附表（二）。

六、本年度各單位正副主官編階少將以上者異動概
　　況如附表（三）。

七、本年度空軍各部隊長異動概況如附表（四）。

第二節　士兵之調遣與革補

一、本年度全軍各機構內軍士均已依其已獲軍職專長按
　　照編制專長及編階調整任職，間有少數編額缺少是
　　項專長軍士，則調派專長相近者帶職受訓。
　　至各屬機構內原有之額外軍士，除極少數單位因特
　　殊需要准予保留者外，均悉數納入編制或調出。

二、各屬現有之技術兵（包括機械兵、軍械兵、通信
　　兵、機務兵、線務兵、話務兵、氣象兵、駕駛兵、
　　照相兵等），其未受軍訓及無機械技術經驗，服務
　　成績低劣，工作不力者，通飭各屬自行負責考核淘
　　汰或改為普通兵，同時並將錄用技術兵標準提高，
　　以期改進其素質。

三、本部及所屬各機構移駐台灣後，各項普通士兵多未
　　隨同遷移，缺額一時不易補充，為應事實需要，凡
　　文書士及公役等缺，在必要時准予女子抵缺服務，
　　一律稱為「雇工」，另規定「雇工」補用標準，飭
　　各屬遵照。

38 年度空軍各類人員定員與現員比較表（附表一）

區分	定員數	現員數
總計	134,000	133,995
官佐合計	26,073	22,658
空軍軍官	4,824	2,636
陸軍軍官	2,308	4,322
通信人員	3,917	3,910
機械軍佐	6,674	4,938
醫務人員	1,332	925
測候人員	269	621
軍需人員	1,334	1,369
軍文人員	5,415	3,937
士兵合計	101,127	107,293
技術士兵	41,909	43,959
普通士兵	59,218	63,334
學員生合計	6,800	4,044
學員	450	185
學生	6,350	3,859

38 年度各單位正副主官編階少將以上者異動次數統計表（附表二）

區別	總計	本總部及各單位	各軍區司令部	訓練供應指揮高砲地面司令部及廠局部隊所	各學校
總司令					
副總司令					
參謀長	8	2	4	2	
副參謀長	1	1			
諮議官					
監察長	2	2			
室主任	15	14		1	
署長	8	8			
副署長	13	13			
處長	28	23		1	4
司令	6		2	4	
副司令	13		5	8	
所長	1			1	
團長	2			2	
總務長	6			6	
指揮官	4			4	

區別	總計	本總部及各單位	各軍區司令部	訓練供應指揮高砲地面司令部及廠局部隊所	各學校
副指揮官	1			1	
廠長	3			3	
總庫長	1			1	
院長	1			1	

附記

1. 查表列各欄填有數字者，即係異動之次數。

2. 凡無數字者，即係本年度無異動。

38 年度各單位正副主官編階少將以上者異動概況表
（附表三）

空軍總司令部		
級職	姓名	備考
中將一級總司令	周至柔	（原職）
中將三級副總司令	毛邦初	（原職）
少將一級副總司令	王叔銘	（原職）
兼參謀長	王叔銘	38/11/1 免兼
少將三級參謀長	劉國運	38/11/1 到
少將三級副參謀長	劉國運	38/11/1 離
諮議室		
少將三級首席諮議官	張廷孟	（原職）
監察室		
少將三級監察長	王立序	38/10/1 離
少將三級監察長	謝 莽	38/10/1 到

第一署		
級職	姓名	備考
上校二級署長	魏崇良	38/9/16 離
上校一級署長	劉志漢	38/9/16 到
上校一級副署長	劉志漢	38/9/16 離
上校二級副署長	姜獻祥	（原職）
人事政策處		
中校一級處長	吳祖薾	（原職）

人事業務處		
中校一級處長	王玉琨	38/4/3 離
上校二級處長	王育根	38/5/16 到

第二署		
級職	姓名	備考
少將三級署長	李懷民	38/11/1 離
上校二級署長	賴名湯	38/11/1 到
上校三級副署長	趙 梟	38/9/1 離
上校二級副署長	賴名湯	38/11/1 離
上校三級副署長	陳漢章	38/11/1 到
作戰情報處		
中校一級處長	高品芳	（原職）
照相情報處		
		38/4/1 撤銷 前任處長於 37/6/15 離 職後空缺
反情報處		
中校二級處長	汪治隆	38/4/1 離 同年月日本處撤銷 改為組織安全處
組織安全處		
中校二級處長	汪治隆	38/4/1 到
技術情報室		
中校一級主任	李繼唐	（原職）

第三署		
級職	姓名	備考
上校一級署長	毛瀛初	（原職）
上校一級副署長	董明德	38/10/1 離
上校一級副署長	董明德	38/11/1 到
上校三級副署長	賴遜岩	38/1/1
作戰處		
上校三級處長	萬承烈	（原職）
訓練處		
上校三級處長	許思廉	（原職）
飛行安全處		
上校三級處長	王育根	38/3/16 離 同年 4/1 本處撤銷 改組為飛行安全室

飛行安全室		
上校一級主任	顧兆祥	38/4/1 到 38/12/1 離
中校二級主任	安錫九	38/12/1 到

第四署		
級職	姓名	備考
一機正二級署長	曾　桐	38/4/16 離
上校一級署長	劉烔光	38/4/16 到
上校三級副署長	章　傑	（原職）
一機正一級副署長	李柏齡	38/6/1 離
技術補給處		
二機正一級處長	朱國洪	（原職）
一般補給處		
二機正二級處長	潘學彭	38/4/8 離
一機正三級處長	蔡厚成	38/4/16 到 38/11/1 離
中校一級處長	劉為城	38/11/1 到
修護處		
一機正三級處長	周祖達	38/8/16 離
軍械處		
二機正三級處長	姚積堯	38/4/1 離 同年月日本處改組為軍械室
軍械室		
二機正三級主任	姚積堯	38/4/1 到 38/5/15 離
三機正一級主任	林世昌	38/7/1 到
徵購處		
二機正三級處長	程福禱	38/4/1 離 同年月日改組為徵購室
徵購室		
二機正三級主任	程福禱	38/4/1 到 38/10/16 離
一機正三級主任	曹起成	（原職）
交通處		
上校三級處長	張抑強	38/4/1 離 同年月日改組為運輸處
運輸處		
上校三級處長	張抑強	38/4/1 到
後勤計劃室		
中校二級 主任	陶偉生	38/7/1 到

第五署		
級職	姓名	備考
上校三級署長	劉烔光	38/4/16 離
上校一級署長	張之珍	38/4/16 到
中校一級副署長	譚以德	38/12/1 離
空軍通信學校		
上校三級校長	方朝俊	（原職）
上校二級副署長	石　隱	38/4/1 到
作戰計劃室		
中校二級主任	呂天龍	38/2/25 離
中校二級主任	徐吉驤	38/5/16 到
組織計劃室		
中校一級主任	唐健如	38/12/16 離
訓練計劃室		
中校一級主任	田兆霖	（原職）
工業計劃室		
一機正三級主任	曹起成	38/10/16 離
二機正一級主任	王宗寬	38/12/16 到

統計處		
級職	姓名	備考
上校二級處長	張柏壽	38/4/1 離 同年月日改組為統計室
統計室		
上校二級統計長	張柏壽	38/4/1 到 38/9/16 離
中校一級統計長	左印金	38/9/16 到

副官處		
級職	姓名	備考
同上校一級處長	周鳴湘	（原職）

政工處		
級職	姓名	備考
陸軍少將支空軍少將三級薪處長	簡　樸	（原職）

防空處		
級職	姓名	備考
陸空少將處長	辛文銳	38/10/1 離
陸空少將處長	張星源	38/10/1 到

通信處		
級職	姓名	備考
上校三級處長	楊仲安	（原職）

氣象處		
級職	姓名	備考
中校三級處長	胡莊如	38/9/1 離
中校一級處長	鐘龍光	38/9/1 到

財務處		
級職	姓名	備考
陸軍軍需監支空軍一需正三級薪處長	徐鳳鳴	38/4/1 同年月日改組為預算財務處
預算處		
一需正三級處長	許思燏	38/4/1 同年月日改組為預算財務處
預算財務處		
陸軍軍需監支空軍一需正二級薪處長	徐鳳鳴	38/4/1 到

軍醫處		
級職	姓名	備考
支一醫正三級處長	李旭初	（原職）

工程處		
級職	姓名	備考
上校二級處長	侯拔崙	（原職）

軍法處		
級職	姓名	備考
上校三級處長	吳樹漢	（原職）

總務處

級職	姓名	備考
中校三級處長	范光華	38/3/16 離
中校二級處長	楊道古	38/3/16 到

第一軍區司令部

級職	姓名	備考
上校二級司令	吳　禮	38/12/1 離
上校一級副司令	孫仲華	38/10/1 離
上校一級副司令	董明德	38/11/1 到 38/11/1 離
中校一級參謀長	向周全	38/12/1 離

第二軍區司令部

級職	姓名	備考
上校一級司令	陳嘉尚	38/7/1 離
上校三級副司令	陳有維	38/3/1 離
上校三級參謀長	陳御風	38/7/1 離

第三軍區司令部

級職	姓名	備考
上校一級司令	徐煥昇	（原職）
上校一級副司令	易國瑞	（原職）
上校二級副司令	沈延世	38/12/16 到 38/12/9 離 （未到差即失蹤）
上校三級參謀長	洪養孚	（原職）

第四軍區司令部

級職	姓名	備考
少將三級司令	羅機	（原職）
上校一級副司令	鄧志堅	（原職）
上校二級參謀長	徐燕謀	（原職）

第五軍區司令部

級職	姓名	備考
少將三級司令	晏玉琮	（原職）
上校二級副司令	沈延世	38/12/16 離
上校二級參謀長	彭允南	38/3/16 離
上校三級參謀長	胡莊如	38/9/1 到

空軍訓練司令部		
級職	姓名	備考
少將三級司令	劉牧羣	（原職）
少將三級副司令	謝 莽	38/11 離
少將三級副司令	李懷民	38/11/1 到
上校一級參謀長	田 曦	（原職）

空軍供應司令部		
級職	姓名	備考
上校一級司令	王衛民	38/9/16 離
上校二級司令	魏崇良	38/9/16 到
上校一級副司令	孫桐崗	38/8/1 離
上校二級副司令	張柏壽	38/9/16 到
上校一級參謀長	周一塵	（原職）

台灣空軍指揮部		
級職	姓名	備考
上校一級指揮官	郝中和	38/2/16 離

海南空軍指揮部		
級職	姓名	備考
上校一級指揮官	陳有維	38/4/1 到
上校三級副指揮官	徐卓元	38/10/16 到

空軍參謀學校		
級職	姓名	備考
少將三級校長	徐康良	（原職）
教育處		
上校一級處長	王再長	（原職）

空軍軍官學校		
級職	姓名	備考
上校二級校長	胡偉克	（原職）

空軍機械學校		
級職	姓名	備考
一機正二級校長	文士龍	（原職）

空軍預備學校		
級職	姓名	備考
上校一級校長	龔穎澄	（原職）

空軍防空學校		
級職	姓名	備考
陸軍中將校長	馮秉權	（原職）
研究室		
陸軍少將主任	余子尊	（原職）
教育處		
陸軍少將處長	繆　範	38/12/1 離
陸軍少將處長	李　銘	38/12/1 到
訓導處		
同中校一級處長	張柳雲	（原職）
勤務處		
一等軍需正處長	盧良舟	38/9/1 離
中校二級處長	劉忠敏	38/9/1 到

空軍航空工業局		
級職	姓名	備考
機械監三級局長	朱　霖	（原職）
一機正一級副局長	馬德樹	（原職）

航空研究院		
級職	姓名	備考
比同上校一級院長	秦大鈞	38/11/1 離

發動機製造廠		
級職	姓名	備考
一機正二級廠長	顧光復	（原職）

第一飛機製造廠		
級職	姓名	備考
一機正三級廠長	鄭汝鏞	（原職）

第三飛機製造廠		
級職	姓名	備考
機械監三級廠長	朱家仁	38/11/1 離 同年月日改為飛機製造廠
飛機製造廠		
機械監三級廠長	朱家仁	38/11/1 到

空軍地面警衛司令部		
級職	姓名	備考
陸軍中將司令	萬用霖	（原職）
陸軍少將副司令	黃　超	38/7/16 離
陸軍少將參謀長	汪炳南	（原職）

空軍高砲司令部		
級職	姓名	備考
陸軍少將司令	辛文銳	38/10/1 到
陸軍少將副司令	譚　鵬	38/10/1 到
陸軍少將副司令	周競進	38/10/1 到
陸軍少將參謀長	葉枝芳	38/11/16 到
監察室		
陸軍上校主任	李　銘	38/10/1 到 38/12/1 離

空軍傘兵總隊司令部		
級職	姓名	備考
陸軍少將司令	黃　超	38/7/16 到
陸軍少將副司令	張緒滋	38/7/16 離
陸軍上校參謀長	戴傑夫	38/3/1 到

空軍工兵總隊		
級職	姓名	備考
陸軍少將總隊長	陳傳忠	38/12/1 離

空軍照測第一團		
級職	姓名	備考
陸軍少將團長	周競進	38/10/1 離
陸軍中校團長	蔣南華	38/10/1 到

高射砲第一指揮部		
級職	姓名	備考
陸軍少將指揮官	譚　鵬	38/10/1 離

高射砲第二指揮部		
級職	姓名	備考
陸軍少將指揮官	張星源	38/10/1 離

空軍部訓總隊		
級職	姓名	備考
上校二級總隊長	李學炎	38/8/1 離

中央防空情報所		
級職	姓名	備考
陸軍上校所長	劉若梅	38/7/1 離

空軍供應總處		
級職	姓名	備考
上校三級總處長	張偉華	38/11/1 離

空軍飛機修理總廠		
級職	姓名	備考
一機正三級總廠長	蔡厚成	38/11/1 到

空軍補給總庫		
級職	姓名	備考
中校一級總庫長	張萬宗	38/11/1 到

空軍通信總隊		
級職	姓名	備考
中校一級兼總隊長	楊仲安	38/3/1 免兼
上校一級總隊長	張之珍	38/3/1 到 38/4/16 離
同中校一級代總隊長	查履坦	38/4/16 到 38/9/16 離
上校三級總隊長	楊紹廉	38/9/16 到

38 年度各空軍大隊大隊長異動概況表（附表四）

空軍第一大隊		
級職	姓名	備考
中校一級大隊長	時光琳	38/7/1 離
中校二級大隊長	陳衣凡	38/7/1 到

空軍第三大隊		
級職	姓名	備考
中校一級大隊長	李　礦	（原職）

空軍第四大隊		
級職	姓名	備考
中校二級大隊長	徐吉驤	38/5/16 離
中校一級大隊長	張光蘊	38/5/16 到

空軍第五大隊		
級職	姓名	備考
中校一級大隊長	張唐天	（原職）

空軍第八大隊		
級職	姓名	備考
中校一級大隊長	張培義	（原職）

空軍第十大隊		
級職	姓名	備考
上校三級大隊長	衣復恩	（原職）

空軍第十一大隊		
級職	姓名	備考
中校一級大隊長	曹世榮	（原職）

空軍第二十大隊		
級職	姓名	備考
中校一級大隊長	楊榮志	（原職）

第六章　獎懲概況

第一節　授勛給獎

一、本年戡亂軍事雖多失利，但我空軍之士氣則極端
　　振奮，給與匪軍以嚴重之打擊，獲致優越成果。本
　　軍對於作戰將士，論功行賞，除於元旦及空軍節舉
　　行定期敘勛兩次外，並於每次戰役中，對有卓異功
　　績者，隨時授勛給獎，計38年全年共頒發勛獎章
　　3,405座，如附表（一）。

二、因作戰有功，受記大功以下獎勵及一般功績受獎
　　者，全年共9,258人，如附表（二）。

三、修訂空軍勛獎條例及補充空中勤務獎懲規定條款，
　　以適應事實，並竭力爭取勛獎時效，以激揚士氣。

第二節　懲罰

　　本年度空軍人員，因過失受處分者，共為9,839
人，如附表（三）。

第三節　軍風紀之整飭

　　本軍各級機構先後遷駐台灣，為求鞏固復興基地，
加強軍民合作，對於軍風紀之維持，極為重要。本部特
命令各屬分區組織軍風紀巡查團，先後成立台北、桃
園、新竹、台中、嘉義、台南、岡山、屏東、花蓮、台
東、東港、虎尾、淡水、高雄等14處，由各地之最高
單位主官負責主持，加強糾察。凡違犯軍風紀人員，從
嚴懲處，以收懲一儆百之效。綜計全年經查察因不守軍

風紀而受懲處人員，共 2,678 人，如附表（四）。

38 年度頒發勛獎章統計表（附表一）

綏靖戰役－徐蚌會戰	總計 67
寶鼎勛章	2
雲麾勛章	1
絡書勛章	2
乾元勛章	2
陸海空軍獎章	8
光華獎章	16
干城獎章	15
鵬舉獎章	1
雄鷲獎章	9
彤弓獎章	8
陸海空軍褒狀	3

綏靖戰役－上海保衛戰	總計 2
忠勇勛章	2

綏靖戰役－青樹坪之役	總計 1
雲麾勛章	1

綏靖戰役－登步島戰役	總計 2
寶鼎勛章	1
雲麾勛章	1

綏靖戰役－追擊逃機	總計 8
陸海空軍獎章	2
光華獎章	2
干城獎章	2
空軍懋績獎章	2

綏靖戰役－迫降海面	總計 2
忠勇勛章	2

綏靖戰役－太原保衛戰	總計 6
空軍榮譽錦旗	6

定期敘勳－元旦敘勳	總計 1,347
寶鼎勳章	13
雲麾勳章	92
忠勤勳章	4
空軍復興榮譽勳章	7
陸海空軍獎章	58
光華獎章	57
干城獎章	210
空軍懋績獎章	297
空軍楷模獎章	609

定期敘勳－空軍節敘勳	總計 1,886
寶鼎勳章	8
雲麾勳章	7
空軍復興榮譽勳章	28
大同勳章	1
河圖勳章	11
絡書勳章	16
乾元勳章	26
陸海空軍獎章	11
光華獎章	28
干城獎章	90
空軍宣威獎章	940
鵬舉獎章	40
雲龍獎章	20
飛虎獎章	24
翔豹獎章	54
雄鷲獎章	75
彤弓獎章	435
空軍懋績獎章	7
空軍楷模獎章	65

其他－作戰有功	總計 21
忠勇勳章	2
陸海空軍獎章	1
光華獎章	1
干城獎章	1
忠貞獎章	1
雄鷲獎章	1
彤弓獎章	2
空軍楷模獎章	4

空軍榮譽錦旗	4
空軍團體獎旗	1
空軍傷榮臂章	3

其他－脫險歸來	總計 31
忠勇勛章	29
乾元勛章	1
空軍楷模獎章	1

其他－撤退有功	總計 2
乾元勛章	2

其他－創造發明	總計 1
雲麾勛章	1

其他－譯述著作	總計 6
空軍懋績獎章	6

其他－一般勞績	總計 17
空軍懋績獎章	1
空軍楷模獎章	11
空軍團體獎旗	5

其他－補發遺失	總計 5
雲麾勛章	2
空軍復興榮譽勛章	1
干城獎章	1
空軍楷模獎章	1

頒發外人	總計 1
空軍懋績獎章	1

總計	3,405
寶鼎勛章	24
雲麾勛章	105
忠勇勛章	35
忠勤勛章	4
空軍復興榮譽勛章	36
大同勛章	1

河圖勛章	11
絡書勛章	18
乾元勛章	31
陸海空軍獎章	80
光華獎章	104
干城獎章	319
忠貞獎章	1
空軍宣威獎章	940
鵬舉獎章	41
雲龍獎章	20
飛虎獎章	24
翔豹獎章	54
雄鷲獎章	85
彤弓獎章	445
空軍懋績獎章	314
空軍楷模獎章	691
陸海空軍褒狀	3
空軍榮譽錦旂	10
空軍團體獎旂	6
空軍傷榮臂章	3

38 年度官兵獎勵統計表（附表二）

官佐－空軍軍官	總計 2,756
作戰有功－勛章	2
作戰有功－大功	20
作戰有功－記功	564
作戰有功－嘉獎	1,083
作戰有功－獎薪	82
作戰有功－小計	1,751
安全迫降－記功	54
安全迫降－嘉獎	61
安全迫降－小計	115
教導有方－大功	1
教導有方－記功	83
教導有方－嘉獎	63
教導有方－小計	147
工作努力－大功	5
工作努力－記功	235
工作努力－嘉獎	401
工作努力－獎薪	25
工作努力－小計	666

考績優良－記功	43
考績優良－嘉獎	34
考績優良－小計	77

官佐－機械人員	總計 1,066
作戰有功－記功	78
作戰有功－嘉獎	241
作戰有功－獎薪	1
作戰有功－小計	320
安全迫降－記功	1
安全迫降－嘉獎	24
安全迫降－小計	25
教導有方－記功	39
教導有方－嘉獎	93
教導有方－小計	132
工作努力－勛章	1
工作努力－大功	7
工作努力－記功	134
工作努力－嘉獎	360
工作努力－獎薪	31
工作努力－小計	533
考績優良－嘉獎	31
考績優良－獎薪	25
考績優良－小計	56

官佐－通信人員	總計 805
作戰有功－記功	82
作戰有功－嘉獎	236
作戰有功－獎薪	13
作戰有功－小計	331
安全迫降－記功	3
安全迫降－嘉獎	1
安全迫降－小計	4
教導有方－記功	16
教導有方－嘉獎	13
教導有方－小計	29
工作努力－大功	1
工作努力－記功	50
工作努力－嘉獎	334
工作努力－獎薪	35
工作努力－小計	420

考績優良－嘉獎	21
考績優良－小計	21

官佐－軍需人員	總計 99
作戰有功－嘉獎	1
作戰有功－小計	1
工作努力－記功	10
工作努力－嘉獎	62
工作努力－獎薪	8
工作努力－小計	80
考績優良－記功	4
考績優良－嘉獎	14
考績優良－小計	18

官佐－技術人員	總計 250
作戰有功－嘉獎	34
作戰有功－獎薪	4
作戰有功－小計	38
教導有方－記功	1
教導有方－嘉獎	6
教導有方－小計	7
工作努力－大功	1
工作努力－記功	57
工作努力－嘉獎	133
工作努力－獎薪	8
工作努力－小計	199
考績優良－嘉獎	6
考績優良－小計	6

官佐－陸軍軍官	總計 497
作戰有功－記功	1
作戰有功－嘉獎	17
作戰有功－小計	18
教導有方－記功	25
教導有方－嘉獎	45
教導有方－獎薪	6
教導有方－小計	76
工作努力－大功	2
工作努力－記功	84
工作努力－嘉獎	201
工作努力－獎薪	2

工作努力－小計	289
考績優良－嘉獎	114
考績優良－小計	114

官佐－醫務人員	總計 99
作戰有功－嘉獎	4
作戰有功－小計	4
教導有方－獎章	1
教導有方－小計	1
工作努力－記功	7
工作努力－嘉獎	70
工作努力－獎薪	1
工作努力－小計	78
考績優良－大功	3
考績優良－嘉獎	13
考績優良－小計	16

官佐－測候人員	總計 152
作戰有功－嘉獎	30
作戰有功－小計	30
安全迫降－小計	1
教導有方－嘉獎	4
教導有方－小計	4
工作努力－大功	18
工作努力－記功	5
工作努力－嘉獎	44
工作努力－小計	67
考績優良－嘉獎	50
考績優良－小計	50

官佐－政工人員	總計 81
作戰有功－獎薪	2
作戰有功－小計	2
教導有方－記功	2
教導有方－嘉獎	5
教導有方－獎薪	2
教導有方－小計	9
工作努力－記功	17
工作努力－嘉獎	53
工作努力－小計	70

官佐－軍文人員	總計 346
作戰有功－記功	2
作戰有功－嘉獎	21
作戰有功－小計	23
教導有方－記功	2
教導有方－嘉獎	14
教導有方－小計	16
工作努力－大功	8
工作努力－記功	50
工作努力－嘉獎	244
工作努力－獎薪	4
工作努力－小計	306
考績優良－記功	1
考績優良－小計	1

官佐－合計	總計 6,151
作戰有功－勛章	2
作戰有功－大功	20
作戰有功－記功	727
作戰有功－嘉獎	1667
作戰有功－獎薪	102
作戰有功－小計	2,518
安全迫降－記功	58
安全迫降－嘉獎	87
安全迫降－小計	145
教導有方－獎章	1
教導有方－大功	1
教導有方－記功	168
教導有方－嘉獎	243
教導有方－獎薪	8
教導有方－小計	421
工作努力－勛章	1
工作努力－大功	42
工作努力－記功	649
工作努力－嘉獎	1902
工作努力－獎薪	114
工作努力－小計	2,708
考績優良－大功	3
考績優良－記功	48
考績優良－嘉獎	283
考績優良－獎薪	25
考績優良－小計	359

士兵－技術士	總計 2,732
作戰有功－記功	8
作戰有功－嘉獎	407
作戰有功－獎薪	62
作戰有功－小計	477
安全迫降－記功	2
安全迫降－嘉獎	6
安全迫降－小計	8
工作努力－記功	99
工作努力－嘉獎	745
工作努力－獎薪	1,403
工作努力－小計	2,247

士兵－普通士兵	總計 379
作戰有功－獎薪	3
作戰有功－小計	3
工作努力－記功	1
工作努力－嘉獎	62
工作努力－獎薪	313
工作努力－小計	376

士兵－合計	總計 3,111
作戰有功－記功	8
作戰有功－嘉獎	407
作戰有功－獎薪	65
作戰有功－小計	480
安全迫降－記功	2
安全迫降－嘉獎	6
安全迫降－小計	8
工作努力－記功	100
工作努力－嘉獎	807
工作努力－獎薪	1,716
工作努力－小計	2,623

總計	總計 9,262
作戰有功－勛章	2
作戰有功－大功	20
作戰有功－記功	735
作戰有功－嘉獎	2,074
作戰有功－獎薪	167
作戰有功－小計	2,998

安全迫降－記功	60
安全迫降－嘉獎	93
安全迫降－小計	153
教導有方－獎章	1
教導有方－大功	1
教導有方－記功	168
教導有方－嘉獎	243
教導有方－獎薪	8
教導有方－小計	421
工作努力－勛章	1
工作努力－大功	42
工作努力－記功	749
工作努力－嘉獎	2,709
工作努力－獎薪	1,830
工作努力－小計	5,331
考績優良－大功	3
考績優良－記功	48
考績優良－嘉獎	283
考績優良－獎薪	25
考績優良－小計	359

38 年度官兵懲罰統計表（附表三）

官佐－空軍軍官	總計 1,061
工作不力－大過	3
工作不力－記過	51
工作不力－申誡	63
工作不力－警告	2
工作不力－罰薪	1
工作不力－撤職	119
工作不力－小計	239
違犯規定－大過	126
違犯規定－記過	153
違犯規定－申誡	187
違犯規定－警告	12
違犯規定－察看	6
違犯規定－禁閉	1
違犯規定－罰薪	11
違犯規定－撤職	97
違犯規定－小計	593
督導不週－大過	15
督導不週－記過	16

督導不週－申誡	18
督導不週－警告	4
督導不週－撤職	5
督導不週－小計	53
辦事疏忽－大過	15
辦事疏忽－記過	43
辦事疏忽－申誡	34
辦事疏忽－警告	3
辦事疏忽－撤職	23
辦事疏忽－小計	118
飛行失事－記過	20
飛行失事－申誡	30
飛行失事－停飛	3
飛行失事－小計	53

官佐－機械人員	總計 1,379
工作不力－大過	11
工作不力－記過	49
工作不力－申誡	39
工作不力－警告	10
工作不力－察看	1
工作不力－罰薪	2
工作不力－撤職	143
工作不力－小計	255
違犯規定－大過	109
違犯規定－記過	237
違犯規定－申誡	235
違犯規定－警告	22
違犯規定－察看	3
違犯規定－罰薪	16
違犯規定－撤職	241
違犯規定－小計	869
督導不週－大過	22
督導不週－記過	37
督導不週－申誡	21
督導不週－警告	3
督導不週－撤職	4
督導不週－小計	87
辦事疏忽－大過	25
辦事疏忽－記過	64
辦事疏忽－申誡	51
辦事疏忽－警告	5

辦事疏忽－撤職	23
辦事疏忽－小計	168

官佐－通信人員	總計 971
工作不力－大過	18
工作不力－記過	25
工作不力－申誡	40
工作不力－警告	23
工作不力－察看	1
工作不力－撤職	126
工作不力－小計	233
違犯規定－大過	79
違犯規定－記過	130
違犯規定－申誡	157
違犯規定－警告	23
違犯規定－察看	3
違犯規定－禁閉	2
違犯規定－罰薪	15
違犯規定－撤職	137
違犯規定－檢束	1
違犯規定－小計	547
督導不週－大過	4
督導不週－記過	14
督導不週－申誡	22
督導不週－警告	4
督導不週－察看	1
督導不週－撤職	4
督導不週－小計	49
辦事疏忽－大過	11
辦事疏忽－記過	63
辦事疏忽－申誡	40
辦事疏忽－警告	1
辦事疏忽－撤職	27
辦事疏忽－小計	142

官佐－軍需人員	總計 304
工作不力－大過	3
工作不力－記過	13
工作不力－申誡	16
工作不力－警告	11
工作不力－撤職	50

工作不力－小計	93
違犯規定－大過	17
違犯規定－記過	35
違犯規定－申誡	44
違犯規定－警告	2
違犯規定－罰薪	1
違犯規定－撤職	69
違犯規定－小計	168
督導不週－大過	1
督導不週－記過	6
督導不週－申誡	6
督導不週－小計	13
辦事疏忽－大過	6
辦事疏忽－記過	8
辦事疏忽－申誡	7
辦事疏忽－察看	1
辦事疏忽－撤職	8
辦事疏忽－小計	30

官佐－技術人員	總計 333
工作不力－大過	5
工作不力－記過	15
工作不力－申誡	15
工作不力－警告	9
工作不力－撤職	64
工作不力－小計	108
違犯規定－大過	19
違犯規定－記過	28
違犯規定－申誡	44
違犯規定－警告	2
違犯規定－罰薪	1
違犯規定－撤職	75
違犯規定－小計	169
督導不週－記過	5
督導不週－申誡	10
督導不週－小計	15
辦事疏忽－大過	6
辦事疏忽－記過	12
辦事疏忽－申誡	14
辦事疏忽－警告	2
辦事疏忽－撤職	7
辦事疏忽－小計	41

官佐－陸軍軍官	總計 891
工作不力－大過	10
工作不力－記過	13
工作不力－申誡	44
工作不力－警告	24
工作不力－察看	2
工作不力－撤職	201
工作不力－小計	294
違犯規定－大過	45
違犯規定－記過	91
違犯規定－申誡	111
違犯規定－警告	2
違犯規定－察看	7
違犯規定－禁閉	4
違犯規定－罰薪	8
違犯規定－撤職	184
違犯規定－小計	452
督導不週－大過	9
督導不週－記過	21
督導不週－申誡	22
督導不週－警告	5
督導不週－撤職	8
督導不週－小計	65
辦事疏忽－大過	15
辦事疏忽－記過	33
辦事疏忽－申誡	19
辦事疏忽－撤職	13
辦事疏忽－小計	81

官佐－醫務人員	總計 312
工作不力－大過	4
工作不力－記過	7
工作不力－申誡	9
工作不力－警告	9
工作不力－撤職	106
工作不力－小計	135
違犯規定－大過	9
違犯規定－記過	24
違犯規定－申誡	25
違犯規定－警告	1
違犯規定－撤職	79
違犯規定－小計	138

督導不週－大過	2
督導不週－記過	7
督導不週－申誡	6
督導不週－警告	12
督導不週－小計	27
辦事疏忽－大過	2
辦事疏忽－記過	6
辦事疏忽－申誡	4
辦事疏忽－小計	12

官佐－測候人員	總計 143
工作不力－大過	5
工作不力－記過	12
工作不力－申誡	4
工作不力－警告	2
工作不力－撤職	21
工作不力－小計	44
違犯規定－大過	4
違犯規定－記過	16
違犯規定－申誡	32
違犯規定－警告	2
違犯規定－撤職	32
違犯規定－小計	86
督導不週－大過	1
督導不週－申誡	8
督導不週－小計	9
辦事疏忽－申誡	4
辦事疏忽－小計	4

官佐－政工人員	總計 70
工作不力－警告	4
工作不力－撤職	10
工作不力－小計	14
違犯規定－大過	5
違犯規定－記過	10
違犯規定－申誡	11
違犯規定－警告	2
違犯規定－罰薪	1
違犯規定－撤職	15
違犯規定－小計	44
督導不週－記過	2

督導不週－申誡	1
督導不週－警告	1
督導不週－小計	4
辦事疏忽－大過	2
辦事疏忽－記過	3
辦事疏忽－申誡	3
辦事疏忽－小計	8

官佐－軍文人員	總計 1,273
工作不力－大過	10
工作不力－記過	44
工作不力－申誡	53
工作不力－警告	24
工作不力－察看	2
工作不力－罰薪	1
工作不力－撤職	258
工作不力－小計	392
違犯規定－大過	65
違犯規定－記過	111
違犯規定－申誡	189
違犯規定－警告	22
違犯規定－察看	6
違犯規定－禁閉	1
違犯規定－罰薪	5
違犯規定－撤職	193
違犯規定－小計	592
督導不週－大過	5
督導不週－記過	26
督導不週－申誡	27
督導不週－警告	13
督導不週－罰薪	2
督導不週－小計	73
辦事疏忽－大過	25
辦事疏忽－記過	79
辦事疏忽－申誡	52
辦事疏忽－警告	19
辦事疏忽－撤職	41
辦事疏忽－小計	216

官佐－合計	總計 6,737
工作不力－大過	69

工作不力－記過	229
工作不力－申誡	283
工作不力－警告	118
工作不力－察看	6
工作不力－罰薪	4
工作不力－撤職	1,098
工作不力－小計	1,807
違犯規定－大過	478
違犯規定－記過	835
違犯規定－申誡	1,035
違犯規定－警告	90
違犯規定－察看	25
違犯規定－禁閉	8
違犯規定－罰薪	58
違犯規定－撤職	1,128
違犯規定－小計	3,657
督導不週－大過	59
督導不週－記過	134
督導不週－申誡	141
督導不週－警告	42
督導不週－察看	1
督導不週－罰薪	2
督導不週－撤職	21
督導不週－小計	400
辦事疏忽－大過	107
辦事疏忽－記過	311
辦事疏忽－申誡	228
辦事疏忽－警告	30
辦事疏忽－察看	1
辦事疏忽－撤職	142
辦事疏忽－小計	819
飛行失事－記過	20
飛行失事－申誡	30
飛行失事－停飛	3
飛行失事－小計	53

軍士－技術士	總計 2,552
工作不力－大過	9
工作不力－記過	76
工作不力－申誡	94
工作不力－警告	2
工作不力－察看	8

工作不力－禁閉	5
工作不力－罰薪	100
工作不力－開革	285
工作不力－勞役	1
工作不力－檢束	1
工作不力－小計	581
違犯規定－大過	123
違犯規定－記過	182
違犯規定－申誡	344
違犯規定－警告	16
違犯規定－察看	12
違犯規定－禁閉	49
違犯規定－罰薪	281
違犯規定－開革	523
違犯規定－勞役	42
違犯規定－小計	1,572
督導不週－大過	2
督導不週－記過	16
督導不週－申誡	54
督導不週－警告	19
督導不週－小計	91
辦事疏忽－大過	59
辦事疏忽－記過	137
辦事疏忽－申誡	48
辦事疏忽－察看	4
辦事疏忽－開革	60
辦事疏忽－小計	308

軍士－普通士兵	總計 550
工作不力－罰薪	3
工作不力－開革	109
工作不力－小計	112
違犯規定－大過	10
違犯規定－記過	15
違犯規定－申誡	51
違犯規定－禁閉	53
違犯規定－罰薪	57
違犯規定－開革	114
違犯規定－勞役	113
違犯規定－小計	423
督導不週－禁閉	15
督導不週－小計	15

軍士－合計	總計 3,102
工作不力－大過	9
工作不力－記過	76
工作不力－申誡	94
工作不力－警告	2
工作不力－察看	8
工作不力－禁閉	5
工作不力－罰薪	103
工作不力－開革	394
工作不力－勞役	1
工作不力－檢束	1
工作不力－小計	3102
違犯規定－大過	133
違犯規定－記過	197
違犯規定－申誡	395
違犯規定－警告	16
違犯規定－察看	12
違犯規定－禁閉	112
違犯規定－罰薪	338
違犯規定－開革	637
違犯規定－勞役	155
違犯規定－小計	1995
督導不週－大過	2
督導不週－記過	16
督導不週－申誡	54
督導不週－警告	19
督導不週－禁閉	15
督導不週－小計	106
辦事疏忽－大過	59
辦事疏忽－記過	137
辦事疏忽－申誡	48
辦事疏忽－察看	4
辦事疏忽－開革	60
辦事疏忽－小計	308

總計	總計 9,839
工作不力－大過	78
工作不力－記過	305
工作不力－申誡	377
工作不力－警告	120
工作不力－察看	14
工作不力－禁閉	5

工作不力－罰薪	107
工作不力－撤職	1,098
工作不力－開革	384
工作不力－勞役	1
工作不力－檢束	1
工作不力－小計	2,500
違犯規定－大過	611
違犯規定－記過	1,032
違犯規定－申誡	1,430
違犯規定－警告	106
違犯規定－察看	37
違犯規定－禁閉	120
違犯規定－罰薪	396
違犯規定－撤職	1,128
違犯規定－開革	637
違犯規定－勞役	155
違犯規定－檢束	1
違犯規定－小計	5,653
督導不週－大過	61
督導不週－記過	150
督導不週－申誡	195
督導不週－警告	61
督導不週－察看	1
督導不週－禁閉	15
督導不週－罰薪	2
督導不週－撤職	21
督導不週－小計	506
辦事疏忽－大過	166
辦事疏忽－記過	448
辦事疏忽－申誡	276
辦事疏忽－警告	30
辦事疏忽－察看	5
辦事疏忽－撤職	142
辦事疏忽－開革	60
辦事疏忽－小計	1,127
飛行失事－記過	20
飛行失事－申誡	30
飛行失事－停飛	3
飛行失事－小計	53

38 年度違紀人員懲處情形統計表（附表四）

		記過	罰薪	申誡	降級	禁閉
服裝不整	官佐	14	8	208		
	士兵	5	1,431	158		111
不守秩序	官佐		1	1		
	士兵		17	1	3	2
酗酒	官佐	1		1		
	士兵					7
出入不正當場所	官佐	1				
	士兵		13	4		24
爭吵鬥毆	官佐	1				
	士兵		8			4
民間糾紛	官佐	3				
	士兵		1			10
違章乘車	官佐	2		3		
	士兵		20	2		3
無票觀劇	官佐			1		
	士兵		3			1
不假外出	官佐					
	士兵		2	1		
夜不歸營	官佐			1		
	士兵		6	4		4
違犯交通規則	官佐					
	士兵		8			
合計	官佐	22	9	215		
	士兵	5	1,509	170	3	166
總計		27	1,518	385	3	166

		勞役	禁足	罰站	警告	總計
服裝不整	官佐				47	277
	士兵	360	24	9	59	2,157
不守秩序	官佐					2
	士兵		5	1	3	32
酗酒	官佐					2
	士兵	4				11
出入不正當場所	官佐				1	2
	士兵	6	4		3	54
爭吵鬥毆	官佐					1
	士兵		1			13
民間糾紛	官佐					3
	士兵	2	2			15
違章乘車	官佐					5
	士兵	10				35
無票觀劇	官佐					1
	士兵	2				6
不假外出	官佐					
	士兵	2				5
夜不歸營	官佐					1
	士兵	34				48
違犯交通規則	官佐					
	士兵					8
合計	官佐				48	294
	士兵	420	36	10	65	2,384
總計		420	36	10	113	2,678

第七章　考績與晉升

第一節　官佐

一、本年度官佐考績辦法及晉升標準僅小有修正,大體
　　仍照 37 年之成規辦理。

二、戰績縮短停年,因各部隊之基本任務與成果不盡
　　相同,經規定按機種與乘員之多寡分甲、乙、丙、
　　丁,4 組計算,求出其「戰績基數」,超出此「基
　　數」始列為縮短停年之次數,以示平允。本年戰績
　　基數甲組為 20 次,乙組為 40 次,丙組為 12 次,
　　丁組為 22 次。

三、本年度實際受考官佐為 15,263 人,晉升(包括記
　　升)為 479 人(將官晉階及上校晉等與特保晉升人
　　員係屬專案辦理),獎勵 282 人,懲罰 22 人,如
　　附表(一)。

第二節　軍士

一、空軍軍士考績自 37 年 7 月份起改為每年考績一
　　次,並規定自上年 7 月 1 日起至次年 6 月 30 日止
　　為一考績年度,其考績核晉辦法係論資計績,如有
　　功過並須加扣績分,與官佐考績辦法相同,至普通
　　士兵考績則授權各屬自行依照規定辦法辦理。

二、本部以往辦理軍士考績,係於收到各屬呈送之軍士
　　考績表後隨時審核批答公佈,本年度鑒於各屬軍士
　　調動頻繁,並發現以往晉升軍士有於考績案發表前
　　即已他調,而原機關漏未轉知,致未依時改敘補餉

者，故於本年度起將受考、晉升、獎懲、查報更正
之軍士彙印成冊，統一公佈，俾便週知。

三、本年度列報考績軍士人數共計 20,597 名，晉升人
數 13,327 名，獎懲人數 214 名，等級或姓名錯誤
更正人數 1,744 名，列報不詳飭查報數人 202 名，
不升人數 5,010 名，如附表（二）。

38 年度官佐考績晉升獎懲統計表（附表一）

少將	受考人數	晉升晉級	
		晉二級	晉一級
空軍軍官	11	1	7
機械軍佐	2		1
通信人員			
測候人員			
技術人員			
軍需人員			
醫務人員			
陸軍人員	13		
政工人員	1		1
軍用文官	1		
合計分計	28	1	9
		10	

上校	受考人數	晉升晉級晉等		
		晉等	晉二級	晉一級
空軍軍官	76		6	35
機械軍佐	21			13
通信人員	9			1
測候人員	2			2
技術人員	3			
軍需人員	4			3
醫務人員	4			2
陸軍人員	30			
政工人員	4			1
軍用文官	2			
合計分計	155		6	57
		63		

中校	受考人數	晉升晉級晉階				獎懲	
		晉階	晉二級	晉一級	記升	記功	嘉獎
空軍軍官	332	35	11	162	2	5	1
機械軍佐	130	10	5	57	1		
通信人員	19	2		2			
測候人員	6			3			
技術人員	11			2			
軍需人員	18	1		5		1	
醫務人員	15			6		2	1
陸軍人員	85	7			2	3	1
政工人員	18	2		2		1	
軍用文官	13	2		4		1	
合計分計	647	59	16	243	5	13	3
		322				16	

少校	受考人數	晉升晉級晉階				獎懲	
		晉階	晉二級	晉一級	記升	記功	嘉獎
空軍軍官	362	100	57	131	11	5	2
機械軍佐	230	109	3	66	1		1
通信人員	43	9	1	33			1
測候人員	10	1		7			1
技術人員	27	5	2	1			
軍需人員	58	9		33	2	3	4
醫務人員	40	10		18	1	1	2
陸軍人員	202	38		1	4	10	1
政工人員	53	6		27			1
軍用文官	68	8		38	2		1
合計分計	1,113	295	63	355	21	19	14
		734				33	

上尉	受考人數	晉升晉級晉等				獎懲			
		晉等	晉二級	晉一級	記升	獎薪	記功	嘉獎	警告
空軍軍官	899	88	131	351	6	4		3	2
機械軍佐	481	13	31	247	1	7	1		
通信人員	514	31	21	226	1	2		4	
測候人員	43	2		20					
技術人員	206	4	7	103	2				
軍需人員	397	9	2	205	1	3		2	
醫務人員	142	5		58		1		3	
陸軍人員	492	56		27	11			10	
政工人員	90	16		29					
軍用文官	359	20	1	147	3	1	2		
合計分計	3,623	244	193	1413	25	18	3	22	2
		1,875				45			

中尉	受考人數	晉升晉級晉階				獎懲			
		晉階	晉二級	晉一級	記升	嘉獎	警告	免職	記功
空軍軍官	558	320	13	79	2	1			
機械軍佐	626	209	38	282	12	4			5
通信人員	910	277	22	393	29	9	3	1	
測候人員	92	15	1	41	1		1		
技術人員	284	90	6	130	8	2	1		
軍需人員	398	94	11	188	24	7			
醫務人員	156	45		81	3	3			
陸軍人員	493	89	2	63	63	51			
政工人員	51	25	2	18		1			
軍用文官	633	88	11	320	61	26			
合計分計	4,206	1,252	106	1,595	203	104	5	1	5
		3,156				115			

少尉	受考人數	晉升晉級晉階				獎懲				
		晉階	晉二級	晉一級	記升	記功	嘉獎	記過	警告	免職
空軍軍官	109	2								
機械軍佐	969	585	13	154	4	1	2		1	
通信人員	579	288	20	134	11		6	2	2	
測候人員	158	46	18	62	2				1	
技術人員	251	114	18	74	4		2			
軍需人員	134	47	2	34	39		1			
醫務人員	163	53	6	69	13		1			
陸軍人員	363	135	6	38	20		12			1
政工人員	67	39		11	2					
軍用文官	957	277	53	399	50		11	1	1	
合計	3,750	1,586	136	975	145	1	35	3	5	1
分計		2,842				45				

准尉	受考人數	晉升晉級晉階				獎懲				
		晉階	晉二級	晉一級	記升	記功	嘉獎	記過	申誡	警告
空軍軍官										
機械軍佐	118	79	1	3	5					1
通信人員	277	103	8	90						
測候人員	3	1		2						
技術人員	69	32		19						
軍需人員	12	5		1						
醫務人員	111	38	2	38						
陸軍人員	288	74	3	11	45		28			
政工人員	5	1		2						
軍用文官	858	335	16	299	30		17	1	1	2
合計	1,741	668	30	465	80		45	1	1	3
分計		1,243				50				

總計	受考人數	晉升晉級晉階					獎勵			懲罰			
		晉階	晉等	晉二級	晉一級	記升	獎薪	記功	嘉獎	記過	申誡	警告	免職
空軍軍官	2,347	457	88	219	765	21	4	10	7			2	
機械軍佐	2,577	992	13	948	823	24	7	7	7			2	
通信人員	2,371	679	31	72	879	41	2		20	2		5	1
測候人員	314	63	2	19	137	3			1			2	
技術人員	851	241	4	33	329	14			4		1		
軍需人員	1,021	156	9	15	469	66	3	4	14				
醫務人員	631	146	5	8	272	17	1	3	10				
陸軍人員	1,966	343	56	11	140	145		13	103				1
政工人員	289	73	16	2	90	2		1	2				
軍用文官	2896	710	20	81	1207	146	1	3	55	2	1	3	
合計分計	15,263	3,860	244	551	5,111	479	18	41	223	4	1	15	2
		10,245					282			22			

附記

（一）上校晉等人員未列晉升人數內。

（二）特保晉升人員另呈國防部核定，本表不列入。

（三）晉升人數佔受考人數 61%。

（四）中將受考人數 5 員未列入本表。

38 年度空軍軍士考績晉升獎懲人數統計表（附表二）

	軍士長	機械	通信	氣象	汽車駕駛	其他	小計
晉升	二等二級升二等一級	13					13
	二等三級升二等一級	94					94
	二等三級升二等二級	31	1				32
	三等一級升二等三級	151	3		1	4	159
	三等二級升二等三級	29					29
	三等二級升三等一級	140				1	141
	三等三級升二等三級	5	1				6
	三等三級升三等一級	241			4		245
	三等三級升三等二級	127	3				130
	上士一級升三等三級	430	7	1	5		443
	上士二級升三等三級	1			1		2
獎懲	獎餉一月	10					10
	降級						
	警告	3					3
	淘汰						

上士		機械	通信	氣象	汽車駕駛	其他	小計
晉升	上士二級升上士一級	429	49	13	10	5	506
	上士三級升上士一級	201	41	3	7	1	253
	上士三級升上士二級	399	74	8	12	8	501
	中士一級升上士三級	959	237	101	38	9	1,344
	中士二級升上士三級	21	9	3	3		36
獎懲	獎餉一月	81	2		2		85
	降級						
	警告	13					13
	淘汰						

中士		機械	通信	氣象	汽車駕駛	其他	小計
晉升	中士二級升中士一級	944	275	62	105	19	1,405
	中士三級升中士一級	417	105	9	68	15	614
	中士三級升中士二級	1,228	291	29	214	18	1,780
	下士一級升中士三級	1,659	397	24	459	47	2,586
	下士二級升中士三級	135	25		58	5	223
	下士三級升中士三級	11	8		3	4	26
獎懲	獎餉一月	16			1		17
	降級	2			1		3
	警告	27	2	1			30
	淘汰						

	下士	機械	通信	氣象	汽車駕駛	其他	小計
晉升	下士二級升下士一級	854	135	2	349	45	1,385
	下士三級升下士一級	131	51		19	9	210
	下士三級升下士二級	551	167		172	67	957
	下士三級八成餉升實下士三級	32	74	1	29	68	204
	下士三級六成餉升實下士三級	2					2
	下士三級六成餉升下士三級八成餉		2				2
獎懲	獎餉一月						
	降級	2					2
	警告	35	2		13		50
	淘汰				1		1

總計		小計
晉升		13,327
獎懲	獎餉一月	112
	降級	5
	警告	96
	淘汰	1

備考

1. 本屆列報考績人數共 20,597 名。

2. 晉升人數共 13,327 名。

3. 獎懲人數共 214 名。

4. 等級或姓名錯誤更正人數共 1,744 名。

5. 列報不詳飭查報人數共 202 名。

6. 不升人數共 5,010 名。

第八章　軍官佐屬士之退除役職及資遣

第一節　軍官佐屬之退（除）役（職）

　　本年度軍官佐之退（除）役（職），遵照國防部規定，僅以病傷殘廢者為限。本部遷臺後與國防部距離遙遠，公文往返需時，為使傷殘人員能及時退休起見，經報奉國防部核准，凡應行退除役職人員均由本部先行核定再呈報備案，以資迅捷。

　　綜計本年度退除役軍官佐共 21 員，其中 11 員係上年度呈准而於本年 3 月 1 日退（除）役者，其餘 10 員則係本部先行核定再呈國防部備案者，軍文人員退職者共計 9 員。

　　本年 12 月奉國防部戌巧峯杰電飭知軍官佐屬退除役職一律停辦，至於病傷殘廢人員則由本軍另行釐訂安頓及資遣辦法，予以適當之處置。

第二節　軍官佐屬士之資遣

第一款　資遣辦法之運用

　　本軍前規定在軍士退伍辦法尚未頒佈以前，對於老弱不堪服役之軍士訂定資遣辦法，至於一般官士原不適用。本年度本部鑒於戰局之急轉，若干基地相繼撤守，部份員士因種種關係不能隨軍進退，公私交困，更有意志薄弱之游離份子，陷於進退維谷狀態，若不予斷然處置，則無以適應事機，及時疏散，爰於 3 月間訂頒官佐資遣辦法，6 月間再就原辦法加以修正，並以就地遣散不必要之員士，保留本軍必需之技術人才及汰弱留強為

主旨，迨 11 月間各級機構大都已遷抵台灣。為謀安定軍心起見，復經明令規定台、瓊兩地之官士，除老弱不能服役者仍予資遣外，其餘一律停止資遣。

第二款　資遣辦法

（一）資遣人員之標準

　一、思想不正確不能與本軍同甘共苦者。

　二、身體羸弱不能耐勞苦者。

　三、技術及學識惡劣或能力太差者。

　四、服務精神毫無，品行不端者。

　五、軍文人員、普通技術人員、軍醫、軍需及普通技術軍士年齡在 50 歲以上者。

　六、已屆限齡除役之軍官佐（因國防部規定限齡除役停辦，故予資遣）。

　七、凡不合上列各條之規定而志願請求資遣者（以非本軍必需人員且資遣後對經辦業務並無影響者為限）。

（二）資遣權責之劃分

　一、凡不合資遣人員而自願請求資遣者，無論階級高低，應先呈本總部核定。

　二、凡合乎資遣標準之少校以上各級人員，均應先呈本總部核定。

　三、自上尉以下人員凡合乎資遣標準者，授權各人事權責單位自行核定發佈人令，並分呈本總部備案。

　四、聘僱人員之解除聘僱均由各人事權責單位自行核定，呈報本總部備案。

（三）資遣費之給與標準

資遣費之標準如左表：

合乎限齡除役之軍官佐	空軍軍官佐屬	技術軍士	僱用及聘用人員
一、服務本軍5年以下者發銀元22元	一、服務本軍5年以下者發銀元20元	一、服務本軍5年以下者發銀元15元	無論服務年資一律發銀元5元
二、服務5年以上者發銀元29元	二、服務5年以上者發銀元22元	二、5年以上者發銀元16元	
三、服務10年以上者發銀元36元	三、服務10年以上者發銀元24元	三、10年以上者發銀元17元	

備考：台灣區資遣人員其原籍在內地者發給旅費月薪兩個月

第三款　資遣及各戰役損失人員

本年度依據上述資遣辦法遣散之官兵以及撤免停職開革逃亡等總計 10,743 員名，如附表（一）。

38 年度空軍官兵撤免資遣人數統計表（附表一）

類別		撤職	免職	停職	資遣
總計		1,443	1,022	154	3,670
官佐	空軍軍官	128	15	32	19
	機械軍佐	385	81	19	134
	技術人員	96	39	14	96
	通信人員	228	52	29	267
	測候人員	33	11	6	17
	軍需人員	61	35	7	104
	軍醫人員	63	93	4	83
	工程人員	13	4	1	12
	陸軍軍官	184	457	21	70
	政工人員	11	18		7
	軍文人員	241	197	22	871
	合計	1,443	1,022	154	1,680

類別		撤職	免職	停職	資遣
士兵	機械士				1,246
	電信士				279
	譯電士				49
	測候士				30
	射擊士				6
	駕駛士				176
	普通技士				204
	合計				1,990

類別		退役	解僱	殉職	病故
總計		35	116	37	71
官佐	空軍軍官	7		12	2
	機械軍佐	3		1	2
	技術人員	1	2		2
	通信人員				1
	測候人員	1			
	軍需人員	1			
	軍醫人員		7		1
	工程人員			1	
	陸軍軍官	8		1	2
	政工人員				
	軍文人員		54		3
	合計	21	63	15	13
士兵	機械士	1	7	19	39
	電信士		5	2	3
	譯電士				
	測候士		1		1
	射擊士				
	駕駛士	12	9	1	9
	普通技士	1	31		6
	合計	14	53	22	58

類別		長假	開革	潛逃	失蹤
總計		104	2,284	1,096	568
官佐	空軍軍官				8
	機械軍佐				2
	技術人員				2
	通信人員	1			26
	測候人員				2
	軍需人員				2
	軍醫人員	4			2
	工程人員	1			1
	陸軍軍官	1			2
	政工人員				
	軍文人員	4			11
	合計	11			58
士兵	機械士	39	1,288	596	289
	電信士	6	350	194	88
	譯電士	3	55	37	4
	測候士	1	85	33	14
	射擊士	1	6	2	
	駕駛士	22	352	142	112
	普通技士	21	148	92	3
	合計	93	2,284	1,096	510

類別		被俘	開缺	未敘	總計
總計		9	132	2	10,743
官佐	空軍軍官	6	20		249
	機械軍佐	1	15		643
	技術人員		29		252
	通信人員	2	5		639
	測候人員		6		76
	軍需人員		4		235
	軍醫人員		4		260
	工程人員		2		35
	陸軍軍官		14		760
	政工人員				36
	軍文人員		33		1,436
	合計	9	132		4,621

類別		被俘	開缺	未敘	總計
士兵	機械士			2	3,526
	電信士				927
	譯電士				148
	測候士				165
	射擊士				15
	駕駛士				835
	普通技士				506
	合計			2	6,122

第九章　撫卹

第一節　傷亡人數統計

　　本年度傷亡失蹤官兵較 37 年為少，共計死亡失蹤官兵 280 員名，受傷官兵 72 員名，其中因剿匪陣亡者 33 員，臨陣重傷致廢者 2 員，如附表（一）（二）（三）。

第二節　各項卹金之統計

　　本年度各項卹金之發給，有一次卹金及年撫金、卹傷金等三種，因各種卹金均以現職人員薪餉計算發給，由於大陸與台灣之官兵薪餉在 5 月份以前有金圓、台幣兩種不同之給與，五月以後，則有銀元及新台幣之給與，故卹金之發給，亦分別金圓、台幣、銀元三類。計 1 至 5 月份發出卹金金圓 10,987,904,711.75 元，6 至 12 月份發出新台幣 62,245.59 元，8 至 12 月份發出銀元 25,872 元，如附表（四）。

第三節　給卹規定及來台遺族之救濟

　　軍人撫卹條例於本年度公佈，由 1 月 1 日起實施。關於一次卹金之給與，以故員士生前薪給為準。按死亡類別及服務年資給與 1 個月至 26 個月不等。年撫金亦改為官士每年 6 個月薪餉、兵卒 8 個月薪餉，均以具領之月前 1 個月現役同級薪餉計算發給。傷殘人員之年撫金，一等殘給與終身，每年發給 3 個月薪餉，二等殘給與 10 年，每年發給 2 個月薪餉，三等殘給與 5 年，每年發給 1 個月薪餉，均照受傷時之階級，以具領之月前

1 個月現役官兵薪餉計算發給。空中作戰受傷者，則加發50%，並每月支領受傷加給，照月薪 5% 發給。

本部遷台後，在職人員眷屬，既決定計口授糧，關於烈士遺族之來台者，亦自本年 7 月 1 日起實行計口授糧，由軍糧積餘項下支撥。原定暫以 6 個月為限，但今後糧源有著，仍當繼續實施，以安定在台遺族之生活，本年 7 月至 12 月份共計發給此項眷糧 48 戶，大、中、小口 109 人。

38 年度官佐士兵及學生死亡失蹤統計表（附表一）

類別	空中			地面				失蹤	合計
	陣亡	因公殞命	練習失事	陣亡	因公殞命	病故	其他原因死亡		
空軍軍官	20	4	6	1	1	1		24	57
一般官佐	1	2			10	25	4	12	54
機械士	1	2			14	36	6	14	73
學生					2				2
普通士兵					23	42	6	23	94
總計	22	8	6	1	50	104	16	73	280

38 年度官佐士兵及學生受傷統計表（附表二）

區別	陣傷	因公受傷	其他原因受傷	合計
官佐	9	25		34
士兵	1	37		38
學生				
總計	10	62		72

38年度官兵剿匪陣亡及臨陣重傷致廢調查表（附表三）

隸屬／職別	階（等）級	姓名	所負任務
空軍第四大隊 第廿二中隊分隊長	中尉一級	黃德厚	駕機出擊
傷亡詳情	傷亡地點	參加戰役名稱	傷亡年月日
陣亡	北平	平津	38/1/8

隸屬／職別	階（等）級	姓名	所負任務
空軍第十一大隊 第四十一中隊副隊長	上尉一級	黃迅強	駕機出擊
傷亡詳情	傷亡地點	參加戰役名稱	傷亡年月日
起飛時失事殉職	西安	西安	38/1/27

隸屬／職別	階（等）級	姓名	所負任務
空軍第一大隊 第三中隊中隊長	少校一級	李衍洛	作戰
傷亡詳情	傷亡地點	參加戰役名稱	傷亡年月日
返防途中失事殉職	台灣新竹		38/3/25

隸屬／職別	階（等）級	姓名	所負任務
空軍第一大隊 第三中隊航炸員	中尉三級	王玉峯	作戰
傷亡詳情	傷亡地點	參加戰役名稱	傷亡年月日
返防途中失事殉職	台灣新竹		38/3/25

隸屬／職別	階（等）級	姓名	所負任務
空軍第三大隊 第七中隊飛行員	少尉三級	柳克輝	駕機出擊
傷亡詳情	傷亡地點	參加戰役名稱	傷亡年月日
起飛時失事殉職	南京	京滬	38/4/1

隸屬／職別	階（等）級	姓名	所負任務
空軍第二六三供應中隊 分隊長	上尉一級	陶漢民	突圍
傷亡詳情	傷亡地點	參加戰役名稱	傷亡年月日
陣亡	衢州		38/5/6

隸屬／職別	階（等）級	姓名	所負任務
空軍第一大隊 第一中隊飛行員	中尉一級	繆德源	作戰
傷亡詳情	傷亡地點	參加戰役名稱	傷亡年月日
返防途中失事殉職	衡陽湘江		38/6/1

隸屬／職別	階（等）級	姓名	所負任務
空軍第一大隊 第一中隊航炸員	上尉三級	李鍾靈	作戰
傷亡詳情	傷亡地點	參加戰役名稱	傷亡年月日
返防途中失事殉職	衡陽湘江		38/6/1

隸屬／職別	階（等）級	姓名	所負任務
空軍第三大隊 第七中隊分隊長	上尉一級	郭幹卿	駕機出擊
傷亡詳情	傷亡地點	參加戰役名稱	傷亡年月日
因座機中敵彈返防落地 時機毀人殉職	定海		38/6/23

隸屬／職別	階（等）級	姓名	所負任務
空軍第一大隊 第四中隊飛行員	上尉三級	周世泰	駕機出擊
傷亡詳情	傷亡地點	參加戰役名稱	傷亡年月日
返防途中被雷擊落殉職	湖南攸縣 西北十里		38/8/9

隸屬／職別	階（等）級	姓名	所負任務
空軍第一大隊 第四中隊航炸員	少尉三級	周仲霖	駕機出擊
傷亡詳情	傷亡地點	參加戰役名稱	傷亡年月日
返防途中被雷擊落殉職	湖南攸縣 西北十里		38/8/9

隸屬／職別	階（等）級	姓名	所負任務
空軍第八大隊 第三十四中隊參謀	少校一級	張蜀樵	駕機出擊
傷亡詳情	傷亡地點	參加戰役名稱	傷亡年月日
飛起時失事殉職	台南		38/8/27

隸屬／職別	階（等）級	姓名	所負任務
空軍第八大隊 第三十四中隊飛行員	少尉三級	楊明儒	駕機出擊
傷亡詳情	傷亡地點	參加戰役名稱	傷亡年月日
飛起時失事殉職	台南		38/8/27

隸屬／職別	階（等）級	姓名	所負任務
空軍第八大隊 第三十四中隊轟炸員	上尉一級	許聲芳	隨機出擊
傷亡詳情	傷亡地點	參加戰役名稱	傷亡年月日
飛起時失事殉職	台南		38/8/27

隸屬／職別	階（等）級	姓名	所負任務
空軍第八大隊 第三十四中隊航行員	上尉一級	段宗虞	隨機出擊
傷亡詳情	傷亡地點	參加戰役名稱	傷亡年月日
飛起時失事殉職	台南		38/8/27

隸屬／職別	階（等）級	姓名	所負任務
空軍第四大隊 第廿二中隊飛行員	少尉三級	林天民	駕機出擊
傷亡詳情	傷亡地點	參加戰役名稱	傷亡年月日
座機中彈跳傘後陣亡	湖南攸縣 西南		38/9/1

隸屬／職別	階（等）級	姓名	所負任務
空軍第五大隊 第十七中隊飛行員	中尉三級	陳迺武	駕機出擊
傷亡詳情	傷亡地點	參加戰役名稱	傷亡年月日
陣亡	廈門西嵩嶼	廈門	38/10/7

隸屬／職別	階（等）級	姓名	所負任務
空軍第一大隊 第三中隊飛行員	中尉一級	唐關雄	駕機出擊
傷亡詳情	傷亡地點	參加戰役名稱	傷亡年月日
因機生故障失事殉職	台中		38/10/17

隸屬／職別	階（等）級	姓名	所負任務
空軍第一大隊 第三中隊轟炸員	上尉三級	趙幼湘	隨機出擊
傷亡詳情	傷亡地點	參加戰役名稱	傷亡年月日
因機生故障失事殉職	台中		38/10/17

隸屬／職別	階（等）級	姓名	所負任務
空軍第三大隊 第七中隊分隊長	上尉三級	張世振	駕機出擊
傷亡詳情	傷亡地點	參加戰役名稱	傷亡年月日
陣亡	大樹島		38/12/6

隸屬／職別	階（等）級	姓名	所負任務
空軍第三大隊 第八中隊參謀	上尉三級	易炎	駕機出擊
傷亡詳情	傷亡地點	參加戰役名稱	傷亡年月日
起飛時失速失事殉職	海口		38/12/21

隸屬／職別	階（等）級	姓名	所負任務
空軍第八大隊 第卅四中隊通訊員	中尉二級	劉伸	隨機出擊
傷亡詳情	傷亡地點	參加戰役名稱	傷亡年月日
起飛時失事殉職	台南		38/8/27

隸屬／職別	階（等）級	姓名	所負任務
空軍第八大隊 第卅四中隊機械士	中士一級	李恭壽	隨機出擊
傷亡詳情	傷亡地點	參加戰役名稱	傷亡年月日
起飛時失事殉職	台南		38/8/27

隸屬／職別	階（等）級	姓名	所負任務
空軍第八大隊 第卅四中隊飛行員	上尉三級	金治能	駕機出擊
傷亡詳情	傷亡地點	參加戰役名稱	傷亡年月日
起飛時失事受重傷	台南		38/8/27

隸屬／職別	階（等）級	姓名	所負任務
空軍第三大隊 第八中隊分隊長	上尉一級	譚毓樞	駕機出擊
傷亡詳情	傷亡地點	參加戰役名稱	傷亡年月日
跳傘右腿受重傷	澄海		38/8/12

38 年度 1 至 5 月發放各項撫卹費統計表（金圓數）

（附表四之一）

科目	金額	戶數
一次卹金	10,958,684,536.17	44
年撫金	22,366,945.61	219
卹傷金	6,853,229.97	15
合計	10,987,904,711.75	278

38 年度 6 至 12 月發放各項撫卹費統計表（新台幣數）

（附表四之二）

科目	金額	戶數
一次卹金	46,315.21	52
年撫金	10,562.93	42
卹傷金	5,367.45	41
合計	62,245.59	135

38 年度 8 至 12 月發放各項撫卹費統計表（銀圓數）

（附表四之三）

科目	金額	戶數
一次卹金	12,228.00	30
年撫金	13,557.50	164
卹傷金	86.50	5
合計	25,872.00	199

第十章　服制改革

　　關於服制改革，仍秉已定原則陸續研訂，其在本年度內實施者如左：

一、4 月 7 日，公布空軍女雇工制服式樣，如附圖（一）。

二、8 月 11 日，核定傘兵部隊識別臂章式樣，如附圖（二之甲）。

三、9 月 17 日，規定本軍各作戰與供應部隊及各學校得佩掛識別臂章（式樣自行擬定報備）。

四、9 月 22 日，公布空軍普通陸軍士兵服裝制式，如附圖（三）。

五、11 月 16 日，公布空軍官佐冬季軍便服圖說，如附圖（四）。

六、11 月 16 日，核准工兵總隊自 39 年度起更換新識別臂章，如附圖（二之乙）。

七、11 月 18 日，公布空軍官佐值星（日）臂章，士兵值日臂章式樣，並廢止值星（日）帶，如附圖（五）至（七）。

八、11 月 24 日，公布空軍子弟小學教職員服裝式樣，如附圖（八）。

九、12 月 21 日，核准空軍高射砲司令部官兵識別臂章，如附圖（二之丙）。

十、12 月 30 日，公布空軍普通陸軍士兵夏季軍便服圖式，如附圖（九）。

空軍女雇工制服圖（附圖一）

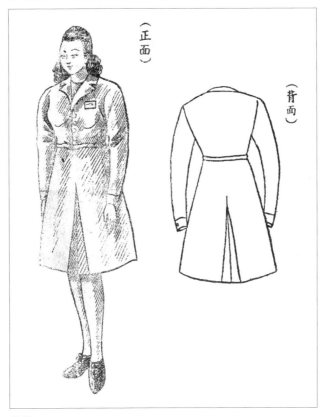

（正面）　（背面）

說明
質料：藍平布
式樣：為翻領襯衫連裙式，不綴口袋，長袖緊腰，於翻領內襯
同色料領布一塊，裙幅前後開折，長度過膝，穿淡黃色布膠
鞋，左胸佩符號（符號式樣與普通士兵同）

配屬空軍之陸軍部隊官兵識別臂章圖（附圖二）

空軍普通陸軍士兵軍服圖說（附圖三）

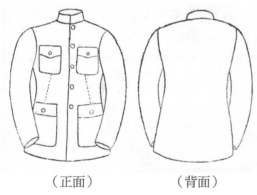

（正面）　　　　　（背面）

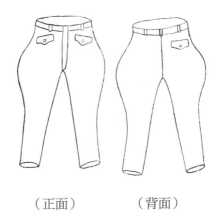

（正面）　　　（背面）

說明

1. 質料：草黃色斜紋布，冬季加白布裏子或翻棉。
2. 式樣：上裝為中山裝式，背面不開叉，下裝為空心馬褲，不
　　打裏腿（地面部隊一律仍打裏腿），式如圖。
3. 佩件：佩符號臂章。

空軍官佐冬季軍便服（附圖四）

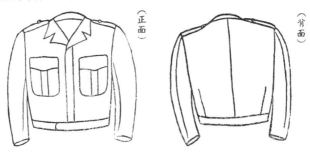

說明

質料：與軍常服同。

式樣：上裝小翻領緊腰式，長度以至腰部為度，正面對襟，鈕
　　扣為暗扣，不露出，前襟左右各綴凸出口袋一個，袋面正中作
　　折疊形一條，各配暗扣，兩肩分綴肩攀，各以小銅扣扣住，佩
　　領章，臂章（規定有識別臂章之單位加佩臂章），下裝與軍常
　　服褲同。

空軍官佐值星（日）臂章士兵值日臂章圖（附圖五）

空軍總司令部總部值星官臂章圖（甲）

說明

1. （甲）圖臂章以黃色絲織品製，全長37公分，高12公分。
2. 番號斜方塊內值星字樣細線及粗橫道三條，均用黑絲絨製。
3. 番號及值星二字字體均為仿宋體，粗道三條自中向左右引伸至臂章連接處，大小尺寸附載如圖示。

空軍總司令部署值星官及附屬機關部隊學校總值星（即第一級值星）官臂章圖（乙）

說明

1. （乙）圖臂章以中藍色細布製作，全長37公分，高12公分。
2. 番號斜方塊及左右粗橫道一條均用白色，值星二字中藍色。
3. 番號不論字多寡（字過多者可縮簡），橫排一律佔中間長度14公分，字高為3公分，每字間隔隨字數均勻排列。
4. 值星字樣與斜方塊大小尺寸與（甲）圖同，粗橫道寬度為1公分5公厘。

空軍官佐值星（日）臂章士兵值日臂章圖（附圖六）

空軍總司令部處值星官及附屬機關部隊學校第二級

值星官臂章圖（丙）

說明

1. （丙）圖臂章製作質料顏色與（乙）圖同。
2. 番號斜方塊及值星二字顏色大小尺寸與（乙）圖同，斜方塊左右配置白色粗道二條，粗道寬度及間隔均為八公厘。

空軍總司令部所屬機關部隊學校第三級值星官臂章圖

（丁）

說明

1. （丁）圖臂章製作質料顏色尺寸與（乙）（丙）二圖同。
2. 番號斜方塊及值星二字顏色大小尺寸與（乙）（丙）二圖同，斜方塊左右配置白色粗道三條，寬度及間隔均為八公厘。

空軍官佐值星（日）臂章士兵值日臂章圖（附圖七）
空軍官佐值日臂章圖（戊）

說明

（戊）圖臂章製作質料顏色尺寸與（乙）（丙）（丁）值星臂
章同，斜方塊內綴中藍「值日」二字，不加白色橫道。

（己）空軍軍士值日臂章圖 A、空軍兵值日臂章圖 B。

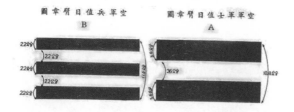

說明

1. （己）圖臂章均以天藍色細布製加白橫道，A 圖全長 37 公
   分，高 10 公分 8 公厘，B 圖全長 37 公分，高 11 公分。
2. A 圖中綴白橫道一條，寬 3 公分 6 公厘，與所留上下藍邊相等。
3. B 圖綴白色橫道二條，每條寬 2 公分 2 公厘，道與道之間隔
   與白道寬度相同。

空軍子弟小學教職員制服式樣（附圖八）

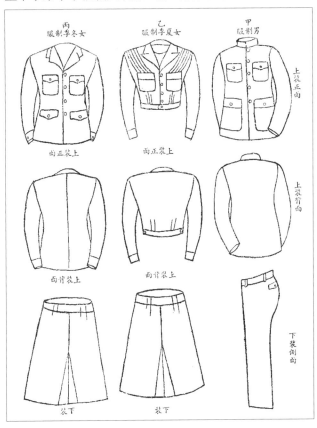

空軍普通陸軍士兵夏季軍便服圖（附圖九）

第十一章　來台官士眷屬之登記與管理

第一節　管理動機

　　本軍自遷駐台灣以來，為求人員安心工作起見，特訂定來台官士眷屬計口授糧辦法，凡到台官佐及技術軍士之直系眷屬，均發給眷糧配給證，憑證給糧。嗣以到台眷屬日多，為明瞭其確數，便於統計，經製訂來台眷屬週報表暨眷屬原始名冊，如附表（一）（二），通飭駐台各基層單位按週填報，並由本部登記科每半月統計一次，以資控制。

第二節　實施概況

　　自前項辦法實施後，為防止浮報冒領並明瞭眷屬異動之情況，經先後組織訪查團，兩次分組訪查。在第一次訪查結束管，以來台眷屬眾多，工作日繁，在本部一署登記科內設眷屬檢記組。嗣為業務推進便利，復將該組直屬於第一署。經第二次訪查後，截至 38 年 12 月終，實際來台眷屬 51,671 人，如（附表三）。近又調製來台官士眷屬卡片實施異動登記，管理益臻完密。

空軍總司令部各屬來台官士眷屬戶數及口數週報表（附表一）

機關名稱　　　　　隸屬機關

區分	合計				官佐屬				技術士				附記
	戶數	大口	中口	小口	戶數	大口	中口	小口	戶數	大口	中口	小口	以上為大口。（初生之年均為一歲）一歲至二歲為小口三歲至五歲為中口六歲
已呈報人數													
本週來台人數													
本週離台人數													
現有人數													

主官　　　　　　　統計員

空軍總司令部各屬官士抵台眷屬名冊（附表二）

級職	姓名	眷屬稱謂名氏年齡	抵台日期	現住詳細地址	學歷	經歷及特長技能	備考			附記
										一、上項原始名冊以十行紙為之多可續增其頁數。
										二、冊列人數儀第一次眷屬週報表所列人數之實際人數隨第一次報表附送之。
										三、以後週報人數每有增加卽須隨時附送新增名冊。
										四、離台或死亡除報表，應填報外並須附單列明姓名及何人眷屬以便剔除。

38 年度空軍官佐士來台眷屬已訪查及待查人數比較表
（附表三）

38.12.30

類別	戶數	眷屬口數			
		合計	大口	中口	小口
總計	21,686	51,671	35,439	7,893	8,339
第一次訪查人數	12,137	30,321	21,701	4,608	4,012
第二次訪查人數	5,822	18,257	11,560	2,775	3,922
待訪查人數	1,027	3,093	2,178	510	405

第二篇　情報

第一章　作戰情報

　　空軍情報，以作戰情報為主，而作戰情報，則以空中偵察報告、部隊戰鬥報告及地面部隊與駐外武官之報告為基幹，並經常派遣聯絡參謀與陸海軍機關部隊密取聯絡交換情報，同時為應綏靖作戰之需要，及使情報傳遞迅速確實與陸空協同密切計，並設立陸空聯絡電台與監察總隊專負傳遞情報任務及截取需要之重要情報。

第一節　作戰情報來源

　　通常以下列諸手段及諸機關為來源：

一、中央最高軍事機關。

二、諜報機關。

三、俘虜審問。

四、研究戰利品及鹵獲文件。

五、與友軍交換情報。

六、祕密電台。

七、部隊戰鬥報告空中偵察及照相。

八、陸海軍各級司令部。

九、駐外武官報告。

十、電訊截獲。

十一、聯絡參謀報告。

十二、新聞雜誌及廣播新聞。

十三、平民報告。

十四、防空機關。

第二節　作戰情報處理程序

　　情報範圍甚廣來源繁雜，資料不一，時間亦不同，且時有零星片斷首尾不接通，常依下列程序處理之：

一、蒐集　依據情況判斷及層峰指示，擬訂蒐集計劃，從事搜集所需之情報資料。

二、整理　將各錯綜複雜之情報資料予以分類登記。

三、分析　估計及評判情報資料來源及其本身之準確性與使用價值。

四、審查　為情報處理上之中心工作，一切情報資料經審查後，即成為情報之本身。

五、研究判斷　其要點在求出敵之位置、番號、部署、兵力、行動與企圖等。

六、傳遞　將所得之情報適時以書面、電信或口述分別呈報分發及通報友軍暨其他需要單位。

第三節　綏靖各戰役概況

　　本年度空軍參加綏靖各戰役概況如附表（一），又全年度出動飛機架次戰果，如附表（二）。

38 年度空軍綏靖作戰經過概要（附表一）

戰役名稱	徐蚌會戰
起止日期	38 年 1 月 1 日至 15 日
出動機種架次	FB-26　3 架
敵我損失	傷亡匪 50 人、毀牛馬車 20 輛
作戰部隊	第一大隊
備考	該戰役由 37 年 11 月 4 日開始

戰役名稱	太原戰役
起止日期	38 年 1 月 1 日至 4 月 24 日
出動機種架次	B-25　4 架 ／ P-47　7 架
敵我損失	傷亡匪 120 人、斃馬 6 匹、毀汽車 4 輛
作戰部隊	第一大隊　第十一大隊
備考	該戰役由 37 年 10 月 4 日開始

戰役名稱	江防戰役
起止日期	38 年 1 月 5 日至 5 月 26 日
出動機種架次	B-24　43 架 ／ B-25　72 架 FB-26　316 架 ／ P-51　445 架 P-47　4 架 ／ F-5　8 架 F-10　1 架 ／ C-47　25 架
敵我損失	傷亡匪　46,603 人、斃牛馬　466 匹 毀工事 104 處、房屋　266 棟 船隻 1,967 隻、橋樑　2 座 火車頭　43 個、火車箱 187 個 汽車　206 輛、牛馬車 177 輛 飛機　3 架、大砲　2 門 我方人機損失 飛機　3 架
作戰部隊	第一大隊　第三大隊　第五大隊 第八大隊　第十大隊　第十二中隊
備考	夜航

戰役名稱	上海戰役
起止日期	38 年 5 月 12 日至 26 日
出動機種架次	B-24　16 架 ／ B-25　52 架 FB-26　73 架 ／ P-51　144 架 F-10　1 架 ／ C-47　4 架
敵我損失	傷亡匪　17,635 人、斃牛馬 58 匹 毀工事 100 處、房屋　224 棟 船隻　259 隻、火車　2 輛 汽車　43 輛、牛馬車 8 輛
作戰部隊	第一大隊　第三大隊　第五大隊 第八大隊　第十大隊　第十二中隊
備考	夜航

戰役名稱	福州保衛戰役
起止日期	38 年 8 月 3 日至 17 日
出動機種架次	B-25　5 架 ／ FB-26　10 架 P-47　6 架 ／ AT-6　7 架 F-10　2 架
敵我損失	傷亡匪 1,330 人、斃牛馬 13 匹、毀工事 10 處 房屋　5 棟、船隻　14 隻、橋樑 1 座 汽車　3 輛、倉庫　1 棟
作戰部隊	第一大隊　第五大隊　第十二中隊
備考	

戰役名稱	平潭島戰役
起止日期	38 年 9 月 16 日至 19 日
出動機種架次	B-25　1 架 ／ FB-26　23 架 P-51　15 架 ／ P-47　16 架 F-10　1 架
敵我損失	傷亡匪　2,770 人、毀房屋 26 棟 木船 177 隻、輪船　1 艘 汽船　10 艘、汽車　3 輛
作戰部隊	第一大隊　第五大隊　第十二中隊
備考	

戰役名稱	衡邵戰役
起止日期	38 年 8 月 5 日至 10 月 8 日
出動機種架次	B-25　51 架／FB-29　242 架 P-51　36 架／F-10　　4 架 C-47　　4 架／C-46　　20 架
敵我損失	傷亡匪　18,774 人、斃牛馬 680 匹 　　毀工事 39 處、房屋　260 棟 　　木船　665 隻、汽船　　24 艘 　　橋樑　11 座、汽車　319 輛 　　馬車　500 輛 我方人機損失 　　飛機　　1 架、人　2　名
作戰部隊	第一大隊　第三大隊　第四大隊 第十大隊　第廿大隊　第十二中隊
備考	夜航

戰役名稱	金廈戰役
起止日期	38 年 9 月 19 日至 11 月 25 日
出動機種架次	B-24　　31 架／B-25　　7 架 FB-26　94 架／P-51　231 架 P-47　73 架／F-5　　　5 架 F-10　　6 架／AT-6　　9 架 C-47　　4 架／C-46　　8 架
敵我損失	傷亡匪　3,424 人、斃牛馬　68 匹 　　毀工事 60 處、房屋　131 棟 　　木船 2,530 只、汽船　22 只 　　輪船　1 艘、汽車　　20 輛 　　牛馬車 23 輛、大砲　　1 門 B-24　平均命中 95%
作戰部隊	第一大隊　第三大隊　第四大隊 第五大隊　第八大隊　第十大隊 第廿大隊　第十二中隊
備考	廈門於 10 月 17 日失守

戰役名稱	廈門戰役
起止日期	38 年 10 月 15 日至 17 日
出動機種架次	B-25　12 架／FB-26　2 架 P-51　46 架／P-47　29 架 F-5　　2 架／F-10　1 架 AT-6　1 架／C-47　1 架 C-46　2 架
敵我損失	傷亡匪 1,957 人、毀陣地 23 處 　　　房屋　8 棟、木船　345 隻 　　　汽船　5 隻、汽車　3 輛
作戰部隊	第一大隊　第四大隊　第五大隊 第十大隊　第十二中隊
備考	

戰役名稱	廣州戰役
起止日期	38 年 10 月 8 日至 15 日
出動機種架次	P-51　20 架
敵我損失	傷亡匪 930 人
作戰部隊	第三大隊
備考	

戰役名稱	登步島戰役
起止日期	38 年 11 月 18 日至 12 月 6 日
出動機種架次	B-25　3 架／FB-26　7 架 P-51　7 架／AT-6　4 架 C-46　1 架
敵我損失	傷亡匪　300 人、毀房屋 14 棟 　　　木船 95 隻、帆船　6 隻 　　　工事 5 處
作戰部隊	第一大隊　第四大隊　第十二中隊 本部飛行科
備考	

戰役名稱	重慶撤守戰
起止日期	38 年 11 月 27 日至 12 月 1 日
出動機種架次	B-25　8 架／P-47　4 架 AT-6　12 架
敵我損失	傷亡匪　1,610 人、毀房屋 11 棟 　　　木船　60 隻、輪船　1 艘 　　　汽車　1 輛
作戰部隊	第一大隊　第十一大隊　第十二中隊
備考	

戰役名稱	成都戰役
起止日期	38 年 12 月 18 日至 26 日
出動機種架次	AT-6　9 架
敵我損失	傷亡匪　1,070 人、毀工事 5 處 木船　　4 隻
作戰部隊	三軍區部
備考	

38 年度各軍區出動飛機架次及戰果統計表（附表二）

38 年 12 月 31 日

	軍區	第一軍區	第二軍區	第三軍區	第四軍區
機數機種	B-24				74
	B-25		8	76	251
	FB-26		13	1	1,010
	P-51	65	24		780
	P-47	2		133	9
	AT-6	14		48	66
	C-47		9	2	29
	C-46		5	1	29
	F-5		3		10
	F-10			1	14
	P-40			2	
	PT-19			1	1
	UC-45			1	
	PA-11				
	小計－架	81	62	266	2,274
消耗	炸藥－磅	4,400	12,000	138,104	1,048,630
	子彈－發 砲彈－發	48,505	1,500	94,260	827,860 188,490

軍區	第一軍區	第二軍區	第三軍區	第四軍區
傷亡匪－人	2,213	1,885	16,865	103,586
斃牛馬－匹	16		362	2,489
毀工事－處	2		59	152
毀房屋－棟	35	10	121	951
毀木船－隻	34		66	3,115
毀橋樑－座			2	20
毀火車－節（頭／軌）		4／3	8／5／2	101／229
毀汽車－輛	72		246	1,379
毀馬車－輛		8	1,208	1,346
毀輪船－艘				
毀大砲－門				12
毀倉庫－座			12	1
毀物資－堆			10	75
毀工廠－座				
毀飛機－架			6	3
毀坦克車－輛				5
傷輪船－艘				26
傷木船－隻			54	353

（戰果）

軍區	第五軍區	東南區	海南區	總計
B-24		261		335
B-25	19	369	103	826
FB-26		575	9	1,608
P-51		1501	77	2,447
P-47	11	272	9	436
AT-6	43	132	167	470
C-47	2	39		81
C-46	2	59	2	98
F-5		11		24
F-10		24		39
P-40				2
PT-19	2	57		61
UC-45		2		3
PA-11			2	2
小計－架	79	3,302	369	6,432

（機數機種）

軍區		第五軍區	東南區	海南區	總計
消耗	炸藥－磅	20,880	1,726,687	101,384	3,052,085
	子彈－發	20,200	1,145,766	703,466	2,841,557
	砲彈－發		119,235		307,225
戰果	傷亡匪－人	3,760	28,957	17,298	174,564
	斃牛馬－匹		301	430	3,598
	毀工事－處	6	313	5	537
	毀房屋－棟	20	2390	373	3,900
	毀木船－隻	88	6734	786	10,823
	毀橋樑－座		24	16	62
	毀火車－頭		133	2	248
	毀火車－節		93		320
	毀火車－軌	41		2	45
	毀汽車－輛	2	350	38	2,087
	毀馬車－輛	12	154	27	2,755
	毀輪船－艘		47	1	48
	毀大砲－門		1		13
	毀倉庫－座		17	2	32
	毀物資－堆		2	2	89
	毀工廠－座		19		19
	毀飛機－架		13	3	25
	毀坦克車－輛				5
	傷輪船－艘	1	31	1	59
	傷木船－隻		739	162	1,308

備註

1. 木船：包括機帆船、帆船等。

2. 輪船：包括登陸艇、砲艇、軍艦等。

3. 倉庫：包括彈藥庫、油庫、棚廠等。

4. 工事：包括陣地、碉堡、碼頭等。

5. 工廠：包括電力廠、造船廠、電台等。

6. 馬車：包括砲車、手推車等。

第二章　照相情報

第一節　空中照相實施概況

第一款　照相單位業務調整

本年 4 月 1 日，修訂本總部編制，將第二署照相情報處改為照相情報科，隸屬作戰情報處。

第二款　照相計劃與使用情形

本年度偵察照相，華南區重要城市、機場、鐵路、車站及橋樑、工廠、造船廠、艦艇、電台及台灣區各機場、港灣、海岸之計劃，已經按照實施，次第完成，並經編製判讀報告書（詳第四款已完成之照相情報），分發有關單位備用。

第三款　空中偵察照相任務次數及攝影之地域

本年度空中偵察照相任務次數及攝影之地域，如附表（一）。

第四款　已完成之照相情報

（一）已完成之照相判讀報告書

　　本年度製成空中照相判讀報告書共 101 種，如附表（二）。

（二）已完成之照相嵌鑲圖

　　本年度製成之照相嵌鑲圖共 193 種，如附表（三）。

（三）其他

本年度製成轟炸成果特別報告 3 種，山西省目標圖冊 1 種。

第五款　情報照片之保管

　　為適應照相情報之需要，將現有之各種空中照片圖，分別詳細分類登記標訂以便抽用迅速。本年度收存之空中照片圖，如附表（四）。

38 年度空軍偵察照相實施統計表（附表一）

月份區分	任務次數	所攝目標地區	涵蓋面積平方英里
總計	187	497	55,307
1	15	（城鎮）寶應　青龍集　大回村 （機場）徐州　鄭州　開封 （鐵路車站）濟南　泰安　嶧縣　棗莊　臨城 　　　　　　滕縣　鄒縣　兗州　徐州　東海 　　　　　　鳳陽　蚌埠　宿縣　滁縣　滄縣 （鐵路橋樑）大汶口　台兒莊　濼口　濟江 　　　　　　東海 （河流）江陰東長江　南通南長江 （工廠）泰興	2,610
2			
3	17	（城鎮）滁縣　無為　合肥　安慶　曹老集 　　　　徐州 （機場）煙台　徐州 （鐵路車站）徐州 （港灣）連雲港　葫蘆島 （河流）安慶附近長江 （碼頭）連雲港 （艦艇）煙台匪船　據灣海面小船	1,405
4	23	（城鎮）浦口　浦鎮　陳家港　李家市 （河流）蕪湖至華陽鎮長江　鎮江至儀徵河口長江 （島嶼）馬公島	2,250
5	15	（城鎮）江陰　安慶　嘉義　桃園　馬公 　　　　台中　岡山　台南　新竹　寧德 　　　　廈門　連江　定海 （機場）南京明故宮　大教場　岡山　屏東 　　　　台東　台南　嘉義　台中　新竹 　　　　廈門 （河流）江陰西長江 （港灣）新港　花蓮港　蘇澳港　基隆港 　　　　馬公港 （工廠）龍潭水泥廠	1,880

月份區分	任務次數	所攝目標地區	涵蓋面積平方英里
5		（艦艇）浦口　燕子磯　鎮江　安慶　大通 蕪湖　揚家溝　高橋圩　西梁山 當塗　采石等地軍艦	
6	12	（機場）宜蘭　桃園　小港　岡山　歸仁 仁德　嘉義　新竹　台北　松山 台南　屏東　上海江灣　上海龍華 上海大場 （海岸）花蓮港至新城　千人塚至東港 茄子寮附近　下鯤鯓至頂茄定 中港附近　鹽水港至後龍溪 （港灣）蘇澳港　淡水港　馬公港　基隆港 （島嶼）澎湖群島　馬公島 （河流）黃浦江 （造船廠）上海江南造船廠 （電台）上海國際廣播電台	1,215
7	24	（城鎮）台北　屏東　台東　日月潭　松江 寶山　福州　田家庵　筧橋 （機場）台中　屏東　草屯　燕巢　上海虹橋 上海江灣　上海大場　南京大教場 南京明故宮　福州　筧橋 （鐵路車站）上海北站　浦口　下關 （鐵路橋樑）松江鐵橋 （公路橋樑）錢塘江大橋 （鐵路機車場）戚墅堰 （海岸）大甲港附近　加路蘭至大麻里 水母町至新港　苑裏港附近 林投厝至觀音　觀音至貓兒錠 桃園附近　鹽水港至後龍溪 大坂埒至鵝鑾鼻　水母町至白守蓮 港子鼻附近　海口至貓鼻頭 港口溪附近 （島嶼）琉球島 （河流）黃浦江 （碼頭）黃浦江沿岸 （工廠）南京六十兵工廠　下關水電廠 上海六十一兵工廠 （礦煤）田家庵煤礦 （造船廠）上海江南造船廠 （陣地要塞）吳淞口要塞　浦口陣地 （電台）上海真茹國際廣播電台	5,818
8	2	（城鎮）咸寧　蒲圻 （鐵路橋樑）咸寧　蒲圻　黃沙街北黃秀橋 汨羅河南港橋　破嵐口鐵橋 長沙鐵橋	2,290

月份區分	任務次數	所攝目標地區	涵蓋面積平方英里
9	26	（城鎮）蕪湖　岡山　福州　馬尾　平潭 　　　　廈門　興化　福清　金門　崇武 　　　　晉江　同安　集美　寧波　鎮海 　　　　平湖　定海　乍浦　茶陵　長沙 　　　　攸縣　醴陵　衡陽 （機場）上海大場　上海江灣　上海龍華 　　　　上海虹橋　蕪湖　燕巢　仁德　桃園 　　　　佳冬　福州　定海　筧橋　寧波 （港灣）吳淞口　三沙灣　閩江口　興化灣 　　　　福清灣　崇武海灣　晉江口 　　　　同安海灣　乍浦港　龍溪海灣 　　　　彭浪嶼　廈門港　鎮海 （島嶼）火燒島　嶼尾島　平潭島　大榭島 　　　　穿山島 （河流）黃浦江 （公路橋樑）晉江　馬尾　安海至水頭間大橋 　　　　　　龍溪　同安　福清　寧波老江橋 　　　　　　穿山鎮　寧波新江橋　育王廟 　　　　　　寶幢　錢塘江大橋 （碼頭）黃浦江沿岸　蕪湖　彭浪嶼　廈門 　　　　大榭島　杭州 （倉庫）江灣　廈門　乍浦彈藥庫 （工廠）閩北水電廠　鳳山油廠　寧波紗廠 　　　　寧波木廠　寧波電廠 （鐵路車站）蕪湖　寧波 （陣地）同安至集美　彭浪嶼　廈門　福清灣 　　　　三山　穿山島　大榭島　寧波至鎮海間 　　　　乍浦育王廟　寶幢市　錢塘江大橋附近 （艦艇）蕪湖　荻港　楊家溝　采石等地軍艦 　　　　興化灣　福清灣　三沙灣　崇武 　　　　晉江　同安　彭浪嶼　集美　閩江口 　　　　平潭　廈門　穿山島　寧波鎮海間 　　　　大榭島　錢塘江等地匪船 （造船廠）浦東造船廠　海軍上海工廠 　　　　　馬尾造船廠　福州東南造船廠 　　　　　寧波木船修造所 （其他）寧波甬江鹽田	14,465
10		（城鎮）岡山　台中　廈門　集美　澳頭　圍頭 　　　　金門　石井　奎下　廣州　金塘　溫州 　　　　館頭 （機場）上海江灣　上海大場　上海龍華 　　　　上海虹橋　南京大教場　南京明故宮 　　　　台中　新社　金門　蕪湖　廬山 　　　　廣州白雲　廣州天河　廣州黃村 （公路橋樑）圍頭橋　海珠橋	

月份區分	任務次數	所攝目標地區	涵蓋面積平方英里
10	27	（鐵路機車廠）戚墅堰 （港灣）福清灣　溫州灣 （島嶼）紅頭嶼　金門島　大嶝島　小嶝島 　　　　奎下附近小島　石塘島　台州列島 　　　　中台島　玉環島 （河流）南京附近長江　黃浦江　廣州南珠江 （碼頭）圍頭　廣州天字碼頭 （倉庫）廣州黃村倉庫 （工廠）上海電力公司　龍潭水泥廠 　　　　廣州紡紗廠　廣州水電廠　廣州水泥廠 （造船廠）上海黃浦江修船廠 　　　　　上海江南造船廠　圍頭木船修造廠 　　　　　溫州機帆船製造所 （陣地）石井至奎下　大嶝島　小嶝島　圍頭 　　　　福清灣　廈門外圍　金塘島等陣地 　　　　溫州鎮甌炮台 （艦艇）圍頭　溫州灣　石塘島　玉環島等地 　　　　匪船 （其他）廣州中山大學	14,034
11	21	（城鎮）福州　東山　汕頭　南澳　隆澳　廣州 　　　　惠州　溫州　蕭山　杭州　玉山　上饒 （機場）新竹　桃園　福州　廣州白雲　筧橋 　　　　廣州天河　廣州黃村　玉山 （鐵路車站）大沙頭　黃沙　石塘圍　江村 　　　　　　佛山　石龍　蕭山　杭州　玉山 　　　　　　上饒 （鐵路橋樑）高塘圩　新莊　琶江　英德 　　　　　　佛山北　西南鎮　石灘　石灘西 　　　　　　石龍 （鐵路機車廠）黃沙　蕭山　玉山　上饒 （公路車站）汕頭 （公路橋樑）汕頭　錢塘江　玉山　上饒 （海岸）新竹至淡水　集美　澳頭 （港灣）閩江口　溫州灣 （島嶼）東山島　黃崎島　南澳島　石塘島 　　　　穿山島　大貓島　桃花島　大榭島 （碼頭）大沙頭　黃沙　黃浦 （倉庫）汕頭 （工廠）杭州自來水廠 （艦艇）高雄　左營　馬公　閩江口等地軍艦 　　　　閩江口　黃崎島　廈門　集美　澳頭 　　　　汕頭　東山島　南澳　石浦　桃花島 　　　　金塘島　錢塘江等地匪船 （造船廠）汕頭　溫州　玉山 （電台）廈門　汕頭	8,274

月份區分	任務次數	所攝目標地區	涵蓋面積平方英里
12	5	（艦艇）基隆軍港 （島嶼）穿山半島	1,067

38 年度已完成判讀報告書統計表（附表二）

地名	位置		照相日期	判讀完成日期	印製份數
上海各機場	121°30'E	31°12'N	38.6.29	38.7.2	3
上海江南造船廠	128°21'E	31°14'N	38.8.5	38.8.24	6
南京下關電廠	118°45'E	32°05'N	38.8.5	38.8.24	6
安徽田家庵煤礦	116°57'E	32°32'N	38.8.5	38.8.24	6
上海北火車站	121°32'E	31°16'N	38.7.23	38.8.31	6
上海 61 兵工廠	121°32'E	31°16'N	38.7.23	38.8.31	4
浙江錢塘江橋	120°08'E	30°15'N	38.7.23	38.8.31	6
南京自來水廠	118°47'E	32°03'N	38.7.23	38.8.31	4
南京 60 兵工廠	118°47'E	32°02'N	38.7.23	38.8.31	6
粵漢鐵路南津港至破嵐口鐵橋	113°05'E	29°25'N	38.8.28	38.9.4	7
咸寧縣及鐵橋	114°16'E	29°55'N	38.8.28	38.9.3	7
蒲圻縣城及鐵橋	113°58'E	29°45'N	38.8.29	38.9.5	7
汨羅河南港鐵橋	113°06'E	28°50'N	38.8.28	38.9.3	7
長沙市鐵橋	112°59'E	28°20'N	38.8.28	38.9.3	7
黃沙街北黃秀橋	113°05'E	29°02'N	38.8.28	38.9.3	7
浙江省大榭島	120°59'E	29°58'N	38.9.1	38.9.6	10
上海國際播台	121°28'E	31°13'N	38.9.3	38.9.10	5
上海閘北電廠	121°28'E	31°13'N	38.9.3	38.9.10	5
上海大場機場	121°28'E	31°13'N	38.9.3	38.9.10	5
上海黃浦江等	121°28'E	31°13'N	38.9.3	38.9.9	5
福州機場	119°19'E	26°05'N	38.9.1	38.9.6	6
福建三沙灣	120°05'E	26°58'N	38.9.1	38.9.7	6
上海黃浦江船塢	121°28'E	31°13'N	38.9.1	38.9.7	4
穿山鎮及三山	121°59'E	29°58'N	38.9.13	38.9.18	3
大榭島北陣地	121°59'E	29°58'N	39.9.13	38.9.17	6
寧波鎮海至甬江區	121°40'E	30°00'N	38.9.13	38.9.18	6
鎮海口岸	121°40'E	30°00'N	38.9.18	38.9.18	6
山西太原市	112°32'E	37°53'N	38.7.16	38.9.24	3
浦口車站	118°47'E	32°02'N	38.4.7	38.9.22	3
寶幢市育王廟	121°50'E	29°56'N	38.9.19	38.9.23	9
穿山半島	122°00'E	30°00'N	38.9.19	38.9.23	9

地名	位置		照相日期	判讀完成日期	印製份數
同安至集美海岸	118°11'E	24°47'N	38.9.24	38.9.30	15
龍溪縣城	117°45'E	24°32'N	38.9.24	38.9.29	16
集美	118°05'E	24°34'N	38.9.24	38.9.29	16
鼓浪嶼	118°07'E	24°27'N	38.9.24	38.9.29	16
晉江城及海灣	118°35'E	24°54'N	38.9.24	38.9.28	16
崇武城及海灣	118°55'E	24°53'N	38.9.24	38.9.29	16
安海水頭間大橋	118°30'E	24°40'N	38.9.24	38.9.29	14
福建洛陽橋	118°40'E	24°57'N	38.9.24	38.9.28	16
福建嶼仔尾	118°12'E	24°20'N	38.9.24	38.9.28	16
河北石家莊	114°28'E	38°40'N	36.11.8	38.9.29	5
采石磯軍艦	118°00'E	31°38'N	38.9.25	38.10.5	6
荻港及楊家溝軍艦	118°00'E	31°38'N	38.9.28	38.10.5	6
福建福清灣	119°35'E	25°50'N	38.9.21	38.10.3	7
福建興化灣	119°00'E	25°25'N	38.9.21	38.10.3	7
浙江錢塘大橋	120°08'E	30°15'N	38.9.28	38.10.8	5
蕪湖車站碼頭	118°25'E	31°25'N	38.9.30	38.10.8	5
浙江平湖縣	121°02'E	30°40'N	38.9.30	38.10.8	5
上海各機場	121°28'E	31°13'N	38.9.30	38.10.8	5
杭州筧橋機場	120°20'E	30°23'N	38.9.28	38.10.7	5
浙江鎮海口岸	121°40'E	30°00'N	38.9.30	38.10.11	7
福建集美澳頭	118°05'E	24°34'N	38.10.2	38.10.11	8
上海黃浦江	121°28'E	31°13'N	38.9.30	38.10.9	5
寧波車站橋樑	121°30'E	29°50'N	38.9.30	38.10.11	5
浙江乍浦鎮	121°07'E	28°38'N	38.9.30	38.10.11	5
上海浦東造船廠	121°28'E	31°13'N	38.9.30	38.10.12	5
浙江金華	119°42'E	29°06'N	38.8.5	38.10.22	5
福建石井至奎下	118°35'E	24°35'N	38.10.20	38.10.22	9
福建圍頭	118°35'E	24°35'N	38.10.20	38.10.22	7
浙江大榭島	118°25'E	24°36'N	38.10.20	38.10.22	9
上海海軍工廠	121°28'E	39°23'N	38.9.3	38.10.22	9
溫州石塘鎮	121°36'E	28°20'N	38.10.17	38.10.25	5
溫州石塘鎮轟炸船隻	121°36'E	28°26'N	38.10.24	38.10.30	7
浙江玉環島	121°15'E	28°15'N	38.10.29	38.11.1	12
江蘇戚墅堰江蘇火車工廠	120°04'E	31°43'N	38.10.29	38.11.1	10
廣州市各機場	113°20'E	23°08'N	38.10.17	38.11.1	7
廣州市近郊	113°25'E	23°05'N	38.10.17	38.11.4	7
青島小港船塢	113°15'E	23°05'N	35.2.18	38.11.14	3
南京各機場	118°45'E	32°05'N	38.10.11	38.11.14	7
上海黃浦江	121°28'E	31°13'N	38.10.30	38.11.4	7

地名	位置		照相日期	判讀完成日期	印製份數
福州機場造船廠	119°19'E	26°05'N	38.11.1	38.11.6	14
福建閩江船隻	119°48'E	26°02'N	38.11.1	38.11.6	12
上海各機場	121°28'E	31°13'N	38.10.30	38.11.7	7
大小嶝島轟炸報告	118°20'E	24°32'N	38.10.18 38.10.25 38.10.26	38.11.4	5
大小嶝島及列嶼島	118°25'E	24°36'N	38.9.21 38.10.20	38.11.7	10
福建福清灣	119°30'E	29°45'N	38.10.27	38.11.6	15
廣東隆澳汕頭	118°47'E	23°23'N	38.11.8	38.11.16	14
南京水西門電台 南京中山門電台	118°47'E	32°02'N	37.7.16	38.11.24	7
南京下關車站	118°47'E	32°02'N	37.7.16	38.11.23	7
浙江桃花島	122°04'E	29°08'N	38.11.21	38.11.25	7
浙江金塘島	121°55'E	30°02'N	38.10.20	38.11.27	7
浙江大貓山島	122°03'E	29°57'N	38.10.20	38.11.28	7
穿山島沿海北部	132°00'E	30°00'N	38.10.20	38.11.26	7
浙江石浦鎮	121°55'E	29°12'N	38.11.51	38.11.26	7
溫州城郊	120°38'E	28°01'N	38.11.19	38.11.27	5
浙江大榭島	121°59'E	29°58'N	38.11.20	38.11.27	5
杭州筧橋機場	120°20'E	30°23'N	38.11.21	38.11.25	5
福建集美澳頭	118°05'E	24°36'N	38.11.19	38.11.27	7
福建廈門	112°08'E	24°32'N	38.11.22	38.11.27	9
玉山城車站	118°15'E	28°42'N	38.11.21	38.11.28	7
錢塘江大橋	120°08'E	30°15'N	38.11.21	38.11.28	7
蕭山車站	120°19'E	30°12'N	38.11.21	38.11.25	7
杭州車站	130°08'E	30°15'N	38.11.21	38.11.29	7
江西上饒車站	117°55'E	28°52'N	38.11.21	38.11.26	7
廣九鐵路橋樑	112°55'E	23°07'N	38.11.25	38.12.5	7
廣州白鵝潭江面	113°15'E	23°07'N	38.11.25	38.12.5	7
廣州三車站	113°25'E	23°05'N	38.11.25	38.12.5	7
粵漢路橋樑車站	113°13'E	23°17'N	38.11.25	38.12.6	10
廣州黃浦碼頭	113°35'E	23°17'N	38.11.25	38.12.7	7
穿山半島	132°00'E	30°00'N	38.12.23	38.12.26	5
廈門海軍造船所	118°08'E	24°32'N	38.11.19	38.12.31	10

38年度已完成之空中照相製圖表（附表三）

省別	目標名稱
江蘇	南京市　上海市及碼頭　青龍集　徐州　泰興西工廠　江陰及附近江面　南通　連雲港及碼頭　浦口　鎮江東北　燕子磯　下關　南京水電廠　大教場及明故宮機場　龍華大場江灣機場　吳淞　江南造船廠　虹橋國際電台　乍北水電廠　上海黃浦江及船塢　黃山鎮　棲霞山　戚墅堰　海軍碼頭
浙江	杭州　蕭山　錢塘江大橋　莧橋機場　大貓山島　桃花島　石浦　金塘　大樹島　穿山半島　溫州　玉環島及南岸　石塘　溫州灣　館頭　台州　乍浦　平潮　定海　育王廟　寶幢市　寧波至鎮海　山頭
安徽	滁縣　鳳陽　蚌埠　宿縣　曹老集　合肥　無為　安慶　華陽鎮　長江沿岸　蕪湖西長江北岸　蕪湖城　田家菴　淮南煤礦　采石磯　楊家溝
湖北	咸寧　蒲圻　李家市　陳家港　漢口
湖南	寶慶　新牆　汨羅　瀏陽等鐵橋　衡陽　茶陵　攸縣　新市　黃嶺土　醴陵
江西	玉山　上饒　廬山
福建	廈門及機場　福州　寧德　連江　建歐　南平　古田　平潭　馬尾　霞浦灣　興化灣　福清灣　金門　鼓浪嶼　集美　晉江　安海　龍溪　三都澳　澳頭　集美村　小嶝島　金門機場　福州附近　東山島　湄州灣
廣東	惠州　石龍　石灘　佛山　廣州　黃埔　英德　汕頭　南澳　白雲　天河　黃村等機場　珠江橋　龍澳
山東	台兒莊　臨城　大汶口　濟南　煙台
河南	洛陽　開封　鄭州　大回村
台灣	海岸：花蓮港至新城　千人塚至東港　下鯤鯓至頂茄萣　泊子寮附近　鹽水港至後龍溪　林投厝至觀音　觀音至貓兒錠　桃園海岸　新竹縣之清大泉至後龍溪　中港附近　大坂埒至鵝鑾鼻　港子鼻附近　恆春之海口至貓鼻頭　八瑤灣至牡丹灣　水母丁溪至白水蓮　加路蘭至太麻里　白水蓮至加路蘭　水母丁至新港　台東　苑裡港附近　新港至加路蘭 港口：花蓮港　蘇澳港　淡水港　馬公港　基隆港　台東港　舊港　新港　高雄港　避風港 島嶼：澎湖群島　琉球嶼　火燒島　馬公島 機場：松山　桃園　新竹　宜蘭（南）台中　台中（東） 　　　花蓮（南）（北）　草屯　嘉義　歸仁　台南　仁德 　　　大岡山　燕巢　岡山　台東（北）（南）　屏東（北） 　　　（南）小港（東）　東港　佳冬　恆春　馬公 台北市
遼寧	葫蘆島

38 年度現有空中照相圖一覽表（附表四）

省名	目標名稱	比例尺	份數
台灣	花蓮港至新城海岸	1：10000	3
台灣	千人塚至東港海岸	1：10000	3
台灣	下鯤鯓至頂茄萣海岸	1：10000	3
台灣	泊子寮附近海岸	1：10000	3
台灣	鹽水港至後龍溪海岸	1：10000	3
台灣	林投厝至觀音海岸	1：10000	3
台灣	觀音至貓兒錠海岸	1：10000	3
台灣	清大泉至後龍溪海岸	1：10000	1
台灣	大坂埒至鵝鑾鼻海岸	1：10000	3
台灣	港子鼻附近海岸	1：10000	3
台灣	海口至貓鼻頭海岸	1：10000	3
台灣	港口溪海岸	1：10000	3
台灣	水母丁溪至白守蓮海岸	1：10000	3
台灣	加路蘭至太麻里海岸	1：10000	3
台灣	白守蓮至加路蘭海岸	1：10000	3
台灣	苑裡港附近海岸	1：10000	3
台灣	花蓮港	1：10000	3
台灣	蘇澳港	1：10000	3
台灣	淡水港	1：10000	3
台灣	馬公港	1：10000	3
台灣	基隆港	1：10000	3
台灣	台東港	1：10000	3
台灣	舊港	1：10000	3
台灣	新港	1：10000	3
台灣	高雄港	1：10000	3
台灣	避風港	1：10000	3
台灣	澎湖群島（一）	1：10000	3
台灣	澎湖群島（二）	1：20000	3
台灣	琉球嶼	1：10000	2
台灣	火燒島	1：10000	3
台灣	台灣省機場圖	1：10000	2
台灣	台北市		2
浙江	大貓山島	1：6000	1
浙江	桃花島	1：6000	1
浙江	大樹島	1：10000	1
浙江	穿山島沿海北部	1：3000	1
浙江	大荊鎮西南	1：5000	1
浙江	定海	1：10000	1
浙江	石塘	1：20000	1
浙江	溫州城	1：20000	2

省名	目標名稱	比例尺	份數
浙江	玉環島	1：20000	3
浙江	金塘島東南沿海區	1：3400	1
浙江	金塘島東北角	1：3000	1
浙江	蕭山站庫	1：10000	1
浙江	穿山半島舟山島羣匪砲火位置		1
江西	玉山城及車站	1：5000	1
江西	玉山機場及城中	1：20000	1
江西	廬山機場	1：9000	1
安徽	蕪湖機場	1：9000	1
江蘇	龍潭水泥廠	1：9000	1
江蘇	閘北水電廠	1：8000	5
江蘇	大場機場及國際電台	1：8000	5
廣東	廣州市及近郊	1：12000	1
廣東	南澳	1：20000	2
廣東	汕頭	1：20000	2
廣東	廣州市	1：10000	2
海南島	三亞海口機場圖	1：10000	2
福建	廈門	1：5000	2
福建	集美	1：4000	2
福建	同安海岸	1：4000	2
福建	鼓浪嶼	1：4000	2
福建	嶼仔尾	1：4000	2
福建	金門	1：20000	2
福建	平潭	1：20000	2
福建	集美學村	1：10000	2
福建	澳頭	1：10000	2
福建	金門機場	1：8000	1
福建	石井至奎下	1：5000	2
福建	金井圍頭	1：5000	2
福建	福清灣	1：20000	2
福建	金廈方格座標圖	1：5000	2
福建	湄州灣	1：20000	2
福建	東山島	1：20000	2
福建	興化灣	1：20000	3
福建	廈門附近匪軍炮火位置圖		1
福建	寧洋	1：8000	1
福建	連城	1：8000	1
合計			168

第三章　反情報

第一節　保密

第一款　文書保密檢查

一、文書保密檢查，由各單位之保密監察員行之每週至少檢查一次，按照文書保密檢查報告表檢查填列，送呈該機關（或部隊、學校）之特種會報核備。

二、各機關（或部隊、學校）之承辦保防業務單位，隨時派員按照文書保密檢查報告表檢查，並將檢查結果報呈該主官核閱。

三、文書保密檢查報告表式如左：

違反文書保密紀錄表　檢查日期　年　月　日

違反文書保密之事實 ＼ 反文書保密之事實 ＼ 書保密人員姓名及住址	辦公桌上遺有公文	辦公室內抽屜遺有文件而未加鎖	鐵櫃抽屜內遺有文件而未妥善關鎖	保險櫃內遺有文件而未妥善關鎖	檔案櫃內有關案總卷而未妥善關鎖	辦公室有關機密文件張貼	辦公室內公文字紙未燒化	辦公室內有關機密加未絕無看守人室	隨時查依	備攷

第二款　門禁檢查

一、各機關部隊學校，由承辦保防業務單位按照「官兵出入暨來賓接待祕密檢查計劃表」，按月實施門禁檢查。如發現違反規定者，報請糾正，依據檢查情形，隨時檢討加強門禁措施。

二、官兵出入暨來賓接待祕密檢查表式如左：

空軍總部官兵出入暨來賓接待祕密檢查計劃表

時間：七月廿四日　至　七月廿五日
地點：空軍路
檢查使：空軍總部
器材用：
一、小吉普車一輛
二、中吉普車一輛
三、腳踏行證
四、個士兵待號
五、個政府條
六、個臨時庭用夫後賓寧
七、手槍兩枝
八、手榴彈兩個
九、文稿廢紙一包

檢查項目	指導委領著眼點	注意事項（指導備效）
一、退出之官兵	不佩證章不準職員進出	注意衛兵之檢查
二、退出之士兵	1.佩用員兵符章進入營時 2.不佩符章行效驗審進入營時	否別衛兵之檢查及偽
三、進入之汽車	2.料用無證進入營門 1.佩用符章進入營門	偽冒失竊或不實
四、汽車出入	1.以銀彈行證進入營門 2.以無車通行證進入營	1.注意證章之真能行 2.否核照規定及鑄達時實汽車
五、普通會客	寧憑各式服裝進入營門	注意來賓寫時間是否按照規定及鑄達時間
六、團公會	同右	查詢對證明文件之檢
七、攜帶出品之違物	2.攜帶行李或私故行物 3.偽攝帶各式文件支稿及帳	注意衛兵之檢查

第三款　頒發「空軍保防工作綜合參考資料」及「士兵保防常識講話」

本部頒發「空軍保防工作綜合參考資料」及「士兵保防常識講話」二種資料，令飭各屬單位作保防實施參考。

第四款　郵電檢查

一、台灣空軍各基地派員協同保安司令部各地郵檢小組工作。

二、在尚未設立郵檢機構地區仍由本軍各單位自行施檢。

三、郵檢效果。

　　1. 本總部郵檢發現思想動搖及因郵檢獲得線索而破案者，計 23 件。

　　2. 所屬各單位郵檢發現思想動搖報部者，計 4 件。

　　3. 各友軍機關郵檢發現與本軍有關之資料送部參考者，計 7 件。

第五款　新聞書報檢查

一、長期定閱中外各大報章雜誌按日檢查。

二、隨時購買各種刊物實施抽查。

三、檢查後之各書報並選擇富有價值之文稿分類剪存。

四、全軍先後檢查有關本軍新聞及輿論經辦理案件，計33 件。

第六款　對外發佈新聞之檢查

一、依據國防部規定新聞發佈辦法，令飭所屬不得擅自對外發佈任何有關本軍之言論，如有必須對外發佈時，亦應事先呈請核准後始可發佈，如有違反事實者予以處置。

二、有關本軍戰訊之發佈統由本部作戰情報處提供資料，由政工處送交軍聞社及中央社發佈。

第二節　防諜

第一款　組織之改進

一、嚴格實施部隊防諜。

二、設置部隊偵防女諜人員。

三、官兵結識女友調查登記。

四、通令本軍基地實施突擊檢查。

五、調整防諜人員。

六、規整實施防諜表報之填送。

七、檢討民間防諜網之得失作改進之基準。

第二款　與地方機關之聯絡

一、規定與加強本軍各機構與各駐地民政憲警機關密取聯繫。

二、與有關機關定期交換情報及保安聯防。

第三款　官兵祕密考核

一、按本部頒發祕密考核辦法辦理。

二、每月按規定填送考核統計表。

第四款　奸匪案件之處理

一、本年度處理奸匪案件 174 件（人犯 136 名）。

二、結案者 5 件（人犯100 名），審訊中者 10 件（人犯 26 名），尚繼續偵查者 109 件（人犯 110 名）。

第五款　頒發國防部訂定之奸匪自首及檢舉獎勵辦法

獎勵檢舉共匪辦法：

第一條　為加強防諜肅清各軍事機關部隊潛伏之共匪起見，特訂定本辦法。

第二條　各級官兵如發現同事中有共匪份子，應即向

其直屬主官祕密檢舉，如共匪與主官有特殊關係不便向其檢舉者時，得向高一級主官或逕向直轄行轅綏署祕密檢舉之。

第三條　檢舉人與被檢舉之共匪份子，如不屬同一單位但確有證據者，得向該單位高級主官或逕向該管行轅綏署及國防部祕密檢舉之。

第四條　檢舉共匪報告須述明：

1. 被檢舉人姓名、年齡、籍貫、級職、服務單位。

2. 為匪經過之證據。

3. 檢舉人姓名、年齡、籍貫、級職、住址。

第五條　檢舉共匪應特別注意證據，如證據不足即中止偵查，苟有挾嫌栽誣者應予反坐。

第六條　各級主官接獲檢舉共匪報告後應根據證據作進一步偵查或予密捕，並須根據審訊線索不失時機迅速擴大破獲。

第七條　經檢舉而證實為共匪，其介紹人或保證人事先知情者，應依法受連帶處分。

第八條　各級官兵曾參加共匪組織者，應於本辦法頒行後三個月內報請自新，由主官核轉國防部備案，如逾期不報經檢舉後查明確實以潛伏共匪論。

第九條　凡接收檢舉共匪之機關，對檢舉人員之身份應予嚴守祕密。

第十條　共匪經檢舉破獲後，檢舉人員應由該單位主官視案情輕重核給獎金（以四十萬元以上

四百萬元以下為標準）並呈報國防部備案。

第十一條　經檢舉捕獲之共匪如係要犯，因而獲得重要情報有利戡亂及防患未然者，檢舉人員除由原單位主官給予獎金外並另予獎勵。

第十二條　本辦法頒發後各級主官應即向所屬官兵剴切宣告以宏效果。

第十三條　本辦法如有未盡事宜得隨時修正之。

第十四條　本辦法自頒佈日起實施。

第三節　反宣傳

第一款　利用廣播對付匪軍之廣播

一、揭穿匪軍強迫或假冒名義所發表之荒謬廣播並駁斥之。

二、利用情報資料隨時揭穿匪方對我軍之陰謀。

三、匪方利用我方過去淘汰或畏罪潛逃或因撤職等之歹徒，以廣播作歪曲宣傳時即予以事實之駁斥。

四、以上三項對匪廣播駁斥，先後發佈計 13 件。

第二款　派歸俘人員赴各地講演

利用歸俘人員赴各地作口頭匪情報導，先後計 3 次。

第四章 技術情報

第一節 飛機情報資料

　　各國飛機設計製造之進展，一日千里，蒐集各國新機資料為我空軍運用與發展上之參考，至屬急要。本（38）年內蒐獲各國新飛機之資料，共 242 種，如附表（一）至（四）。

　　此外對飛機新裝備，如飛行儀器、通訊設備、空中加油、海空救護、空中拖靶等之資料，共蒐獲 45 種，亦足資參考。

第二節 艦船識別與性能資料

　　自政府撤離南京，戡亂戰場漸由大陸轉趨於沿海一帶，為我空軍各部隊執行任務時，對目標之辨別有所依據計，曾蒐有艦船識別與性能資料，編印成冊，定名為「各國軍商輪識別與性能」，分發各部隊參考。內容包括下列各項：

　　一、各國海軍軍旗及商船旗。

　　二、航行台灣沿海各商輪公司旗。

　　三、共匪控制商輪一覽表。

　　四、航行台灣沿海商輪名稱。

　　五、全國造船能力資料。

　　六、艦船各部位名稱及構造概況。

　　七、艦船航速及商輪噸位之估計方法

　　八、艦船分類圖形及說明。

　　九、共匪海軍參考資料。

第三節　技術情報參考資料及飛機性能圖表之編製

　　技術情報參考資料分為 2 種：一為技術情報期刊，一為技術情報專冊。前者原定每月出版 2 期，後因印製費不敷甚鉅，乃於 5 月16 日起改為每月印發一次。除本年元月份因本總部由京遷台期間停刊外，餘均按期付印分發。後者於本年內編有參考專冊 3 種。此外有關之參考資料，經繪製或印發者，計有 14 種。

一、技術情報期刊

期別	內容大要
54 期	一、美國原子能委會概況。 二、美國之島嶼戰爭準備。 三、美蘇噴射式及火箭式飛機統計。 四、英第一架噴式民航機。 五、英美噴式驅逐機橫渡大西洋。
55 期	一、法國空軍現況。 二、加飛機生產概況。 三、友機或敵機之艦別儀器。 四、阿拉斯加區美軍之救生訓練。 五、氣球炸彈。 六、關於 X-1。
56 期	一、澳大利亞空軍概況。 二、原子戰爭之檢討。 三、明日之潛艇。 四、蘇聯之軍力。 五、蘇聯朱可夫斯基軍事航空工程大學。
57 期	一、美試驗衝壓噴氣發動機。 二、馬克數與速度換算關係圖及說明。 三、躍進中之英國國防。 四、蘇聯海軍。 五、傘兵使用之戰術和技術。 六、美國的研究發展與標準化。
58 期	一、蘇聯空軍。 二、按組戰爭何時到來。 三、美國海軍使用軍艦試驗火箭。 四、原子能研究近況。
59 期	一、明日的戰爭——一個美國人眼中的美蘇戰爭。 二、美空軍噴氣轟炸機之動向。 三、蘇聯戰鬥機機種略述。

期別	內容大要
60 期	一、美國空軍。 二、德人眼光中的蘇聯空軍。 三、英國空軍。 四、放棄爭取實力均衡之法國空軍。 五、受和約限制下的意大利空軍。 六、瑞典空軍之潛力。 七、加拿大空軍。
61 期	一、放射線之防禦。 二、美國高速度飛行研究。 三、飛機迫降海面之救生設備。 四、無線電投彈修正器之概述。 五、無線電器材的乾洗。 六、英國主要噴氣發動機。
62 期	一、關於蘇聯飛機生產之真相。 二、史達林戰略航空網。 三、蘇聯最好的軍用機。 四、蘇聯的戰爭實力。 五、空軍實力由試驗室而來。 六、渦輪發動機之啟動設備。
63 期	一、吾人需否避入地下室。 二、怎樣減少飛機失事起火的危險。 三、幾種裝甲的性能。 四、飛彈演變的新趨向－美國將飛彈拋擲原子彈。 五、澳政府重建空軍計劃綱要。
64 期	一、美蘇英噴氣式戰鬥機述評。 二、V-2 的發展。 三、防空趕不上新式器。 四、噴氣式客機之第一次飛行（D. H. 106）。 五、落杉磯機場之驅霧設備。 六、飛彈之應用與未來戰爭。
65 期	一、蘇聯已能製造原子彈。 二、現代武器的製造。 三、戰鬥機之必要條件。 四、美國海空軍航空實力爭論。 五、美國空軍對 B-36 所用之代價。 六、盲目飛行和降落的安全設備。
66 期	一、美國 B-36 式轟炸機。 二、美海軍直昇機－飛行香蕉的長成。 三、噴氣機新武裝問題。 四、原子彈與蘇聯。 五、美國高射砲和飛彈中心地的動態。

二、技術情報專冊

　　1. 濕熱地帶物資藏儲法。

　　2. 未來的空中武器。

　　3. 柏林空援特刊（待印）。

三、飛機性能圖表及其他

　　1. 美國噴氣飛機性能表。

　　2. 美國活塞飛機性能表。

　　3. 英國飛機性能表。

　　4. 蘇聯飛機性能表。

　　5. 本軍飛機性能表。

　　6. 美國飛機識別圖。

　　7. 蘇聯飛機識別圖。

　　8. 本軍飛機識別圖。

　　9. 機上武器性能表。

　　10. 各國飛彈設計特性表。

　　11. 各國防空武器調查。

　　12. 共匪飛機標識圖。

　　13. 各國新型飛機照片。

　　14. 我軍艦空中照片。

第四節　武官專題報告

　　為使我空軍駐外各武官所收集資料均合需要計，本年度內曾先後擬訂武官專題 29 題，令飭各武官就駐在國蒐集有關資料作專題報告，擬訂之專題列後：

　　一、國防經費。

　　二、空軍經費。

三、研究經費。

四、空軍員額。

五、飛機生產。

六、1949 年國防政策。

七、空軍現用飛機機種名稱。

八、軍隊符號。

九、陸海空軍服裝。

十、勛獎章。

十一、階級職別符號。

十二、個人裝備。

十三、艦船性能及識別圖表。

十四、戰車性能及識別圖表。

十五、防空武器。

十六、空軍發展史略。

十七、空軍情報工作指導參考資料。

十八、防空偽裝。

十九、飛機加速減速設備。

二十、飛機及航空器材防濕、防熱、防風設施與溫
　　　帶地區飛機及器材之防護方法。

廿一、空用魚雷之構造，及其使用戰術與技術。

廿二、各種天候飛機設備，及地面與機上各種助航
　　　新設備詳情。

廿三、深水炸彈之構造性能識別與使用。

廿四、掃雷圈（SWEDDING RING）之構造性能，
　　　及使用戰術與技術。

廿五、磁性水雷之構造性能及施用技術。

廿六、海軍機裝用火箭武器之種類名稱及使用戰術。

廿七、巡邏機偵測潛艇之儀器及技術。

廿八、海軍救生設備。

廿九、其他有關海空作戰之攻擊和防禦設備。

第五節　書誌傳閱

本部為增進所屬各單位航空科學智識起見，特訂定書誌傳閱辦法，將本部所定國外各種雜誌分批分發所屬各單位輪流傳閱。該辦法自 7 月間施行至年底止，傳閱情形如左表：

組別	傳閱單位	傳閱次數	傳閱書誌冊數
A 組	空軍供應司令部、空軍訓練司令部、空軍參謀學校	7	54
B 組	空軍第五、八、二十、一大隊、空軍第十二中隊	7	52
C 組	空軍軍三、四、十、十一大隊	7	52
D 組	空軍通訊總隊、空軍氣象總隊、空軍照相技術隊	6	79
E 組	空軍通訊學校、空軍機械學校、空軍防空學校	6	73
共 5 組	合計 18 個單位	共 33 次	共 310 冊
附記	另有寄贈各單位存閱之書誌 140 冊。		

38 年度蒐獲各國飛機技術資料統計表（附表一）

	戰鬥機		轟炸機		運輸機		其他		總計
	活塞式	噴射式	活塞式	噴射式	活塞式	噴射式	活塞式	噴射式	
英	12	21	6	3	1	4	2	1	50
美	3	44	11	20	19		4	18	119
法	1	1		1			3	5	11
蘇	10	19	4	6	13		1	2	55
瑞典		2							2
加					1	1			2
澳大利亞								1	1
丹麥		1							1
德							1		1
合計	26	88	21	30	34	5	11	27	242

第五章 史政

第一節 概述

　　本軍所屬大小機構在 400 以上，散佈全國各地，而在本總部承辦史政單位，僅為史料科，編額為官佐 11 員，內參謀 7 員，負實際編纂之責。因參謀之身份限為空軍軍官，對於長期延續性之伏案工作，興趣較少，異動較繁。又本部有關資料未能集中管理，調取檢查亦有未便。至各屬機關因未設有史政單位及專任人員，關於史政工作，概係指派人員兼辦。用是本軍史政業務之推進，未能臻於理想，尚在研究改進中。

　　空軍史料之主要來源，為各處編報之工作日記、大事表、作戰日記、戰績月報表、戰役檢討報告書、年度工作報告書、沿革史表等。本軍史政業務運營系統，如附表（一），較重要資料，如附表（二）（三）。

第二節 編纂

　　除例常事項隨時辦理者外，本年度之重要編纂約如次述：

一、空軍年鑑：自 35 年度開始編纂，係於每一年度，內將本軍各部門業務之規劃與實施情形，作詳盡的編述，以供工作得失之檢討，亦實為本軍有系統的初步史料。本年將 37 年度空軍年鑑編成印刷 300 部，呈送長官及分發所屬備用。

二、將校傳略：本軍自民國 21 年參加淞滬戰役，迄於今茲，外而抗戰，內而戡亂，無役不從。是由於本

軍官兵具有優良之品德，並曾受嚴格之軍事訓練，與三民主義之薰陶，用能造成可歌可泣之史實。為能永垂史乘以勵來茲，特於本年 12 月間，先將現階空軍上校以上人員編成將校傳略一部。至一般忠勇官兵之事實，則擬另編忠烈錄。

三、空軍沿革史續編初稿：我國航空事業，肇始於民國紀元前 2 年，所有民國 28 年以前之沿革史初稿，業由前航委會戰史組編印成書，分發各屬。自 29 年度起之沿革史，於本年 8 月間開始續編，預定明（40）年度內將民國 37 年度以前之沿革史完成初稿。

四、空軍綏靖史初稿：共黨自民國 16 年 8 月正式組織暴力集團，公然反抗政府，割裂國土，直至 23 年 9 月失去瑞金老巢，始被迫流竄陝北。迨抗戰發生，則佯為共赴國難之名，而肆行擴大割據之實。迨抗戰勝利，則在蘇俄卵翼支持之下，向國軍反擊，兇燄高張，致神州大陸完全為紅水所淹沒。我空軍本於衛國愛民之精神，協同地面友軍，作英勇之奮鬥，成功成仁，勛績昭著。因自本年 9 月起開始籌編空軍綏靖史，期在明（40）年度內將民國 36 年以前之綏靖史完成初稿。

38年度空軍史政業務運營系統表（附表一）

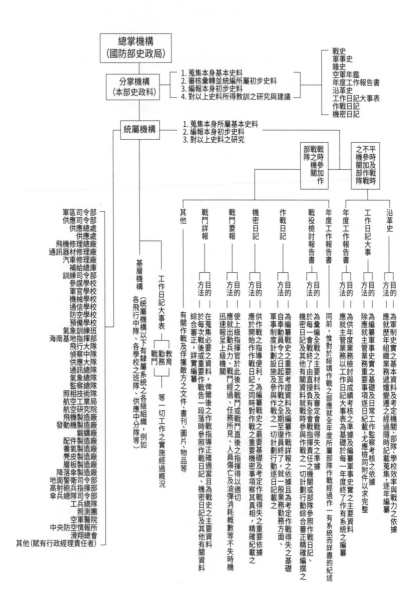

38 年度空軍總司令部第二署史料科所存空軍史料名稱表（附表二）

名稱	起		訖		編纂年度	印本或抄本	編纂單位
	年	月	年	月			
空軍戰史紀要	26	7	30	7	31	印本	空軍總部
桂南會戰空軍戰史紀要	28	11	29	1	29	印本	空軍總部
鄂邊會戰空軍戰史紀要	32	3	32	6	32	印本	空軍總部
中原戰史紀要	33	4	33	12	33	印本	空軍總部
常德會戰紀要	32	10	32	12	32	印本	空軍總部
空軍戰史紀要附錄	26	8	27	1	27	印本	空軍總部
空軍抗戰經過	26	7	27	3	27	印本	空軍總部
防空設施及抗戰經過概要	20		33	11	35	抄本	空軍總部
中國空軍抗戰史畫	26	7	34	8	36	印本	正氣出版社
德穗附近會戰經過概要	36	2	36	3	36	抄本	第一軍區部
農安會戰經過概要	36	3	36	8	36	抄本	第一軍區部
陝北會戰史延安會戰史	36	3	36	3	36	抄本	第三軍區部
榆林會戰史	36	8	36	8	36	抄本	第三軍區部
安運會戰史	36	4	36	5	36	抄本	第三軍區部
洛陽會戰史	37	3	37	3	37	抄本	第三軍區部
豫東會戰史	37	6	37	7	37	抄本	第三軍區部
榆林保衛戰戰史	36	10	36	11	36	抄本	第三軍區部
運城第二次保衛戰戰史	36	10	36	11	36	抄本	第三軍區部
宜川保衛戰戰史	37	2	37	3	37	抄本	第三軍區部
臨汾保衛戰戰史	37	3	37	5	37	抄本	第三軍區部
開封保衛戰戰史	37	6	37	6	37	抄本	第三軍區部
平祁汾孝地區戰史	37	6	37	6	37	抄本	第三軍區部
黃龍山區會戰史	37	7	37	8	37	抄本	第三軍區部
太谷地區會戰史	37	6	37	7	37	抄本	第三軍區部
戰史（係戰鬥日記）	35	10	36	12	36	抄本	第三軍區部
涇渭河間地區會戰史	37	4	37	5	37	抄本	第三軍區部
太原保衛戰戰史	37	7	37	8	37	抄本	第三軍區部
延安撤防及洛川保衛戰戰史	37	3	37	4	37	抄本	第三軍區部
進剿陝北共匪作戰史	36	10	36	10	36	抄本	第三軍區部
追剿魯西豫東劉匪作戰史	36	6	36	7	36	抄本	第三軍區部
陝東會戰經過及檢討	37	10	37	10	37	抄本	第三軍區部
魯中第三期會戰史	36	6	36	7	36	抄本	第四軍區部
津浦中段會戰史	36	3	36	4	36	抄本	第四軍區部
魯西會戰史	36	7	36	8	36	抄本	第四軍區部

名稱	起		訖		編纂	印本	編纂單位
	年	月	年	月	年度	或抄本	
博淄會戰史	36	8	36	8	36	抄本	第四軍區部
阜陽會戰史	37	3	37	4	37	抄本	第四軍區部
膠東會戰史	36	9	36	10	36	抄本	第四軍區部
沂蒙會戰史	36	4	36	5	36	抄本	第四軍區部
南陽會戰史	37	5	37	6	37	抄本	第四軍區部
大別山區作戰檢討	36	8	36	10	36	抄本	第四軍區部
徐州外圍及魯蘇豫邊區會戰史	36	11	36	11	36	抄本	第四軍區部
阜陽保衛戰協力戰鬥成果	36	3	36	4	36	抄本	第四軍區部
西北地區作戰經過及檢討報告	38	7	38	10	38	抄本	第三軍區部
東北戰役報告書	36	5	36	6	36	抄本	第一大隊
作戰報告書	36	10	36	11	36	抄本	九江指揮所
第九中隊戰史資料	35	5	35	11	35	抄本	第一大隊
作戰檢討	36	7	38	12	39	抄本	第五大隊
陸空聯絡組參戰史實表	35	6	36	12	36	抄本	陸空聯絡各電台
空軍來晉助戰概況報告表	36	4	36	4	36	抄本	陸空聯絡第五組
綏靖第一年	35	1	35	12	35	抄本	第一軍區部
綏靖第二年	36	1	36	12	37	抄本	第一軍區部
綏靖第一年	35	1	35	12	36	抄本	第二軍區部
綏靖第一年	35	7	35	12	36	抄本	第三軍區部
綏靖第一年	35	7	35	12	36	抄本	第四軍區部
綏靖第一年	34	12	35	12	36	抄本	第一大隊
綏靖第一年戰史輯要	34	12	35	11	36	抄本	第三大隊
綏靖第一年	34	11	35	12	36	抄本	第四大隊
綏靖第一年	34	9	35	12	36	抄本	第五大隊
綏靖第二年	36	1	36	12	37	抄本	第五大隊
綏靖之篇	36	1	37	1	37	抄本	第五大隊
綏靖第一年	35	1	35	10	36	抄本	第八大隊
綏靖第二年	36	1	36	12	37	抄本	第八大隊
綏靖第三年	37	1	37	12	38	抄本	第八大隊
綏靖第一年	35	7	35	12	36	抄本	第十一大隊
綏靖第三年	37	1	37	12	38	抄本	第十一大隊
協剿普雄叛夷作戰經過報告書	35	11	36	3	36	抄本	第五軍區部
協剿普雄叛夷戰史	35	11	36	3	36	抄本	第五軍區部

38 年度空軍總司令部第二署史料科所存普通參考資料
名稱表（附表三）

名稱	印本或抄本	編纂單位
八年抗戰之經過	印本	何應欽
八年抗戰經過概要（附圖）	印本	陳誠
四平街戰鬥奸匪兵力統計表	印本	國防部
日本侵佔八年概述	印本	國防部
東蘇蘇軍後方準備調查書	印本	國放部史政局譯
世界戰爭研究會議紀錄	印本	國防部史政局
綏靖第一年重要戰役提要	印本	國防部史政局
抗戰軍人忠烈錄第一輯	印本	國防部史政局
馬歇爾世界第二次大戰報告書簡編	印本	國防部史政局
第二次世界大戰大事記	印本	國防部史政局
第二次世界大戰圖解	印本	國防部史政局
利比亞戰役	印本	國防部史政局
挪威戰役	印本	國防部史政局
日軍登陸作戰	印本	國防部史政局
中東各戰役記事與教訓	印本	國防部史政局
以蘇聯為中心關於裁軍問題之考察	印本	國防部第二廳
蘇聯國防概況（陸海空）	印本	國防部第二廳
史達林之對內外政策及戰略戰術	印本	國防部第二廳
美空軍概況	印本	國防部第二廳
日海軍上海作戰紀要	印本	空軍總部
論美蘇爭霸	印本	空軍總部
美陸軍航空隊測候勤務概況	印本	空軍總指揮部
日本空軍全貌	印本	空軍總指揮部
卅五年八月至卅七年十一月統計手冊	抄本	空軍總部統計室
日在東北軍事設施史實	印本	空軍第一軍區部
歷年參加剿匪統計	印本	航委會
盟國空軍要覽	印本	航委會
空軍總檢討（廿五年至廿九年）	抄本	航委會
航空參考資料	印本	航委會參謀處
飛行與自然現象	印本	航委會政治部
航空與交通	印本	航委會政治部
南北極飛行探險	印本	航委會政治部
飛機與生產事業	印本	航委會政治部
全國空襲狀況之檢討（廿八、廿九、卅、卅一年計四本）	印本	航委會防空總監部
空軍抗戰三週年紀念手冊	印本	航委會政治部

名稱	印本或抄本	編纂單位
第一次長沙會戰經過	抄本	航會駐第六戰區聯絡參謀
海軍戰史	印本	海軍總部
第三次長沙會戰檢討	印本	軍令部
上高會戰	印本	軍令部
抗戰第二期第二階段作戰經過	抄本	軍令部
中國駐印軍反攻緬北作戰緬二期戰鬥經過概要	抄本	軍令部
長衡會戰經過概要	抄本	軍令部
桂柳會戰經過概要	抄本	軍令部
豫西鄂北會戰經過概要	抄本	軍令部
陸軍戰鬥經過	抄本	軍令部
抗戰參考叢書合訂本	印本	軍令部
西歐戰場空軍作戰經過	印本	軍令部
馬達加斯加島戰鬥紀要	抄本	軍令部第二廳
空軍稱霸時代	印本	中央宣傳部國際宣傳處
常德會戰要報	印本	第六戰區長官部
常德會戰概述	印本	第六戰區長官部
第七戰區抗戰紀實	印本	第七戰區長官部
豫南大捷紀實	印本	第五戰區長官部
桂南戰史旅行暨戰地調查紀實	印本	第四戰區長官部
巴爾幹之戰	印本	第四戰區長官部
對倭作戰資料三輯	印本	桂林行營
對倭作戰資料四輯	印本	桂林行營
協剿普雄叛夷紀要	印本	西昌警備部
綏靖一年戰史	印本	第二戰區北區作戰軍部
整八師堅守臨朐戰鬥詳報	印本	陸八軍軍部
石碑附近戰鬥詳報	抄本	十八軍部
綏靖第一年紀實	印本	第廿集團軍軍部
膠濟東段剿匪戰役戰鬥詳報	印本	第廿集團軍軍部
最近三月來魯剿匪經過扼要紀實	抄本	第廿集團軍軍部
大同保衛戰專輯	印本	山西民眾動員委員會
中華年鑑	印本	中華年鑑編委會
美國作戰三年	印本	美國新聞處
兩洋海空戰報	印本	美國新聞處
太平洋爭霸戰	印本	時與潮社
光榮的紀錄	印本	中國的空軍出版社
被擊落的武士道	印本	中國的空軍出版社

名稱	印本 或抄本	編纂單位
血鬥	印本	中國的空軍出版社
空軍魂	印本	中國的空軍出版社
空中搏鬥	印本	中國的空軍出版社
航空生活	印本	中國的空軍出版社
航空圈內	印本	中國的空軍出版社
抗戰戰略轉變蒭言	抄本	七七師師長柳際明
中日戰史小戰例輯	印本	黃天駒
隨盟軍作戰工作報告彙編	印本	謝濤濬
第二次長沙會戰概述	抄本	王福恆
第三次長沙會戰概述	抄本	王福恆
中國抗戰史	印本	馮子超
中國抗戰史演義	印本	杜惜水
中國抗戰畫史	印本	舒宗僑、曹聚仁
空中國防之趨勢	抄本	張孤山
太平洋大戰與中國	印本	柳屋
太平洋戰略論	印本	宋斐如
未來世界大戰之想像	印本	丁伯恆
太平洋各國實力	印本	周安國
香港之戰	印本	華嘉
第二次世界大戰資料	印本	王德馨
歐戰二年輪廓畫	印本	曾紀勳
第二次世界大戰資料	印本	周康靖
第二次世界大戰史畫	印本	舒宗僑

第三篇　作戰指揮與訓練

第一章　作戰

第一節　作戰計劃

　　根據國防部制定之國防計劃與戡亂計劃，訂定空軍之戰術戰略及聯合作戰計劃。

第二節　兵力概況

　　本年度第一線兵力，仍為 8 ⅓ 大隊，按編制應有飛機 556 架。但因補充來源斷絕，各部隊實有機數，在本年初僅 414 架，計驅逐機 148 架，中型轟炸機 13 架，戰鬥轟炸機 50 架，重型轟炸機 28 架，空運機 162 架。後以由美購得 P-47 機 42 架，P-51 機 53 架，B-25 機 11 架，先後運抵國內，並裝妥補充各部隊使用。消耗至本年終，尚有飛機 373 架，距編制數尚差 183 架。至本年下半年因華西及西北各基地油彈補給困難，補充不及，為求協助當地友軍作戰，復以 AT-6 機 18 架分別配屬第三、四、五軍區及海南指揮部作戰。

第三節　空軍兵力戰略戰術之運用

第一款　戰略方面

一、匪後戰略轟炸

　　對匪後交通中心重要城鎮、船塢、工廠、礦場、電台、機場、水電廠等之經常攻擊，如瀋陽、北平飛

機棚廠之攻擊，太原兵工廠之攻擊，京、滬、杭、漢及長江流域各大城市以及粵、漢、浙、贛交通電信之攻擊，江南造船廠、福州造船廠之轟炸，叛艦重慶、黃安、長治等號之攻擊等。

二、台灣及閩廈偵察計劃

8月25日東南長官公署召集會議，遵照總裁手令，擬定空軍防止匪軍侵入澎台之偵察計劃，于8月30日送東南軍政長官公署，另於9月4日下達至各空軍部隊。9月9日收到東南長官公署之彙訂台灣海峽海空軍搜索警戒計劃，並即電各部隊參照實施。

三、台灣空軍各基地作戰情報指揮所部署方案

為建立台灣區作戰情報指揮系統，防匪由海空進襲，以鞏固台澎為目的，按全台基地位置劃分為桃園、新竹、台中、嘉義及屏東等5個防空區，各成立作戰情報指揮所，對該基地區內之空軍單位有關情報處理空防或海防作戰等事宜，負統一指揮之責，期收機動密切之效，並與本總部之作戰情報指揮室密取聯繫，俾防守台灣任務獲得圓滿實施。

四、匪海港之封鎖

以台灣及駐定海、海南之空軍封鎖連雲港、上海、溫州、福州、廈門、汕頭、廣州等匪港口，經常派機巡邏，予匪航運以攻擊。

第二款　戰術方面

除以8⅓大隊全部兵力對匪戰略目標先期攻擊，並隨時摧毀匪空軍之建立外，大部兵力用於直協陸海軍作

戰。計參加重要戰役 14 次，徐蚌會戰、太原戰役、江防戰役、上海戰役、福州、平潭、衡部、金廈地區作戰、廣州、渝、蓉、蘭州、昆明等地作戰及登步島之戰等。

第四節　機構及基地之轉移與基地之復建

第一款　機構及基地之轉移

　　本年度因戰事失利，本部及所屬各機關部隊，均按預定之空軍復建計劃，依情況之演變，逐漸向指定之安全地點轉移，略述如下。

（一）機關部隊之轉移

　　1. 本部

　　　　於 37 年終徐蚌會戰期間，開始向台灣疏散，至本年 5 月 25 日撤離上海後，即全部轉移至台灣。

　　2. 第一軍區

　　　　本年 10 月初，匪自粵北繼續向廣州竄擾後，該部人員物資除已按原定計劃先行疏散一部份外，其餘人員物資，於 14 日俟廣州友軍撤守，即全部撤至台灣新竹後，將機構撤銷。

　　3. 第二軍區

　　　　本年初，平津吃緊，該部人員物資即照預定計劃分別向京、滬、青、台疏散。北平失守後，除在青島設立指揮所外，其餘人員物資向台灣台東疏散。俟青島指揮所于 6 月 9 日撤離後，該部即已全部撤至台東，將機構撤銷。

4. 第三軍區

本年 5 月 18 日，自西安轉移至漢中，除在漢中成立指揮所擔任指揮西北戰場作戰外，其餘人員物資均向成都轉進。自 8、9 月間，西北情況突變，漢中指揮所于 11 月 29 日撤返成都，該部因陷二面作戰，按原定計劃，先將人員物資向昆明、海南、台灣疏散，其餘留成都作戰之必要人員物資，於 12 月 23 日成都基地不能使用時，全部撤至台灣虎尾。

5. 第四軍區

為配合作戰需要，該部於本年 5 月 6 日由漢口轉至衡陽。嗣因粵漢路東面轄區日蹙，所屬各基地機構人員物資，逐向衡陽轉進。旋以湘中情況日緊，該部為配合華中作戰，于 10 月 7 日由衡陽撤移柳州，另在桂林成立指揮所，一面作戰，一面依照既定計劃，將人員物資逐向海南、台灣疏散。11 月下旬撤至南寧。12 月 3 日南寧基地無法使用，始全部撤至台灣虎尾。

6. 第五軍區

本年 11 月初，該軍區東部基地受匪威脅轉移後，該部人員物資作緊急疏散。其餘人員物資，于 11 月 30 日重慶受匪直接威脅時，始撤往成都，旋即全部撤至台灣虎尾。

7. 空軍各部隊

先後於 37 年終及本年初轉移台灣。

（二）各重要基地之撤移

地名	撤移日期	地名	撤移日期
天津	1 月 15 日	汕頭	10 月 28 日
北平	1 月 22 日	哈密	9 月 27 日
南京	4 月 23 日	芷江	10 月 1 日
漢口	5 月 6 日	衡陽	10 月 7 日
杭州	4 月 28 日	廣州	10 月 14 日
衢州	5 月 6 日	廈門	10 月 17 日
南昌	5 月 9 日	三灶島	11 月 4 日
武昌	5 月 15 日	恩施	11 月 6 日
西安	5 月 18 日	清鎮	11 月 14 日
長汀	5 月 18 日	重慶	11 月 30 日
上海	5 月 25 日	南寧	12 月 3 日
青島	6 月 9 日	桂林	11 月 20 日
長沙	8 月 4 日	柳州	11 月 24 日
蘭州	8 月 20 日	安康	11 月 27 日
福州	8 月 27 日	梁山	11 月 28 日
西寧	8 月 29 日	南鄭	11 月 29 日
酒泉	9 月 23 日	瀘州	12 月 5 日
寧夏	9 月 23 日	昆明	12 月 10 日
迪化	9 月 27 日	成都	12 月 23 日

第二款　各基地之復建

　　本年初，鑒于徐蚌會戰失利，長江北岸基地喪失殆盡，為配合作戰需要，除按既定之整建台灣基地計劃積極實施外，並同時對江南各基地亦積極復建，以期一方面隨同友軍轉移，一方面作戰。復奉國防部頒佈之國軍第二期作戰計劃，整修華西、華南及沿海各基地，計本年度計劃整建之基地情形如下。

（一）整修台灣及東南沿海島嶼各基地

　　　1. 主要基地之整修，有松山、桃園、新竹、台中、嘉義、台南、岡山、屏東等八處。

　　　2. 輔助機場之整建，有馬公、恆春、宜蘭、台東、花蓮港等 4 處因財力所限，僅就各該場

原有狀況及設施先予使用。

3. 整建定海、金門、岱山各基地，除岱山基地
尚未完成外，其餘均按計劃完成。

（二）整修江南各基地

計衢州、福州、長汀、廈門、汕頭、天河、白
雲、黃村、三灶島、衡陽、贛州、遂川、南昌
等 13 處，除福州廈門天河衡陽已按計劃整修完
成外，其餘各基地因情況變化及財力所限，均
未能整修。

（三）國防部第二期作戰計劃整修之各基地

計有海口、三亞、廣州、衡陽、桂林、柳州、
恩施、梁山、重慶、成都、清鎮、昆明、瀘
州、漢中等處，經按計劃報國防部請款整修。
惟因戰局轉變太快，均未奉撥工款，致無法實
施，但已就原有設施使用。

第五節　警衛部隊及傘兵部隊

第一款　地面警衛部隊

（一）原有部隊兵力及任務分配

原有 7 個團，1 個特務營，1 個軍士大隊及 1 個
勤務連，其編制人數為 14,606 員名。但因招收
不易，僅有官兵 1 萬員名左右，內第三、六、
七，3 個團，均係新兵，未能服勤。當時之兵力
分配如下：

1. 第一軍區 2 個營，第二軍區 1 個營，第三軍
區特務營，第四軍區 1 個團，第五軍區 1 個

團，京、滬、杭各基地 1 個團，供應司令部 1
個團。

2. 軍士大隊勤務連則直屬警衛司令部，其配屬
   於各單位之部隊，在其範圍內之調配，由各
   單位依情況自行決定。其不足之兵力，則由
   各單位自行商請當地友軍擔任之。

（二）撤退經過

大陸戰爭失利，一部份部隊因任務無法撤出，
但仍保留番號，於後方招兵補充，故番號與兵
力仍能保持，並儘量集中開台，一面整訓，一
面擔任勤務。二、三、四、六、七，5 個團及警
衛司令部與其直屬部隊，原配屬於第四軍區，
第一團則始終隨該軍區。自武漢等地撤往衡、
桂、柳、邕，目前又全部在海南島任務防，歸
該島基地指揮部指揮，第五團則仍留渝昆。

（三）部隊改編

1. 第三、七、六團奉令改編為 45D，於本
   年九月間調往金門、廈門一帶作戰，共計
   3,564 員名。

2. 第四團奉令改編為 40D，於本年十月間調往
   金門、廈門一帶作戰，共計 1,210 員名。

3. 第五團因西南戰況轉變，於本年 11 月間改編
   為獨立第三六七師，撥歸西南長官公署，共
   1,576 員名。特務營隨第三軍區撤至成都後，
   亦因戰況所需，撥交在蓉國軍，繼於 12 月終
   失陷，共 404 員名。

（四）部隊補充

　　本年 11 月，接收湯總部警衛團 1 個團、通訊營
1 個營，共計 1,716 員名，改編為地面警衛司令
部、第四團直屬通訊營。

（五）最近台灣警衛概況

　　實際在台灣地警部隊可供使用者，僅 1 個團。
因兵力之不足，故主要基地之警衛，如松山、
桃園、新竹、台中、嘉義、屏東、台南、岡山
均由本軍防空部隊派遣 1 個營擔任之。而主要
機關倉庫，則由地警部隊擔任。其他機構倉庫
等，均由各該單位自行警衛。

　　本年終地警部隊兵力駐地及任務如下：

單位	駐地	任務
地面警衛司令部	台北	指揮
第一團	海南島	任防
第二團	台南 1 個營 台北 1 個營 台中、高雄、東港各 1 連	任防
第四團	虎尾	整訓
通訊營	南投	整訓
幹訓班及軍士大隊	南投	整訓
勤務連	台北	服勤
合計：官佐 519 員，士兵 4,739 名。		

第二款　傘兵部隊

（一）原有兵力及撤台經過

　　傘兵原有 3 個團及直屬工輜營等，共有官兵
7,653 員名，於本年初奉命歸還本軍建制，並赴
調廈門任防。第二團於本年 5 月間自滬開廈途
中叛變，餘均在廈任防，內第一團曾受跳傘訓
練。在廈駐防部隊，復於 7、9 兩月分別調台整

訓，由陸軍訓練司令部負責。

（二）訓練概況

第一團及直屬工、輜營等於 11 月完成步兵訓練，並開始 6 個月之戰鬥體能訓練。

第二團因抵台較遲，現仍在步兵訓練。

（三）今後之使用

傘兵為一特種兵種，且素質亦較好，而限於經費及器材之缺乏，尚難完成其應有任務之訓練，故將來任務之派遣使用，實有待訓練完成後依情況再行決定之必要。

第三款　駐台各單位自衛計劃之實施

一、目的

為求保障空軍在台飛機器材人員眷屬之安全。

二、組織

1. 按本部在台各單位分佈情形，劃分為 12 個自衛區，並依每個自衛區內單位之多寡與需要，再劃分為若干自衛分區，如附表（一）。

2. 每一自衛分區，均依其人數之多寡，組織戰鬥、通信、運輸、消防各隊，並發給槍械醫藥等，充實其獨立自衛作戰能力。

3. 每一自衛區或分區，均指定正、副指揮官各一員，由該地最高或次高單位主官兼任之。同時又專派富有地面戰鬥經驗陸軍軍官專任副指揮官一員，以作實際之指導與管理。

4. 各自衛區分區之編組，均已陸續就緒，並有一部分已開始實施訓練。

第六節　潛逃投匪及各地撤退時之飛機損失

第一款　潛逃投匪人員及飛機

本軍在剿匪期間潛逃投匪之飛機及人員（本年度16 架、37 年 4 架、35 年 1 架，共 21 架），如附表（二）。

第二款　各地撤退時飛機損失概況

本年度各地撤退時，因臨時故障及未能修復或情況緊急，未能撤出而損失之飛機，計 108 架，如附表（三）。

第七節　通信聯絡飛行及偵察

為配合軍事作戰之需要，由本部第三署作戰處飛行科隨時派遣小型飛機擔負作戰偵察，並掃射匪軍，與輸送本軍及友軍緊急公差人員，暨運送公文、公物、款項、器材、醫藥等任務。該科過去及現在業務概況如後：

第一款　過去

該科於 35 年 8 月 1 日成立，業務職掌，係通信聯絡，部內外人員輸送，本部調服地勤軍官熟習飛行訓練等。

一、編制

科長、參謀、機械官、文書員各 1 員，而無飛行員名額，由本部派飛行軍官 14 員擔任飛行工作。飛機維護方面，則由明故宮站兼任。36 年6 月，因業務需要，另增飛行組及機械班。飛行組設參謀 1 員，飛行員 14 員，機械班設機械員及班長各 1 員名、機械士 15 名、機械兵 10 名。

二、飛機

35 年由柳州、昆明、芷江三地，接收美軍留存
之 L-5 機 15 架（該批機多超過飛行鐘點，僅
60% 可使用），又接收第三大隊 BT-13 機 1 架，
專供熟習飛行，於同年 9 月失事報廢。在上海
接收 AT-17 機 1 架，移交官校使用，在昆明接
收 UC-64 機 1 架，因老舊報廢。36 年陸續接
收由印裝箱運回之 PT-19 機 10 架，除轉撥交訓
練部及各司令部、參謀學校外，經常保持 4、5
架使用。37 年，本部熟習飛行人員增多（增至
140 員），再由昆明接收弗機 3 架，由貴陽接收
復興機 3 架，後因器材缺乏，至遷台時，不堪
使用報廢。

第二款　現在

一、編制

為適應目前勘匪需要，本年 10 月 16 日改該科
編制為科長 1 員、參謀 2 員、飛行員 26 員、偵
炸員 9 員、機械官 1 員、機械軍械及通信員士
42 員名、其他員士 7 員名。其業務職掌，除通
信聯絡人員輸送及熟習飛行訓練外，經常派駐
定海、馬公、金門等地，負海岸偵炸任務。

二、飛機

自來台後，陸續接收 PT-17 機 5 架，AT-6 機
1 架，由上海飛定海 PT-19 機 1 架，現仍在定
海擔任工作。復應勘匪需要，由第五大隊接收
AT-6 機 2 架，十二中隊接收 AT-6 機 2 架，工廠

接收 AT-6 機 3 架，計前後共有 AT-6 機 8 架。
除接收時中途故障迫降 1 架外，實有 7 架。又
接收裝甲兵團購買武器時所配之 LC 機 3 架，現
在實有能用飛機如左：

機種	架數	備考
AT-6	7 架	內檢修 1 架、金門任務時迫降 1 架
PT-17	6 架	內入廠 1 架
LC	3 架	
PT-19	2 架	駐定海 1 架、入廠 1 架

第三款　檢討

一、自 35 年至 37 年時期，該科業務，除經常負通
訊聯絡，輸送人員、公文、公物及本部熟習飛
行訓練外，臨時指派，如主席駐節廬山時期，
派任傳遞重要公文、公物，散發傳單，及擔任
豫北冀南綏靖陸空聯絡工作，尚稱順利。迨蘇
北戰役開始，派駐南通、常州，擔任第一線
陸空聯絡。旋隨軍事開展，經常派赴東台、如
皋前線偵察匪情。當時因飛機性能關係，及任
務緊急，與天氣惡劣，在執行任務時，致飛行
員霍紹剛於 35 年 12 月 13 日迫降如皋，人機
被俘。後又因飛機老舊，常有失事，方停止派
遣。迄 36 年終，又派駐九江，協助華中區偵察
匪情，終因飛機性能關係，飛行員周耀武於 36
年 12 月 26 日被匪地面火力擊落，機毀人亡。
至 37 年徐蚌會戰，雙堆集、陳官莊被圍時期，
經常派駐蚌埠，擔任該兩地傳遞消息，接送人
員。復因情勢突變，飛行員彭鈇臣於 38 年 1 月

10 日最後一次冒險降落陳官莊接收人員時，因飛機被士兵所毀，致被匪俘。至南京撤退，大部飛機均疏散至福州。後因 P-51 機迫降福州機場被撞毀 6 架，剩餘之老舊者亦因停放時日過久，不能使用，除內有運台 L-5 機 3 架、PT-19 機 1 架外，餘全部報廢。

二、該科過去所接收之飛機，一部份由美軍留下者（使用鐘點多已超過），一部份接收各單位之老舊者，是項飛機之器材極其缺乏，故維護困難。本年內派遣小型機出動任務，如附表（四）。

空軍自衛區及自衛分區名稱表（附表一）

自衛區名稱	所轄之自衛分區名稱（即在該區單位）
一、台北自衛區	一、空軍總部自衛分區 二、監察總隊自衛分區 三、松山自衛分區 四、基隆運輸站自衛分區 五、淡水氣象總隊自衛分區 六、台北空軍醫院自衛分區 七、宜蘭第一飛機製廠自衛分區 八、松山第十大隊自衛分區
二、桃園自衛區	一、五大隊自衛分區 二、十二中隊自衛分區 三、第二○四供應大隊自衛分區 四、中壢照相技術隊自衛分區 五、通訊訓練隊自衛分區 六、坎子腳通信總隊監察電台自衛分區（增設）
三、新竹自衛區	一、廿大隊自衛分區 二、八大隊自衛分區 三、山崎通信總隊自衛分區 四、工程隊自衛分區 五、工兵總隊自衛分區 六、第二二○供應大隊自衛分區
四、嘉義自衛區	一、四大隊自衛分區 二、十大隊自衛分區 三、第二一○供應大隊自衛分區

自衛區名稱	所轄之自衛分區名稱（即在該區單位）
五、台中自衛區	一、一大隊自衛分區 二、第二〇一供應大隊自衛分區 三、台中空軍醫院自衛分區 四、工業局自衛分區 五、發動機製廠自衛分區 六、第三飛機製廠自衛分區 七、被服工廠自衛分區（增設） 八、清水保險傘製廠自衛分區
六、虎尾自衛區	一、空軍官校初級訓練大隊自衛分隊 二、四軍區虎尾通信處自衛分區
七、台南自衛區	一、供應司令部自衛分區 二、第二〇七供應大隊自衛分區 三、補給總庫自衛分區 四、第六中隊自衛分區 五、汽車修理廠自衛分區 六、台南空軍醫院自衛分區
八、岡山自衛區	一、訓練司令部自衛分區 二、空軍官校自衛分區 三、空軍機校自衛分區 四、空軍通校自衛分區
九、屏東自衛區	一、三大隊自衛分區 二、十一大隊自衛分區 三、第二〇三供應大隊自衛分區 四、飛機修理總廠自衛分區
十、高雄自衛區	一、高雄運輸站自衛分區 二、第四氣體製所自衛分區 三、第九一七汽車中隊自衛分區
十一、東港自衛區	一、空軍參校自衛分區 二、空軍預校自衛分區 三、恆春三五四供應分隊自衛分區
十二、花蓮港自衛區	一、空軍防校自衛分區 二、台東二七四供應中隊自衛分區

附註：各該自衛區對現列之所屬自衛分區，如因駐在單位增多或減少時，得據情形增減，事後報部核備。

空軍剿匪期間潛逃投匪人機統計表（附表二）

隸屬單位職級	姓名	機種號碼
第八大隊 上尉飛行員	劉善本	B-24-503
起飛地點	年月日	投匪原因
成都	35/6/26	匪嫌
備考	| 1. 在美時收集左書報早有異志 2. 迭次代表匪空軍出席會議 3. 迭次發表荒謬言論 4. 同機：張受益、唐世權、唐玉文等	

隸屬單位職級	姓名	機種號碼
第四大隊 上尉分隊長	徐思義	P-51-2290
起飛地點	年月日	投匪原因
朝陽	37/7/13	不滿現狀
備考	1. 昇分隊長後受人譏諷無法掌握又技術生疏 2. 據報已投匪工作 3. 五月廿六日匪台廣播作荒謬言論	

隸屬單位職級	姓名	機種號碼
第四大隊 上尉分隊長	楊培先	P-51-2331
起飛地點	年月日	投匪原因
北平	37/9/23	畏罪
備考	1. 因貪污案發、懼罪 2. 現為匪工作	

隸屬單位職級	姓名	機種號碼
第八大隊 中尉飛行員	俞渤	B-24-514
起飛地點	年月日	投匪原因
南京	37/12/16	
備考	1. 在 38 年春出席會議時發表 23 期起義最多最光榮之一期 2. 同機：陳九榮、張祖禮、周作舟、郝桂橋	

隸屬單位職級	姓名	機種號碼
第四大隊飛行員	譚漢洲	P-51-2316
起飛地點	年月日	投匪原因
青島	37/12/29	
備考	二月五日匪台廣播證明投匪	

隸屬單位職級	姓名	機種號碼
第三大隊飛行員	閻承蔭	P-51-14350
起飛地點	年月日	投匪原因
南京	38/1/4	
備考	1. 出擊失蹤 2. 二月五日匪台廣播為匪工作 3. 五月八日匪台發表反動言論	

隸屬單位職級	姓名	機種號碼
空軍官校 上尉教官	謝派芬	C-46-011
起飛地點	年月日	投匪原因
杭州	38/1/3	匪嫌
備考	1. 二月五日匪台證實投匪 2. 在謝信內說出是為主義不同而逃出其妻為共黨 3. 同機：蔣聲翰、李寶華、田維初、荀富貴	

隸屬單位職級	姓名	機種號碼
空軍官校 上尉課長	高金錚	L-5-103
起飛地點	年月日	投匪原因
杭州	38/1/13	投機
備考	1. 乘公差機會投匪 2. 熟習飛行對學校教練機不敢起飛 3. 誤落徐州時老百姓聞是投匪群起呼打	

隸屬單位職級	姓名	機種號碼
第廿大隊飛行員	劉煥統	C-46-293
起飛地點	年月日	投匪原因
青島	38/1/16	
備考	1. 二月五日匪台證實投匪 2. 五月廿七日發表荒謬言論 3. 同機：宋宏燸、邵耀坤	

隸屬單位職級	姓名	機種號碼
空軍官校學生	周夢龍	PT-17-151
起飛地點	年月日	投匪原因
杭州	38/1/17	
備考	二月一日匪台證實投匪	

隸屬單位職級	姓名	機種號碼
空軍官校學生	李延森	PT-17-152
起飛地點	年月日	投匪原因
杭州	38/1/27	
備考	二月一日匪台證實投匪	

隸屬單位職級	姓名	機種號碼
第八大隊 中尉飛行員	張雨農	B-24-483
起飛地點	年月日	投匪原因
上海	38/2/3	
備考	1. 二月十日匪台廣播證實投匪 2. 二月六日將該叛機擊毀 3. 五月廿八日匪台廣播任康榮發表反動言論 4. 同機：任康榮、黃支籌、黃文剛	

隸屬單位職級	姓名	機種號碼
第十大隊 中尉飛行員	徐駿英	C-46-324
起飛地點	年月日	投匪原因
青島	38/2/19	受匪賂
備考	1. 二月廿八日匪台證實投匪 2. 據報徐駿英在上海有匪諜送給大廈女人 3. 同機：魏雄英、趙昌燕、張九荊	

隸屬單位職級	姓名	機種號碼
第十大隊 中尉飛行員	楊寶慶	C-46-299
起飛地點	年月日	投匪原因
西安	38/2/20	投機
備考	1. 在隊賭輸太多 2. 二月卅日匪台證實投匪	

隸屬單位職級	姓名	機種號碼
第十大隊 中尉飛行員	唐宛體	C-47-241
起飛地點	年月日	投匪原因
漢口	38/3/7	
備考	1. 三月卅日匪台廣播證實投匪 2. 同機：李覺晃、彭樹新	

隸屬單位職級	姓名	機種號碼
第十一大隊 中尉飛行員	王玉珂	FB-62-006
起飛地點	年月日	投匪原因
上海	38/3/7	投機
備考	1. 王玉珂受劉繼廣影響劉係王之教官 2. 劉在校任教官因壞機調職氣憤 3. 劉在五月廿六日匪台向官校作荒謬言論 4. 同機：劉繼廣、余慶等	

隸屬單位職級	姓名	機種號碼
第十一大隊 上尉飛行員	梁惠福	B-25-940
起飛地點	年月日	投匪原因
衡陽	38/4/7	匪嫌
備考	1. 曾一度匪嫌被押 2. 同機：女一、陸軍一	

隸屬單位職級	姓名	機種號碼
第八大隊 上尉分隊長	杜通時	C-46-333
起飛地點	年月日	投匪原因
新竹	38/4/17	
備考	1. 有計劃的逃去 2. 迭次在匪台發表荒謬言論 3. 同機：郝子儀該機廿大隊飛機	

隸屬單位職級	姓名	機種號碼
第十大隊 中尉飛行員	刁光弟	C-46-334
起飛地點	年月日	投匪原因
上海	38/4/19	受賄賂
備考	1. 四月廿五日匪台證實投匪 2. 據報曾受匪賂五十金條 3. 同機：王國權、羅錫呤、宋永信、沈濟世、徐邁、 　　于振超	

隸屬單位職級	姓名	機種號碼
第十大隊 上尉飛行員	江富考	C-47-248
起飛地點	年月日	投匪原因
嘉義	38/10/16	不滿現狀
備考	1. 從未調職對人事不滿 2. 十月十九日匪台證實投匪 3. 同機：陳尚明、周震南、石健儒	

隸屬單位職級	姓名	機種號碼
空軍官校學生	魏昌蜀	AT-6-77
起飛地點	年月日	投匪原因
岡山	38/10/17	投機
備考	1. 十月十九日證實已投匪 2. 飛行淘汰憤恨逃去	

38年度各地撤退時飛機損失概況表（附表三）

天津

因久未修復或三四階大修隨陷		
機種	機數	隸屬單位
P-51	1	四大隊

西安

因待件未修復隨陷		
機種	機數	隸屬單位
P-47	2	三供處
C-47	1	三供處
BT-13	1	三供處
因臨時故障隨陷		
機種	機數	隸屬單位
PT-19	1	三軍區

南京

因臨時故障隨陷		
機種	機數	隸屬單位
蚊式	3	一大隊
B-25	1	一大隊
C-46	1	一大隊
因待件未修復隨陷		
機種	機數	隸屬單位
T-5	1	十二中隊

玉山

因待件未修復隨陷		
機種	機數	隸屬單位
AT-6	1	340 供分隊

上海

因臨時故障隨陷		
機種	機數	隸屬單位
P-51	3	三大隊
因待件未修復隨陷		
機種	機數	隸屬單位
蚊式	1	一大隊
因久未修復或三四階大修隨陷		
機種	機數	隸屬單位
C-46	1	供應隊
PA-19	1	220 供大隊
P-51	1	五大隊
C-46	4	總處內 C-47 一架
P-51	1	總處
PT-17 PT-19 AT-17	46	總處

南昌

因待件未修復隨陷		
機種	機數	隸屬單位
L-5	2	316 供分隊
因久未修復或三四階大修隨陷		
機種	機數	隸屬單位
L-5	2	316 供分隊

蘭州

因待件未修復隨陷		
機種	機數	隸屬單位
L-5	1	254 供應中隊

廣州

因待件未修復隨陷		
機種	機數	隸屬單位
P-51	1	三大隊
因久未修復或三四階大修隨陷		
機種	機數	隸屬單位
L-5	14	一供處
L-5	2	一軍區
PT-19	2	一供處

西安

因臨時故障隨陷		
機種	機數	隸屬單位
L-5	1	三軍區

柳州

因待件未修復隨陷	
機種	機數
PT-19	1
因久未修復或三四階大修隨陷		
機種	機數	隸屬單位
蚊式	1	一大隊

白市驛

因臨時故障隨陷		
機種	機數	隸屬單位
P-47	4	十一大隊
AT-6	5	五軍區
大比機	1	五軍區

成都

因臨時故障隨陷		
機種	機數	隸屬單位
AT-6	6	三軍區
大比機 小比機	11	三軍區

昆明

因臨時故障隨陷		
機種	機數	隸屬單位
C-46	7	五軍區

合共

因臨時故障隨陷	44 架
因待件未修復隨陷	13 架
因久未修復或三四階大修隨陷	76 架
總共	133 架

38 年度空軍總部第三署作戰處飛行科派遣小型機出動任務表（附表四）

時間	機型	架數	任務
春期	PT-19	2	經常擔任南京蚌埠間通信聯絡及陳官莊接送人員
2、3 月間	PT-19	1	經常擔任南京上海杭州寧波間傳遞總裁重要公文公物
3、4 月間	PT-19 PT-17	1 1	經常擔任上海、寧波、定海之通信聯絡
5 月份起	PT-19	1	駐防定海擔任定海、岱山間通信聯絡及偵炸大陸海岸匪軍平均每日出動 2 架次
9 月份起	AT-6	2	
10 月份起至 12 月份止	AT-6	1	駐防馬公擔負偵炸大陸海岸匪軍平均每月 2 架次
12 月份起	AT-6	1	駐防金門擔負偵炸匪軍平均每日 2 架次
10 月份起	AT-6	1	擔任台北、金門輸送公文公物每星期往返 2 架次
10 月份起	PT-17		由馬公至台北接運人員及重要公文 3 架次
12 月	LC	1	送人員視察本島各基地一架次
7 月份起	PT-17		本島通信聯絡任務，自 7 月份起計 100 架次
7 月份起			為調服地勤之飛行軍官慣熟飛行訓練共 1,424 架次計 1,079 小時

第二章　航行管制

第一節　外機入境

第一款　美軍用飛機

一、自美軍事顧問團於 37 年終撤離後，美國在華經常入境飛行之飛機，僅有美大使館（C-47-12438、C-47-76657、B-17-6893）3 架，與美西南太平洋艦隊司令部飛機（C-47-17169、C-47-17179、C-47-17148 及 C-46-8283 號）4 架。該項飛機在我國之航行，係根據外交部及國防部與本部會同商定沿美軍事顧問團例，可逕向本部直接申請，由本部核准，一向均未按照我政府所頒佈「外國航空器入境航行辦理」辦理。

二、迄本年 7 月，層奉行政院令：「對於外機臨時禁航區域之劃定，除原與外國協定開放之廣州、昆明與蘇聯協定設站之哈密、伊寧、迪化等場站外，其餘區域，為避免誤會發生意外起見，除商得我政府同意外，一律禁止外機飛航或降落。」本部當即通知美大使館武官處，關於美軍用飛機爾後在我國航行應循外交途經，按外國航空器入境航行辦法，逕向外交部辦理申請之。

三、嗣因美武官處航行任務頻繁，辦理申請時間延誤，請求簡化，旋外交部及國防部鑑於中美外交急待展開，關於美軍機入境之航行，仍授權本部可直接核准飛行，並規定除對搭乘人員嚴加審核外，每次可予航行上之便利。

四、上述之飛機，雖未按照外國航空器入境航行辦法辦
　　理，但均能遵照本部規定辦理申請，而所飛赴之各
　　地，亦均限為我控制區主要城鎮。本年度飛行架次
　　及機型，詳附件（一）。

第二款　英軍用飛機

　　本年度僅有英國軍用運輸機（C-47-567、C-47-
620）2 架，為撤退該國大使館人員飛赴重慶 2 架次、
台北 1 架次，均遵照外國航空器入境飛行辦法申請。

第三款　各國民航公司飛機

　　國際民航公約各締約國之民航公司飛機，本年度在
我國有定期航線者，計有美國之泛美及西北二航空公
司，英之海外及香港二航空公司，法之法國航空公司，
越南之西塔航空公司，荷蘭航空公司，菲律賓航空公
司，與暹羅太平洋航空公司。不定期航線者，計有英之
國泰航空公司，加拿大航空公司與澳大利亞航空公司。

（一）收費標準之改訂

　　關於民航機借用機場收費標準，初係根據本部與交
通部所訂定之美金基數，而按每月美匯基準牌價變動情
形，隨時調整之。嗣因幣制改革，及美匯基準牌價亦
停止調整，故自 37 年 9 月份起，復會同交通部將原美
金基數，重新訂定（以英印港等地收費標準平均數調
整），並改以客貨之調整運費比例為調整基準。本年 1
至 5 月份，均按照該辦法辦理，計先後曾調整 7 次。
以後復因金圓券急劇貶值，致調整不勝調整，無形中收
益銳減，故為免蒙受是項損失計，自 6 月 1 日改訂按原
定美金基數，遵政府規定價格折合銀元為收費單位。

迄 8 月間，各民航公司均以當時航線縮短，業務維持困難，收入減少，該項收費標準不勝負擔，迭函本部請求削減。本部為扶植民航事業之發展，並顧及各民航公司境遇困難起見，自 9 月 1 日起，准改照該標準數減以三成計收。惟以後本部得視各公司景況轉好時，恢復原標準徵收之。

（二）本年度降落費收支概況

本年度自 6 月 1 日起，改按收費標準美金基數折收銀元後，降落收費漸形穩定。惟自中國、中央二航空公司於 11 月間停航，及各基地撤守時，該月份之降落費收據遺失，對於降落費之收入均頗有影響外，共收美金 750,044.50 元，銀元 3,189.34 元，新台幣 818,435.95 元，舊台幣 793,816,562.80 元，金圓券 181,198,128,001 元。上述款項動用原則，僅限於有關航行安全建築之用。其收入狀況及使用於建築情形，詳附件（二）。

第二節　軍用機場之借用

第一款　國際航空站之重新劃定

我國為國際民航公約締約國之一，對於各締約國民航機通航基地，原劃定上海之龍華、天津之張貴莊、廣州之白雲及昆明之巫家壩，為對外開放之國際航空站，嗣因大陸戰況逐漸向南轉移，為保持對外交通與商業之關係，本年 8、9 月間行政院先後院會通過局部開放南寧、蒙自、廈門、汕頭 4 機場，並通令關閉已陷匪之張貴莊、龍華、白雲等機場。另於 11 月間，全部開放三亞及重慶鳳凰山為國際航空站。迄本年終大陸之重要基

地整個棄守，而實際我國之國際機場，僅有三亞一處。
（局部開放之涵義，對於外籍民用航空器之以定期飛航
方式飛航該地方者，須其所屬國先與我國訂定通商協
定，經我國同意其開辦通達各該地方之定期航線者，方
予根據協定規定准其辦理。至對於外籍民用飛機，欲在
各該地方作不定期之飛航者，則於按據申請後斟酌情形
審慎核定。）

第二款　軍用機場借用規則繼續實施

　　自軍用機場借用規則訂頒以來，對各民航公司借用
本軍機場，及各民航機航行各場站之管理，有法令之依
據，乃順利推行，且已發揮最大效率，此項工作之成
功，為本軍民航空協調至顯著之表現。

第三節　飛行管理

第一款　離到場站證制度之實行

　　自各基地飛行管理室普遍成立後，離到站證制度已
確實實施。該項制度對於飛行人員航行上之安全，與過
往飛機之管理，均有顯著之成效，且各飛行人員，對是
項制度已使用成習，不辦手續而行離場者，本年度尚屬
寥寥。

第二款　飛機起飛前管制辦法

　　鑑於情況需要，該項辦法，係37年度11月製訂，
其目的在控制地面之飛機，本年度復為需要增訂2次，
辦法始較完善。然因器材缺乏，及執行未力，致本
年終，仍有逃機案件之再發生，故該項辦法仍須加
強實施。

38 年度外國軍用飛機入境航行統計表（附件一）

月份	美國				
	C-47 76657	C-47 7153	C-47 2560	C-47 6323	C-47 12438
1 月	8	3			10
2 月	11	2	3		10
3 月	8	2			16
4 月	6				3
5 月	5			1	2
6 月				2	9
7 月					8
8 月	3				14
9 月	5				2
10 月	6				
11 月	5			3	
12 月	5				
合計	62	7	3	6	74

月份	美國				
	C-47 17244	C-47 17169	C-47 17179	C-46 606	C-46 8400
1 月		2	2	2	
2 月					3
3 月	4	1	3		
4 月	2				
5 月	3	1	2		
6 月		10	9		
7 月	1		1		
8 月		6	7		
9 月			4		
10 月			5		
11 月	2		7		
12 月			4		
合計	12	20	44	2	3

月份	美國				
	C-47 8283	C-54 9039	C-54 5086	C-54 49027	C-54 2764
1 月					
2 月	3	1	1		
3 月	9				
4 月					
5 月	2				
6 月	3				
7 月	4				
8 月	6				
9 月	1				
10 月	1			1	
11 月					2
12 月					3
合計	29	1	1	1	5

月份	美國			英國	
	B-17 6393	B-17 3675	PBM 58700	C-47 576	C-47 KN-620
1 月				1	
2 月				1	
3 月					
4 月	1				
5 月	4				
6 月	3		1		
7 月					
8 月					
9 月					
10 月					1
11 月		1			
12 月					
合計	8	1	1	2	1

總計	美國	英國
	249	3

38 年度民航機借用場地收費收支概況表（附表二）

收入金額	金圓券	舊台幣	新台幣	銀元	美金
上年度轉入	2,086,335.01	500,000.00	608.86		
收各民航公司繳 1 月份場地費	5,932,388.00	16,093,000.00			
收各民航公司繳 2 月份場地費	34,872,684.00	21,005,600.00			
收各民航公司繳 3 月份場地費	138,306,973.00	44,891,280.00			
收各民航公司繳 4 月份場地費		175,202,168.00	13,219.00		
收各民航公司繳 5 月份場地費		136,124,514.80	2,447.00	54.00	
收各民航公司繳 6 月份場地費			71,984.28	284.67	16,499.00
收各民航公司繳 7 月份場地費			69,237.95	837.40	24,888.80
收各民航公司繳 8 月份場地費			43,065.00	1,013.40	23,392.60
收各民航公司繳 9 月份場地費			90,282.26	873.87	10,264.10
收各民航公司繳 10 月份場地費			130,053.68	126.00	
收各民航公司繳 11 月份場地費			61,530.00		
收金圓券折轉舊台幣帳		400,000,000.00			
收舊台幣折轉新台幣帳			12,839.43		
付美金調換新台幣			323,168.40		

收入金額	金圓券	舊台幣	新台幣	銀元	美金
付建修各基地指揮塔台工程款	1,055.70	175,000,000.00	61,918.25		
付建修本部眷屬宿舍工程款	500,000.00				
付建修各基地繫機樁工程款	293.00				
付建修各機場標誌工程款	168.00		5,214.60		
付建修各基地跑道工程款	6,000.26		412,909.92		30,160.00
付各單位辦理機場事務費		29,539,355.00	31,671.20	2,046.00	
付印製離到站證及收費表據等費	40,000.00	2,500,000.00	3,114.85		
付建修各基地羅盤校正台工款		73,200,000.00			
付銀圓券轉入舊台幣帳	180,650,863.05				
付舊台幣折轉新台幣帳		513,577,207.80			
付美金與本部基金調換新台幣					44,884.50

幣別	金圓券	舊台幣	新台幣	銀元	美金
收入	181,198,380.01	793,816,562.80	818,435.95	3,189.34	75,044.50
支出	181,198,380.01	793,816,562.80	514,828.91	2,046.20	75,044.50
結存			303,607.04	1,143.14	

38 年度降落費使用統計表（附件三）

跑道		
松山	金圓券	6,000
	新台幣	60,000
	美金	14,660
馬公	新台幣	171
屏東	新台幣	143,259
	美金	15,500
海口	新台幣	39,480
嘉義	新台幣	170,000
合計	金圓券	6,000
	新台幣	412,910
	美金	30,160

指揮塔台		
西安	金圓券	1,056
屏東	舊台幣	175,000,000
馬公	新台幣	52,800
桃園	新台幣	2,296
嘉義	新台幣	6,823
合計	金圓券	1,056
	舊台幣	175,000,000
	新台幣	61,919

羅盤校正台		
白市驛	舊台幣	73,200,000
合計	舊台幣	73,200,000

跑道標誌		
台南	金圓券	168
岡山	新台幣	925
台東	新台幣	288
新竹	新台幣	4,002
合計	金圓券	168
	新台幣	5,215

繫機樁		
徐州	金圓券	293
合計	金圓券	293

辦理借用機場事務費		
各承辦單位	舊台幣	29,539,355
	新台幣	31,671
	銀圓	2,046
合計	舊台幣	29,539,355
	新台幣	31,671
	銀圓	2,046

眷屬宿舍		
虎尾	金圓券	500,000
合計	金圓券	500,000

其他		
表據印製等	新台幣	3,115
	舊台幣	2,500,000
	金圓券	40,000
合計	新台幣	3,115
	舊台幣	2,500,000
	金圓券	40,000

總計	
金圓券	547,517
舊台幣	280,239,355
新台幣	514,830
美金	30,160
銀圓	2,046

第三章　空運

第一節　空運業務之規劃

第一款　各主要基地之視察

本年 7、8 月間曾派員往西南西北各基地視察，除切實督導其業務進展外，並尋求其困難所在予以解決。

第二款　空運機之撥配

一、為使本軍空運飛機集中統一使用起見，除 C-46 機 1 架、C-47 機 1 架准保留專任機、通兩校實習之用外，其餘前配屬各軍區部及官校使用之空運機已全部收回，按比例平均分配第十、廿大隊使用。

二、因 C-47 型機器材補充困難，飛機日漸減少，現有之 C-47 機已不足兩個中隊 C-47 之用。故將第十大隊一〇二、一〇四兩個中隊之 C-47 機統撥交一〇四中隊使用，另由第廿大隊撥給適當數量之 C-46 機交一〇二中隊使用。

第二節　運輸總量

本年度空運部隊擔任全國運輸通訊，共出動飛機 21,696 架次，運輸人員 161,403 人，物資 20,833 噸 061 公斤，運輸總量 36,586 噸 821 公斤，如附表（一）。

第三節　空投陸軍軍品及軍糧

凡我陸軍部隊被匪包圍，或當地駐軍因地面交通遮斷無法補給，及該地無機場可降落者，概由空運機擔任運送或投送。其運投軍品，包括槍械、彈藥、衛材、糧

秣、經費、軍餉等，計全年度空運空投總重量 3,133 噸
387 公斤，如附表（二）。

第四節　空運陸軍兵員

　　凡我軍被匪圍困，或水陸交通困難者，所有兵員補
充撤調之運輸，概由空運機擔任，計全年度所運送各
地之兵員計 10,034 名，重量 952 噸 235 公斤，如附表
（二）。

第五節　一般運輸

　　我國幅圓廣闊，地形複雜，固有之鐵路、公路已感
不足，而民航之運輸量又極有限，且地面交通線大部遭
匪破壞。本部乃依據情況之需要，由本部抽派一部份
空運機于全國各重要城市，如京、滬、漢、渝、鄭並
陝、蘭、迪、粵、台、蓉、昆、海南島、金、廈等地，
經常擔任通信運輸班機，並兼運郵件、人員、物資等項
任務，以輔助民用交通。總計全年度共運送人員 83,769
員名（本軍 48,895 員名，部外 34,874 名），運輸物資
8,453 噸 318 公斤（本軍 4,815 噸 078 公斤，部外 3,638
頓 140 公斤），如附表（三）。

第六節　疏散運輸

　　自徐蚌會戰後，由于戰局逆轉，所有本軍各人員及
緊急器材均視當時情況，陸續向海南及台灣各地疏運。
統計全年度共疏運本軍人員及眷屬 67,630 員名，器材
物資共 9,245 噸 879 公斤，如附表（四）。

38 年度空運狀況總表（附表一）

月份項目			1	2	3
任務次數（架次）			2,029	1,048	952
飛行時間（小時）			4,927:22	2,236:15	2,186:25
飛行距離（公里）			1,176,793	535,549	433,715
搭乘人員	陸軍	人數（名）	1,258	85	520
		重量（公斤）	99,260	6,800	41,600
	本軍	人數（名）	8,956	3,934	6,061
		重量（公斤）	763,342	334,874	467,176
	一般	人數（名）	3,428	1,561	1,651
		重量（公斤）	384,018	161,561	137,802
運出物資	陸軍軍運（公斤）		1,285,387		97,442
	本軍運輸（公斤）		897,880	514,592	456,102
	一般運輸（公斤）		255,918	255,051	120,077
總重量（公斤）			4,232,821	1,616,771	1,387,081
公里噸			2,337,552	940,557	837,053

月份項目			4	5	6
任務次數（架次）			1,576	1,981	1,244
飛行時間（小時）			3,461:35	3,917:30	2,505:39
飛行距離（公里）			836,807	943,406	598,616
搭乘人員	陸軍	人數（名）			5
		重量（公斤）			450
	本軍	人數（名）	10,004	9,245	7,281
		重量（公斤）	809,001	785,807	602,593
	一般	人數（名）	3,930	3,216	1,816
		重量（公斤）	342,423	285,066	159,123
運出物資	陸軍軍運（公斤）		59,422	22,831	50,570
	本軍運輸（公斤）		903,105	1,209,618	682,416
	一般運輸（公斤）		168,918	285,862	197,131
總重量（公斤）			2,528,290	2,854,117	1,756,110
公里噸			1,568,549	1,544,531	1,098,173

月份項目			7	8	9
任務次數（架次）			1,987	1,978	2,027
飛行時間（小時）			4,042:30	3,630:11	4,092:40
飛行距離（公里）			978,462	828,543	998,080
搭乘人員	陸軍	人數（名）	35	7	168
		重量（公斤）	3,100	630	13,442
	本軍	人數（名）	11,938	12,974	6,813
		重量（公斤）	886,114	955,849	543,551
	一般	人數（名）	2,461	2,845	1,892
		重量（公斤）	202,219	241,225	143,854
運出物資	陸軍軍運（公斤）		258,884	158,860	63,153
	本軍運輸（公斤）		1,311,219	1,336,494	1,546,984
	一般運輸（公斤）		348,646	327,351	335,445
總重量（公斤）			3,139,526	3,113,542	3,118,511
公里噸			2,030,983	1,548,323	1,816,514

月份項目			10	11	12	總計
任務次數（架次）			2,318	2,463	2,093	21,696
飛行時間（小時）			4,627:12	5,730:50	1,682:45	43,040:54
飛行距離（公里）			1,152,995	1,428,454	1,420,884	11,393,303
搭乘人員	陸軍	人數（名）	331	5,167	2,458	10,034
		重量（公斤）	198,600	416,293	172,066	952,235
	本軍	人數（名）	9,403	15,287	14,599	116,495
		重量（公斤）	867,726	1,110,542	1,008,594	9,135,169
	一般	人數（名）	2,516	4,325	5,233	34,874
		重量（公斤）	275,445	361,907	397,788	3,092,431
運出物資	陸軍軍運（公斤）		417,190	680,170	39,955	3,133,864
	本軍運輸（公斤）		1,751,382	1,692,318	1,758,947	14,061,057
	一般運輸（公斤）		298,366	522,597	472,808	3,638,140
總重量（公斤）			3,639,900	4,849,451	4,350,701	36,586,821
公里噸			2,086,722	3,309,902	3,709,310	22,828,169

38 年度空運陸軍兵員暨空投空運陸軍軍品統計表
（附表二）

月份	架次		總重量（公斤）
	C-46	C-47	
總計	951	83	4,086,099
1	415	8	1,384,647
2	2		6,800
3	18	35	139,042
4	17		59,422
5	7		22,831
6	15	5	51,020
7	80	7	261,984
8	51	8	159,490
9	24	9	76,595
10	23	2	615,790
11	234	8	1,096,463
12	65	1	212,015

月份	運出兵員		運投軍品		
	數量（名）	重量（公斤）	合計（公斤）	空運（公斤）	空投（公斤）
總計	10,034	952,235	3,133,864	1,723,310	1,410,554
1	1,258	99,260	1,285,387	2,000	1,283,387
2	85	6,800			
3	520	41,600	97,442	33,916	63,526
4			59,422	16,162	43,260
5			22,831	19,380	3,451
6	5	450	50,570	50,570	
7	35	3,100	258,884	258,884	
8	7	630	158,860	158,860	
9	168	13,442	63,153	63,153	
10	331	198,600	417,190	414,490	2,700
11	5,167	416,293	680,170	667,040	13,130
12	2,458	172,060	39,955	38,855	1,100

38 年度一般空運統計表（附表三）

月份	出動次數（架次）	搭乘人員		
		合計（名）	部內（名）	部外（名）
總計	10,368	83,769	48,895	34,874
1	934	7,773	4,345	3,428
2	851	3,289	1,728	1,561
3	403	3,502	1,851	1,651
4	801	7,972	4,042	3,930
5	1,047	7,338	4,122	3,216
6	541	4,137	2,321	1,816
7	894	8,069	5,608	2,461
8	1,035	8,458	5,613	2,845
9	1,068	5,114	3,222	1,892
10	1,083	7,330	4,814	2,516
11	782	9,500	5,175	4,325
12	929	11,287	6,054	5,233

月份	運輸物資		
	合計（公斤）	部內（公斤）	部外（公斤）
總計	8,453,318	4,815,178	3,638,140
1	611,670	355,752	255,918
2	553,923	298,872	255,051
3	261,178	141,101	120,277
4	510,011	341,093	168,918
5	620,366	334,504	285,862
6	379,444	182,313	197,131
7	859,800	511,154	348,646
8	937,820	610,469	327,351
9	911,617	526,172	385,445
10	758,740	460,374	298,366
11	1,049,675	527,108	522,567
12	999,074	526,266	472,808

38 年度本軍人員物資疏運統計表（附表四）

月份	出動次數（架次）	疏運人員		疏運物資（公斤）	附註
		人員（名）	重量（公斤）		
1	672	4,640	378,691	542,128	1 至 4 月份以南京、上海、漢口等地疏運為主
2	195	2,206	188,546	215,720	
3	496	4,210	388,912	315,001	
4	758	5,962	541,232	562,012	
5	927	5,123	456,180	875,114	
6	683	4,960	447,128	500,103	6 至 8 月份以昆明等地為主
7	1,006	6,330	580,402	800,065	
8	884	7,361	630,518	726,025	
9	926	3,591	301,804	1,020,812	9 至 10 月份以柳州、桂林、衡陽、廣州等地為主
10	1,210	4,589	415,600	1,291,008	
11	1,439	10,112	1,002,163	1,165,210	11 至 12 月份以重慶、成都等地為主
12	1,098	8,545	768,096	1,232,681	
總計	10,294	67,630	6,089,272	9,245,879	

第四章　教育與訓練

第一節　參謀教育

第一款　空軍參謀學校

（一）簡史

　　A. 該校於 29 年 12 月 1 日成立於成都新南門外。

　　B. 抗戰勝利後，於 35 年 9 月遷移南京。

　　C. 37 年 11 月終遷至台灣東港現址。

　　D. 第一期至第八期共已畢業 392 員。

（二）概況

　　A. 該校第八期學員 60 人，自 37 年 9 月 1 日入學，初尚能按照計劃實施。至 37 年 11 月終遷台繼續訓練，該期教育乃停頓於第一階段中。至臺後積極籌備，於本年 2 月 7 日復課，並經該校之努力，至 7 月 9 日畢業，較預定畢業日期（6 月 30 日）僅延遲 9 日。

　　B. 第九期學員 57 人，於 9 月 1 日入學，均按計劃實施，至本年終，完成第三階段之訓練。

（三）檢討與展望

　　A. 該校現用教材，係採自美國空軍資料，與本軍現行參謀業務情形，顯有不同之處。故該校研究室迺釐訂計劃，期於一年之間，採擇各空軍先進國家參謀教育資料之精粹，體察本軍現況，融會為一自我而切實際之教材。該項工作如果告成，不但奠定參謀教育之基礎，且亦關係建軍前途甚鉅。

B. 該校仍應充實設備，配合教材，以發揮教育之成效。

第二款　留學國外參謀學校及戰術學校之選派

（一）留美空軍戰術學校

A. 去（37）年 7、8 月時，先後選派譚德鑫、高祥松、吳其韜三員赴美入戰術學校受訓，於同（37）年 12 月 16 日畢業。除高祥松一員留美工作外，譚、吳二員於 2 月返國。

B. 經駐美曾武官之呈請，就近續派該處語文軍官郭統德於 1 月 2 日入學，於 4 月 21 日畢業返國。

（二）留英皇家空軍參謀大學

A. 去（37）年考選熊恩德一員，於同年 10 月出國受訓，於今年 4 月終畢業返國。

B. 該員及前期林文奎等三員，在校成績均極優良，使英空軍對我倍加讚佩。

（三）檢討

本軍因外匯困難，國外留學已予停止，但為明瞭各空軍先進國家參謀教育實況，俾作本軍參謀教育改進之借鏡計，國外留學似應設法繼續辦理。

第二節　空勤訓練

第一款　空軍軍官學校

（一）二十七期生之高級訓練

　　　　該期學生於 37 年 7 月 1 日升受高級訓練，當時因 AT-6 機僅敷二十六期學生訓練之用，故仍用 PT-17 及 AT-17 作過渡飛行訓練。嗣因該校遷移臺灣岡山，整修機場需時，乃延期至 38 年 8 月 6 日結束，8 月 8 日正式開始 AT-6 機訓練。現有學生 100 名，正繼續訓練中，預期於 39 年 6 月 30 日畢業。

（二）二十八期生之高級訓練

　　　　該期學生 124 名，於 37 年 12 月 16 日初級訓練結業後，即升入高級。因學校遷臺，延至 38 年 10 月 17 日方開始 PT-17 過渡訓練，38 年 11 月 21 日開始 AT-6 機正式訓練。現有學生 115 名正繼續訓練中，預期於 39 年 11 月 15 日畢業。

（三）二十九期生之初級訓練

　　　　該期學生於 38 年 1 月 5 日開學，因學校遷臺，又以訓練基地整修需時，延於 38 年 12 月 28 日開始初級訓練。為求官校今後訓練納入正軌，乃將三十期生併入二十九期訓練，統稱二十九期（原三十期係於 9 月 5 日入校）。現有學生 334 名正繼續訓練中，預期於 39 年 6 月 30 日結束初級訓練。

第二款　部隊訓練

（一）驅逐部隊之訓練

　　A. 空軍第三大隊

　　　　該大隊調進二十六期見習官 14 員，於 8 月 8
　　　　日開始 P-51 機訓練，至 10 月 5 日完成。除
　　　　有 3 員因不適戰鬥飛行已另調職務外，計完
　　　　訓 11 員。

　　B. 空軍第四大隊

　　　　該大隊調進二十六期見習官 12 員，於 10 月 26
　　　　日開始 P-51 機訓練，至 11 月 9 日完成起落飛
　　　　行訓練後，因基地跑道翻修訓練暫時停止。

　　C. 空軍第五大隊

　　　　該大隊以 P-47N 機訓練夜航，調進二十六期
　　　　見習官 18 員，於 10 月 28 日開始 P-51 機訓
　　　　練，除另調職務 1 員外，完訓 17 員。

　　D. 空軍第十一大隊

　　　　該大隊調進二十六期見習官 11 員，原在部訓
　　　　總隊完成 P-47D 機 8 小時之基本訓練後，因
　　　　部訓總隊撤銷，由該大隊自訓。

（二）轟炸部隊之訓練

　　A. 空軍第一大隊

　　　　該大隊遵照本部增訓計劃，在器材缺乏及設
　　　　備未週之情況下，每人投彈在兩枚以上，砲彈
　　　　射擊在 190 發以上，射擊在 750 發以上。至夜
　　　　航高空，海空協同，因設備關係未能實施。

B. 空軍第八大隊

該大隊因限於器材及忙於戡亂作戰關係，乃寓訓練於戰鬥中，使新進人員獲得實戰經驗，並於時間許可時予以單獨服行任務機會。

（三）空運部隊之訓練

A. 空軍第十大隊

該大隊第一〇二中隊於 9 月 19 日開始接受 C-46 機訓練，於兩個月內完成，共 30 人，分 3 批受訓，每人平均飛行 16 小時。

B. 空軍第二十大隊

該大隊因戡亂任務繁忙，且因新竹基地跑道翻修，各種訓練未能依照計劃實施。僅在服行任務時，予新進人員以正副駕駛訓練。

（四）第十二偵察中隊之訓練

該隊作戰任務繁忙，復分駐福州、廈門等地，擔任戡亂工作，且桃園基地跑道修理，致增訓計劃未能實施。

（五）各部隊訓練時間及訓練狀況如附表（一）（二）。

第三款 空軍部隊訓練總隊

該總隊於 37 年 12 月 1 日在臺南成立，38 年 1 月 27 日開始訓練，計官校二十六期畢業生 71 名，編成第七、八兩訓練隊（驅逐）。因裝備飛機及訓練器未能及時撥發，為免學術科荒廢起見，先予以短期訓練1 個月，首以 PT-17 機作熟習飛行，於 2 月 27 日完成。嗣後陸續撥到 AT-6 機 16 架、P-51 機 6 架、P-47D 機 6 架

及蚊式機 5 架。

因訓練器材補充困難，該總隊於 8 月 1 日撤銷。計完成 P-47D 機訓練 24 員，P-51 機訓練 20 員，餘 27 員調空軍第十一大隊繼續訓練。

第四款　國外飛行人員之訓練

本年 9 月，本部考選飛行軍官 2 員、機械官 2 員，派美受直昇機訓練，抵美後訓練進度約能按計劃實施，預計明（39）年 2 月終可完訓返國，此為本軍直航機訓練之開始。

第五款　熟習飛行訓練

本年度調服地勤飛行軍官經先後審核合格者計 115 員，截至本年終，曾申請參加熟習飛行經審核合格者共 622 員。本年度在臺各單位對熟習飛行訓練均能推進。在大陸各單位因戰局轉變，遷移頻仍，致未訓練，俟駐地確定後補足。

第六款　航炸訓練

本年度因仍受經濟及器材限制，僅能維持航炸研究室之經常研究工作。關於航炸學校之籌創，尚未能實施。該室於本年度完成日式航行器材之研究 5 項，編纂教程 3 種，改進航行圖表 17 種，翻譯航空資料 30 餘件，工作成績斐然。

第七款　滑翔訓練及有關之輔助工作

38 年度，大陸各處均在作戰之狀態中，故滑翔訓練及有關空軍建設之輔助工作，除臺灣省因情況安定尚能推行外，其他各省均告停頓。茲將本年度推行概況略述如下：

（一）滑翔訓練

A. 中國滑翔總會於民國 30 年成立於重慶，以推行民間之滑翔訓練為主要業務。所需器材人員經費，本部經予以最大之協助。33 年直隸於本部。抗戰勝利後，因滑翔器材未加補充，推行工作頗為困難。38 年 1 月該會隨部遷臺，9 月 16 日撤銷。

B. 臺灣省滑翔分會自成立後，對於業務逐步推進。因器材缺少，僅有日治時代航空支部遺留之初級滑翔機 6 架及中級滑翔機 2 架，機已陳舊，惟加修理後尚能使用。該分會於 7 月間舉辦滑翔訓練 1 期，由本部滑翔總會派員訓練。參加受訓之學生 42 名，計訓練 1 個半月，情緒頗佳。每一學生均練習自己修理滑翔機，並有少數學生已能作高等 20 公尺之平直滑翔。其中成績最優之學生年僅 17 歲，滑翔 47 次。

C. 為發展臺省滑翔分會工作，本部於滑翔總會撤銷後即派滑翔人員 8 名前往該分會負籌劃與訓練之責，並贈以中級滑翔機 4 架。

（二）航空模型教育工作

A. 第三次全國空航模型飛翔競賽，原定於本年 4 月 4 日在上海舉行。因戰局轉變，上海陷匪，乃決定停止舉行。

B. 臺北市於本年 4 月舉行航空模型飛翔競賽大會，臺省滑翔分會並舉行第二屆航空模型師

資訓練班。同時製造大批各型航空模型，分
配各學校學生，學習製造。

C. 本部於 11 月間向美購噴射型航空模型發動機
兩架，約於 39 年 1 月中旬運抵臺灣。

第三節　技術訓練

第一款　空軍機械學校

（一）概述

A. 該校於 25 年成立於南昌，26 年西遷成都，本
年因戡亂戰事波及華西，乃再遷臺灣岡山。

B. 為訓練飛機及其裝備之維護修理製造技術員
士，經常設有高級、正科、初級等班。並適應
需要，先後增設軍械指導、候補軍佐、器材管
理、油彈管理、夜航燈車、保險傘等班次。

C. 歷屆畢業員生共計 8,705 員名。

（二）訓練成果

A. 高級班

第十八期二班製造組於 9 月 10 日完訓 3 名，
成果為 75%。

B. 正科班

第十期一班於 12 月 31 日完訓 63 名，成果為
91%。

C. 軍佐班

第十期於 5 月 13 日完成 55 名，成果為
100%。

D. 初級班

第二十期於 1 月 23 日完訓 54 名，成果為 98%。

第二十一期於 12 月 31 日完訓 41 名，成果為 100%。

E. 保險傘班

第七期於 2 月 7 日完訓 19 名，成果為 100%。

（三）檢討與展望

A. 該校遠處華西，水陸交通阻滯，本年遷校，全賴空運，以致笨重教學設備未能全部攜帶來臺，損失頗重。抵臺後雖經整補，然限於目前物力不足，補充不易，一時頗難恢復舊觀。

B. 本年度除將已入學各班繼續訓練外，不再招訓新生，留校續訓員生僅 159 人，為利用該校剩餘容量，於明年度內擬分期舉辦機械人員復訓及轉業訓練，藉以提高機械人員之素質。

（四）該校 38 年度訓練概況，如附表（三）

第二款　航空工業局

（一）該局為適應實際需要，於發動機製造廠設有技術員器材員及學徒等班次，造就發動機製造員工及器材管理人員，並於配件製造廠內設有學徒班，造就配件製造技工。

（二）本年發動機製造廠，續訓之學徒班，已於 5 月畢業。技術員甲班及器材員班因遷廠均已提前於 7 月 1 日完訓。

（三）配件製造廠學徒 98 名，因中途奉調參加空中投糧勤務，及遷廠數度停訓，致訓練未能按照預定進度實施。該廠復於本年 11 月 1 日撤銷，該班學徒除先後潛逃、淘汰、開革 34 名外，尚有 64 名已改由該局研究室儀電組代為接管施訓。

（四）該局 38 年度訓練情況，如左表。

訓練單位	班別	期別	訓練人數	淘汰人數	畢業人數	續訓人數	開訓日期	完訓日期
發動機製造廠	技術員甲班	第三期	40	1	39		37/2/2	38/7/1
發動機製造廠	器材員班	第一期	24	1	23		37/9/19	38/7/1
發動機製造廠	學徒班	第八期	40	3	37		37/4/19	38/5/4
配件製造廠	學徒班	第一期	98	34		64	37/8/1	39/2/28

第三款　空軍通信學校

（一）概述

　　A. 該校自 37 年 8 月開始，由成都遷移台灣岡山，於本年 10 月 15 日全部運竣。

　　B. 自本年度起暫不招訓新生。

　　C. 該校歷屆畢業人數，共計員生 1,149 員，士生 1,518 名。

（二）教育實施概況

　　A. 本年度因遷校關係，致有少數班次未能按預定計劃實施。

　　B. 各班訓練情況，如附表（四）。

（三）檢討與展望

　　A. 近年來雷達修理維護人員極感缺乏，限於目前物力不足，此項訓練器材未能及時補充，

致訓練名額未能配合本軍之需要，亟待加以改進。

B. 現代通信工具，日新月異，本軍現有通信人員，多因服務年限較久，對於各類新式器材機件之使用維護，未盡嫻熟。如將來情況許可，應普遍抽調複訓，俾提高技能，增進工作效率。

第四款　空軍氣象訓練班

（一）概述

A. 該班各班次之學員生，至本年 12 月中旬，均已屆畢業之期。目前氣象人員已有溢額，暫無招訓新生之必要，遂於 12 月 1 日撤銷。該校所有歷屆搜集之珍貴器材圖書，均已空運岡山，交訓練司令部保管，以備將來應用。

B. 該班本年畢業員生 243 名，各屆畢業員生共計 825 員名。

（二）訓練實施概況

A. 正科班

第九期測候組生 73 名，於 6 月 1 日完訓。

第九期工程組生 17 名，於 9 月 1 日完訓，內淘汰 1 名。

第十期工程組生 22 名，原定於 12 月 6 日完訓，因氣象訓練班定於 12 月 1 日撤銷，乃提前於 11 月 16 日完訓，計畢業 11 名，淘汰 5 名，潛逃 6 名。

B. 初級班

第三期測報組氣象測報系生 53 名，於 3 月 1 日完訓，計畢業 50 名，淘汰 2 名，潛逃 1 名。

第三期測報組探空測報系生 10 名，於 3 月 1 日完訓，計畢業 9 名，潛逃 1 名。

第三期維護組生 10 名，於 3 月 1 日完訓，計畢業 8 名，未畢業 1 名，潛逃 1 名。

第四期測報組探空測報系生 20 名，於 10 月 1 日完訓，計畢業 10 名，未畢業 2 名，開革 2 名，潛逃 6 名。

第四期維護組生 9 名於 10 月 1 日完訓，計畢業 8 名，開革 1 名。

C. 候補軍佐班

第一期測報組生 21 名於 10 月 1 日完訓，計畢業 20 名，淘汰 1 名。

D. 復訓班

軍佐復訓班 11 名，於 3 月 1 日完訓。

軍士復訓班 27 名，於 3 月 1 日完訓。

（三）檢討與展望

A. 正科班測候組天氣預報課程不斷改進，使畢業生擔任天氣預報能力增強。

B. 正科班設立工程組，實為訓練氣象儀器及器材修護人員之創始。惟該項教官及教材多感缺乏，將來恢復訓練時，宜早為準備。

C. 初級班本年實施分組分系訓練後，使學生技術專精，工作能力增強，收效甚宏。

第四節　特種訓練

第一款　空軍防空學校

（一）簡史

　　A. 防校於民國 23 年 1 月 1 日成立於杭州筧橋，抗戰後遷移貴陽，36 年遷北平，37 年初遷台灣花蓮港。

　　B. 截至 38 年終止。歷屆畢業學員生人數，總計 17,160 員名。

（二）概況

　　A. 本校為適合現代化之防空要求，經於本年度上半年改訂教育計劃，計分：

　　　一、防空管制訓練班

　　　二、防空情報訓練班

　　　三、高射砲訓練班

　　　四、測射雷達班

　　　五、維護訓練班

　　B. 按本年度預定計劃，召訓之班次為防空管制班第二、三兩期，情報班第一期，高射砲學員隊第五期，參謀班第六期，測候雷達軍士班第一期，及維護訓練班第一期，共計完訓 187 員名。

（三）檢討與展望

　　A. 該校自改訂教育計劃後，班別較前完備，畢業人員均適合需要。惟教育設備及器材，大部份已經陳舊，教學上不無受其影響。

　　B. 應從速購辦新型防空武器及雷達器材，以充

實防空教育之新基礎，並研究新學術如V1、
V2飛彈及原子彈之防禦術，以應付未來之第
三次世界大戰。

第二款　空軍預備學校

（一）建立經過及目的

　　A. 民國37年12月，因感於入伍生總隊及幼年
學校均係擔任本軍預備教育之責，後者且已
決定不再招訓新生，乃將上述兩機構合併，
於本年2月1日在台灣東港正式成立該校。

　　B. 該校建立之目的，在訓練本軍養成教育之各
校班預備生，培養軍人精神與健強體魄，熟
諳軍事動作與習慣軍隊生活，使未入各校班
受本科教育前，施以陸軍士兵及初級幹部之
教育，以期於其專科教育完成後，確能盡忠
職守，嚴守紀律，效忠國家，服從長官，有
良心有血性氣節之現代軍人。

（二）實施概況

　　A. 已結業班隊概況如左表

期別　　班隊別	開學		結業		結業後升學情形
	日期	人數	日期	人數	
幼年生隊第四期	32/7/15	299	38/7/15	107	（一）96名升入官校卅期 （二）11名轉入通校正科班十二期
機械高級班第十九期	37/11/8	29	38/2/8	29	均升入機校高級班十九期
通信高級班第九期	38/1/10	15	38/4/10	15	均升入通校高級班九期

期別＼班隊別	開學		結業		結業後升學情形
	日期	人數	日期	人數	
通信正科第十二期	38/1/10	224	38/7/10	208	（一）156 名升入通校正科班十二期 （二）52 名特准升官校卅期
通信初級班第十一期	38/1/10	110	38/7/10	94	均升入通校初級班十一期
防情士第一期	38/1/10	22	38/7/10	22	均升入通校防情班第一期
合計				475	

附註

（一）幼年生隊四期開學日期及人數係幼校時代者。

（二）其餘各班之開學日期及人數係入伍生總隊者。

B. 現有班隊概況

期別＼班隊別	開學		預定結業	現有人數	結業後升學情形
	日期	人數	日期		
幼年生隊第五期	33/7/15	431	39/7/15	177	現受高中三上學期教育
幼年生隊第六期	34/7/15	355	40/7/15	236	現受高中二上學期教育
合計				413	

附註：其開學日期及人數係在幼校時代者。

（三）檢討與展望

A. 原在入伍生總隊及幼校之班期，仍按各該原定教育計劃實施。除幼校因於六月間由蓉遷台致教育停頓，進度頗受影響外，其餘各期班，尚能如期完成。

B. 應儘可能充實教育設備，準備各學校一旦大量招生送訓時，立能收訓，如期完成。

第三款　空軍傘兵總隊

（一）概況

該總隊於本年 3 月 1 日復歸本軍節制，初在廈門任防，7 月調台整訓，分駐屏東、岡山、潮州一帶。9 月間奉總裁諭：限 6 個月將傘兵訓練完畢。經決定傘兵全部受地面訓練，其中一團實施跳傘訓練為原則，並委託前陸訓部釐訂教育計劃，代為督訓。惟以經費迄未解決，至年終僅完成七週之體能訓練。

（二）檢討與展望

A. 該部連年轉戰各地，武器傘具損失頗重，應予補充以加強戰力。

B. 經費解決後應即積極訓練，俾能早日完訓。

C. 該部 6 個月訓練完成後，如有餘裕時間，應再予以陸空協同作戰之訓練。

D. 該隊係空陸兩棲部隊，除對其學術科充實訓練外，其官兵士氣之提高亦甚重要，以資鼓勵傘兵於敵後作戰時發揮勇敢自動之精神。

第四款　空軍工兵總隊

查工兵總隊之部隊訓練業務，自 37 年 8 月起劃由本部第三署訓練處主管。該隊初級幹部之培養，本軍因無該項專業學校，故委託前聯勤總部各校班及交通部重工程機械訓練班代訓，致未臻於理想。本部鑑於訓練之重要，決定寓訓練於工作，實施機會教育，並頒佈部訓計劃令該總隊遵照施行。

第五款　軍訓

（一）緣起

本軍移防台灣後，為加強本身之警衛能力，並養成嚴肅之軍紀與應變所必要之戰鬥技術計，實有普遍實施地面軍訓之必要。特頒發空軍駐台各單位軍事訓練計劃綱要，並規定於 4 月 15 日起實施訓練。

（二）概要

A. 實施軍訓者共 45 個單位，受訓人數總計 18,387 人，預定 39 年 7 月以前全部完訓。

B. 本年度軍訓概況如附表（五）。

（三）檢討與展望

A. 僅少數單位因工作繁忙未克實施軍訓，其餘大多數單位，雖在書籍及設備缺乏之情況下，均能克服困難，先後開訓。

B. 為保持自衛作戰之技術水準及旺盛精神，各單位應於結訓後隨時或定期舉行軍訓之演習或檢閱，以期一旦發生事變而可上下一致，使戰鬥與指揮能收靈活之效。

第五節　輔助訓練

第一款　林克機及其他地面教練機訓練概況

各林克機訓練組遷台後，為配合部隊學校之訓練要求，爰將林克機重新調整分配，並將各訓練組，分隸台北、桃園、新竹、台中、嘉義、台南、岡山、屏東及花蓮港等基地。惟受場屋之影響，已恢復訓練者僅達

80%。同時 37 年度向美訂購之地面教練機，已運到者有轟炸預習機 2 架、射擊預習機 1 架，以及其他模型等輔訓器材 1 批，均已分發各部隊學校使用。

第二款　體育實施概況

（一）本年 4 月間，在上海購買體育器材 1 批，分發駐臺各學校部隊使用。復於 12 月間，在台北統籌購買籃球、排球，分發航空工業局、訓練司令部、通信、氣象、監察各總隊、各供應隊、通信隊、製造廠及各空軍醫院。

（二）本總部及本總部空軍子弟小學建築籃球場 2 處，排球、網球、小足球場各 1，板羽球場 2，及滑梯台聯合器械架、雙槓、單槓、木馬、滑車、肋木、平梯、鞦韆、巨人步等設備。東港區建築籃球、排球、足球等場。台南供應司令部修建游泳池一處。他如桃園、嘉義等區，均已修建體育場地，以應需要。

（三）空軍軍官學校曾選派田徑選手，參加台中市主辦之全省田徑運動會。該校籃球及足球隊於 7 月及 8 月間遠征台北市，各賽四場全勝而歸。又該校籃球曾於 11 月參加台北市籃球勞軍賽。空軍通信學校，曾派選手先後參加台南市及高雄市舉辦之全省排球比賽，獲得亞軍及冠軍。其他各學校部隊經常有球類友誼比賽。體育活動之風氣甚熾。

第三款　電化教育概況

本軍於 37 年終接收南京美軍顧問團電影片 1,240

捲，遷台後於虎尾設立影片庫，並印發目錄及釐訂借用影片辦法，通知本軍各單位前往借用。在美援案內訂購電化教育器材 1 批，計已運到 16 MM 電影放映機 31 部、接片機 5 部、影片 457 捲、燈片 287 捲，並已分發有關各校隊應用，本部訓練處輔助訓練科電影巡迴放映組，經常赴台省、海南島、定海各基地放映。一年來共放映影片 475 卷，觀影人員共 97,573 員名。

38 年度空軍各部隊訓練時間統計表（附表一）

月份	隊別時間	第一大隊	第三大隊	第四大隊	第五大隊	第八大隊
1	練訓	20:25	6:25	1:30	112:20	
2	練訓	6:25	70:20	118:40	176:45	
3	練訓	12:40	42:05	192:15	104:40	
4	練訓	34:00	94:20	89:20	154:55	
5	練訓	174:40	87:35	99:40	191:25	
6	練訓	109:00	97:00	190:55	81:25	
7	練訓	89:30	147:25	360:00	117:00	
8	練訓	244:35	371:45	166:30	240:40	131:10
9	練訓	29:45	447:10	201:55	294:10	
10	練訓	109:55	327:05	111:55	173:05	
11	練訓	95:20	361:35	257:05	285:25	
12	練訓	87:00	240:00	243:10	238:15	29:15
合計		1,013:15	2,303:45	2,032:55	2,168:05	160:25

月份	隊別時間	第十大隊	第十一大隊	第二十大隊	第十二中隊	總計
1	練訓	31:10	17:10		7:25	196:25
2	練訓	128:20	5:05	8:40	6:45	521:00
3	練訓	326:20	95:20	32:30	3:30	809:20
4	練訓	115:45	184:05	2:00	17:35	692:00
5	練訓	106:15	139:00	5:20	95:05	899:00
6	練訓	97:25	291:20	25:40	32:30	853:15
7	練訓	211:25	95:05	18:25	110:05	1,148:55
8	練訓	145:40	71:50	31:05	64:05	1,467:20
9	練訓	245:40	242:25	28:55	6:10	1,496:10
10	練訓	245:05	255:20	93:00	39:35	1,355:00

月份	隊別 時間	第十大隊	第十一 大隊	第二十 大隊	第十二 中隊	總計
11	練訓	128:20	982:25	183:40	66:15	2,360:05
12	練訓	140:00	200:00	65:15	30:50	1,273:45
合計		1,921:25	2,507:05	494:30	479:50	

38 年度空軍各部隊訓練狀況表（附表二）

隊別	訓練項目	完訓 人數	完成限度
第一大隊	投彈與射擊		每人投彈 2 枚以上，砲彈射擊 190 發，槍彈射擊 750 發
第三大隊	二十六期見習官 P-51 型機訓練	11 員	自 8 月 8 日開始訓練至 10 月 5 日完成訓練
第四大隊	二十六期見習官 P-51 型機訓練	12 員	自 10 月 26 日開始訓練已完成起落飛行，因基地翻修路道訓練暫停
第五大隊	P-47N 型機之夜航訓練		自 10 月 28 日開始實施
	二十六期見習官 P-51 型機之訓練	17 員	已完成訓練
第八大隊	B-24 型機之訓練		因作戰任務繁忙，故多利用作戰機會予以實體之經驗，及服行任務之機會
第十大隊	一〇二中隊接受 C-46 型機訓練	20 員	9 月 19 日開始，2 個月完成，共分 3 批受訓，每人平均飛行 16 小時
第十一大隊	二十六期見習官 P-47 型機訓練	11 員	已完成訓練
第二十大隊	新進人員之正副駕駛訓練		利用服行任務之時間予新進人員以正副駕駛訓練
第十二中隊	因作戰任務繁忙未實施訓練		

38 年度空軍機械學校學員生訓練狀況表（附表三）

期別 \ 班別	訓練 人數	淘汰 人數	畢業 人數	續訓 人數	開訓 日期	完訓 日期
高級班十八期二班製造組	4	1	3		37/5/31	38/9/10
高級班十八期二班研究組	3	1		2	37/5/31	39/5/1
高級班十九期製造組	29	6		23	38/2/21	39/2/16
正科班第十期一班	72	9	63		36/9/15	38/12/31

期別 ＼ 班別	訓練人數	淘汰人數	畢業人數	續訓人數	開訓日期	完訓日期
正科班第十期二班	50			50	37/1/27	39/5/5
正科班第十一期一班	50	4		46	37/2/16	39/6/15
正科班第十一期二班	40	4		38	37/3/15	39/7/5
軍佐班第十期	55			55	37/5/13	38/5/13
初級班第二十期	55	1	54		37/1/26	38/1/23
初級班第二十一期	42	1	41		37/9/27	38/12/31
保險傘班第七期	19		19		37/9/27	38/2/7
總計	423	31	235	159		

38 年度空軍通信學校學員生訓練情況表（附表四）

期別 ＼ 班別	訓練人數	淘汰人數	畢業人數	續訓人數	開訓日期	完訓日期	備考
高級班九期	11	1		10	38/4/18	39/1/18	
正科班九期	128	22	106		36/5/28	38/3/14	該班因遷校關係提前完訓
正科班一〇期（一）	84	2		82	36/11/10	39/1/30	該班因遷校關係曾予溫習教育 10 週
正科班一〇期（二）	40	4		36	37/1/26	39/4/10	該班因遷校關係曾予溫習教育 10 週
正科班一一期（一）	47	13		34	37/11/22	39/11/22	
正科班一一期（二）	39	10		29	37/12/6	39/12/6	
正科班一一期（三）	57	3		54	38/1/3	40/4/4	該班另加補習教育 3 個月
正科班一二期（一）	67	3		64	38/8/1	40/8/1	
正科班一二期（二）	67	4		63	38/8/1	40/8/1	
正科班一二期（三）	40	7		33	38/8/1	40/10/10	該班另加補習教育 10 週

班別 期別	訓練 人數	淘汰 人數	畢業 人數	續訓 人數	開訓 日期	完訓 日期	備考
初級班 一〇期	44	2		42	38/2/7	39/2/7	
初級班 一一期	96	3		93	38/8/1	39/8/1	
候補軍 官佐 一期	15		15		37/3/22	38/3/14	
候補軍 官佐 二期	16			16	38/1/10	39/1/10	
防情士 班一期	22	1		21	38/8/1	39/5/17	
雷達士 班二期	35	1		34	38/10/1	39/7/1	
總計	808	76	121	611			

38 年度本軍駐台各單位軍訓狀況一覽表（附表五）

單位名稱	受訓 人數	開訓日期	預定完訓日期
第一大隊	686	38/5/16	38/11/15
第三大隊	491	38/5/19	38/12/25
第四大隊	901	38/6/1	38/11/30
第五大隊	332	38/5/16	38/12/20
第八大隊	1440	38/5/30	38/11/30
第十大隊	1717	38/6/14	38/11/13
第十一大隊	243	38/5/23	38/11/22
第二十大隊	1562	38/5/23	38/12/6
第十二中隊	371	38/6/20	38/12/5
訓練司令部	220	38/4/25	38/7/25
參校	183	38/4/18	38/10/18
官校	1596	38/6/13	38/12/13
機校	493	38/11/10	39/3/25
防校	553	38/4/25	38/10/16
預校	246	38/4/21	38/10/21
通校	305	38/5/3	38/8/20
航空工業局	179	38/5/31	38/9/10
供應司令部	494	38/9/5	39/3/4
空軍被服廠	66	38/10/3	39/4/3
二〇一供應大隊	571	38/6/6	38/12/5
二〇三供應大隊	564	38/6/6	38/8/20

單位名稱	受訓人數	開訓日期	預定完訓日期
二一〇供應大隊	365	38/5/1	38/11/1
二二〇供應大隊	687	38/6/27	38/12/27
二七四供應中隊	166	38/7/15	39/1/15
二六五供應中隊	147	38/10/15	38/12/15
三五四供應中隊	76	39/1/3	39/7/2
九一六汽車中隊	146	38/12/1	39/5/31
九一三汽車中隊	71	38/12/5	39/5/4
九一九汽車中隊	181	38/5/30	38/10/30
台南汽修廠	215	39/1/5	39/7/5
補給品檢驗室	24	38/11/7	39/5/7
台南空軍醫院	49	38/9/1	39/3/1
台中空軍醫院	111	38/5/30	38/11/30
台北空軍醫院	127	38/7/1	38/12/31
氣象總隊	97	38/5/1	38/11/30
監察總隊	184	38/5/9	39/4/15
工兵總隊	83	38/5/2	38/11/2
通信總隊	180	38/4/25	38/12/17
四〇六通信大隊	531	38/6/15	38/11/11
照像技術隊	122	38/7/18	39/1/15
照測一團	434	38/5/2	38/11/2
警衛總令部（包括五、六、七團）	77	38/4/18	38/9/29
高砲司令部	208	38/5/2	38/11/13
供應總處（改編後再報）		38/9/1	39/1/30
第七供應處	893	38/8/7	38/11/6

第五章　飛行安全

第一節　安全設施

本年度安全設施，如附表（一）。

38 年度飛行安全設施表（附表一）

項目	辦理情形
印發機場標識	參照美國機場標識夜航設備等，釐訂全國機場標誌，於本年 2 月印發。
印發航行參考資料	將各地磁差航行高度角度最高障礙，按管制區域分頁編訂，於本年 2 月印發。
繪製儀器下降圖	本年 2 月起開始繪製，並補測台灣省各基地下降圖，於 10 月全部完成印發。
海上救護設施	釐訂海上救護設施計劃，分兩期完成之。第一期初步設施，於本年底完成，第二期全部實施。因器材準備不足，預定明（39）年 5 月底可全部完成。
安全競賽	為提高各部校隊對於飛行安全之注意，完成 37 年下半年之安全競賽，計 37 年下半年甲等有八大隊及二十大隊，丙等為十二中隊，丁等為一大隊及十一大隊，餘均乙等。

第二節　失事分析

本年度飛行失事分析，如附表（二）。

38 年度飛行失事分析表（附表二）

第一大隊　失事次數：64					
失事飛機型別					
B-25 損	2	B-25 毀		2	
AT 機損	2	AT 機毀			
蚊式損	13	蚊式毀		45	
任務					
偵察	2	轟炸	9	攻擊	26
調防	9	空運	1	其他	4
教練	6	試飛	7	通信	

失事原因			
技術錯誤	19	處置不當	7
違犯規則		計劃不週	1
機場管制不良		近境管制不良	
航路管制不良		指揮不當	1
場地設施不良		飛機維護不良	12
飛機材料不良	8	中敵砲火	9
天氣惡劣	4	場地環境不良	
被撞	1	其他	2

飛機損壞程度			
損	17	毀	47

人員狀況					
傷	10	亡	13	俘	0
失蹤	15	安全	73	附註	

第三大隊　失事次數：21					
失事飛機型別					
P-51 損	7		P-51 毀		13
AT 機損	1		AT 機毀		

任務					
偵察	1	轟炸	1	攻擊	8
調防	2	空運		其他	1
教練	8	試飛		通信	

失事原因			
技術錯誤	5	處置不當	
違犯規則	1	計劃不週	
機場管制不良		近境管制不良	
航路管制不良		指揮不當	
場地設施不良		飛機維護不良	4
飛機材料不良	2	中敵砲火	6
天氣惡劣	1	場地環境不良	
被撞	1	其他	1

飛機損壞程度			
損	8	毀	13

人員狀況					
傷	2	亡	4	俘	1
失蹤	2	安全	12	附註	

第四大隊　失事次數：22				
失事飛機型別				
P-51 損	6	P-51 毀		13
PT 機損	1	PT 機毀		
AT 機損	2	AT 機毀		
任務				
偵察	2	轟炸	3	攻擊 6
調防	1	空運		其他 2
教練	3	試飛	5	通信
失事原因				
技術錯誤	6	處置不當		1
違犯規則		計劃不週		
機場管制不良		近境管制不良		
航路管制不良		指揮不當		
場地設施不良		飛機維護不良		7
飛機材料不良	4	中敵砲火		4
天氣惡劣		場地環境不良		
被撞		其他		
飛機損壞程度				
損	9	毀		13
人員狀況				
傷	5	亡	3	俘
失蹤	1	安全	14	附註

第五大隊　失事次數：19				
失事飛機型別				
P-51 損	2	P-51 毀		6
P-47 損	2	P-47 毀		9
任務				
偵察	2	轟炸		攻擊 8
調防	1	空運		其他
教練	8	試飛		通信
失事原因				
技術錯誤	4	處置不當		
違犯規則		計劃不週		
機場管制不良		近境管制不良		
航路管制不良		指揮不當		
場地設施不良		飛機維護不良		5
飛機材料不良		中敵砲火		7
天氣惡劣	3	場地環境不良		
被撞		其他		

飛機損壞程度					
損	4	毀		15	
人員狀況					
傷	3	亡	4	俘	2
失蹤	2	安全	8	附註	

第八大隊　失事次數：2

失事飛機型別				
B-24 損	1	B-24 毀		1
任務				
偵察	2	轟炸	攻擊	8
調防	1	空運	其他	
教練	8	試飛	通信	
失事原因				
技術錯誤		處置不當		
違犯規則	1	計劃不週		
機場管制不良		近境管制不良		
航路管制不良		指揮不當		
場地設施不良		飛機維護不良		
飛機材料不良		中敵砲火		
天氣惡劣		場地環境不良		
被撞		其他		1
飛機損壞程度				
損	1	毀		1
人員狀況				
傷	2	亡	俘	
失蹤		安全	附註	

第十大隊　失事次數：19

失事飛機型別				
C-47 損	3	C-47 毀		4
C-46 損	2	C-46 毀		10
任務				
偵察	1	轟炸	攻擊	
調防		空運	17	其他	1
教練		試飛	通信	

失事原因			
技術錯誤	3	處置不當	1
違犯規則	1	計劃不週	
機場管制不良		近境管制不良	
航路管制不良		指揮不當	
場地設施不良	2	飛機維護不良	5
飛機材料不良	1	中敵砲火	1
天氣惡劣	1	場地環境不良	
被撞	2	其他	2

飛機損壞程度			
損	5	毀	14

人員狀況					
傷	13	亡	1	俘	11
失蹤	2	安全	54	附註	

第十一大隊　　失事次數：25				
失事飛機型別				
P-47 損	13	P-47 毀		10
P-40 損	1	P-40 毀		1

任務				
偵察	1	轟炸	攻擊	4
調防	9	空運	其他	
教練	9	試飛	2	通信

失事原因			
技術錯誤	4	處置不當	2
違犯規則		計劃不週	
機場管制不良		近境管制不良	
航路管制不良		指揮不當	
場地設施不良		飛機維護不良	9
飛機材料不良		中敵砲火	1
天氣惡劣	9	場地環境不良	
被撞		其他	

飛機損壞程度			
損	14	毀	11

人員狀況					
傷	5	亡	2	俘	1
失蹤	3	安全	14	附註	

第十二中隊 失事次數：5			
失事飛機型別			
PT 損	1	PT 毀	
AT 損	3	AT 毀	1
任務			
偵察	1	轟炸	攻擊
調防		空運 1	其他
教練	3	試飛	通信
失事原因			
技術錯誤	3	處置不當	2
違犯規則		計劃不週	
機場管制不良		近境管制不良	
航路管制不良		指揮不當	
場地設施不良		飛機維護不良	
飛機材料不良		中敵砲火	
天氣惡劣		場地環境不良	
被撞		其他	
飛機損壞程度			
損	4	毀	1
人員狀況			
傷	2	亡 1	俘
失蹤		安全 4	附註

第二十大隊 失事次數：12			
失事飛機型別			
C-46 損	7	C-46 毀	5
任務			
偵察		轟炸	攻擊
調防	1	空運 10	其他
教練		試飛	通信 1
失事原因			
技術錯誤	3	處置不當	
違犯規則	1	計劃不週	
機場管制不良		近境管制不良	
航路管制不良		指揮不當	
場地設施不良		飛機維護不良	4
飛機材料不良		中敵砲火	
天氣惡劣	4	場地環境不良	
被撞		其他	

飛機損壞程度					
損	7	毀		5	
人員狀況					
傷	5	亡	9	俘	
失蹤	1	安全	28	附註	

官校　失事次數：9				
失事飛機型別				
AT 損	8	AT 毀	1	
任務				
偵察		轟炸	攻擊	
調防	1	空運	其他	1
教練	7	試飛	通信	
失事原因				
技術錯誤	5	處置不當	2	
違犯規則		計劃不週		
機場管制不良		近境管制不良		
航路管制不良		指揮不當		
場地設施不良		飛機維護不良		
飛機材料不良		中敵砲火		
天氣惡劣	1	場地環境不良		
被撞	1	其他		
飛機損壞程度				
損	8	毀	1	
人員狀況				
傷		亡	俘	
失蹤		安全	13	附註	

其他　失事次數：29			
失事飛機型別			
P-51 損	1	P-51 毀	
P-47 損		P-47 毀	2
C-46 損	1	C-46 毀	
PT 機損	1	PT 機毀	4
AT 機損	9	AT 機毀	3
L-5 機損	1	L-5 機毀	1
蚊式損		蚊式毀	2
其他損	1	其他毀	3

任務					
偵察	2	轟炸		攻擊	2
調防	1	空運	4	其他	7
教練	11	試飛	1	通信	1
失事原因					
技術錯誤	9	處置不當		4	
違犯規則	2	計劃不週			
機場管制不良		近境管制不良			
航路管制不良		指揮不當			
場地設施不良		飛機維護不良		7	
飛機材料不良	1	中敵砲火		1	
天氣惡劣	5	場地環境不良			
被撞		其他			
飛機損壞程度					
損	14	毀		15	
人員狀況					
傷	12	亡		俘	1
失蹤		安全	25	附註	

總計　失事次數：227					
失事飛機型別					
P-51 損	16	P-51 毀		32	
P-47 損	15	P-47 毀		21	
P-40 損	1	P-40 毀		1	
B-25 損	2	B-25 毀		2	
B-24 損	1	B-24 毀		1	
C-47 損	3	C-47 毀		4	
C-46 損	10	C-46 毀		15	
PT 機損	3	PT 機毀		4	
AT 機損	25	AT 機毀		5	
L-5 機損	1	L-5 機毀		1	
蚊式損	13	蚊式毀		47	
其他損	1	其他毀		3	
任務					
偵察	12	轟炸	15	攻擊	54
調防	25	空運	33	其他	16
教練	55	試飛	15	通信	2
失事原因					
技術錯誤	61	處置不當		19	
違犯規則	6	計劃不週		1	
機場管制不良		近境管制不良			
航路管制不良		指揮不當		1	
場地設施不良	2	飛機維護不良		53	
飛機材料不良	15	中敵砲火		29	
天氣惡劣	24	場地環境不良			
被撞	10	其他		6	
飛機損壞程度					
損	91	毀		136	
人員狀況					
傷	59	亡	43	俘	16
失蹤	26	安全	253	附註	

第四篇　補給

第一章　航空器材

第一節　航空器材之補充

一、本年度航空器材之補充目標，為充實並維持本軍
　　8 個大隊又 1 個中隊之第一線兵力，及訓練所需之
　　飛機器材設備等，以肩負戡亂抗俄之建國工作。依
　　照過去飛機使用消耗及預計飛機出動架次與訓練計
　　劃，估計需補充各式飛機 282 架，及器材設備等約
　　3,850 噸。根據 37 年 10 月初物價指數計算，共需
　　金圓券 87,587,548 元，又美金 165,205,884.82 元。
　　惟上項預算迄未奉核定，僅於年初奉撥到美金專款
　　1,000 萬元，其中 650 萬元備補充航材之用。至國
　　幣部份則以貶值關係，每月奉撥之數不定，其奉撥
　　及支付情形，詳附表（一）、（二）。

二、各式飛機器材設備等多需向國外訂購補充，因奉撥
　　之專款有限，未能按原計劃辦理，全年度僅成立購
　　案 24 件，迄年底止已訂購 16 案，正進行訪價訂購
　　者 6 案，因無法購到而註銷者 2 案。已購之器材，
　　除直昇機 4 架、噴射模型發動機 2 具、B-25 飛機
　　11 架外，餘皆為臨時急需器材與零件。至在國內
　　零星購置，補充之器材，則由本部撥款交供應司令
　　部或使用單位辦理。

第二節　航空器材及基地設備之調撥

一、航空器材之調撥

　　航空器材，除管制品分別由總部及供應司令部直接核撥外，非管制品則由使用單位及補給單位按照裝備表及補給表之規定標準申請或核撥。本年度本總部管制品、飛機、發動機撥發各飛行部隊共 455 具如左表：

隊別	發動機型別	數量
第一大隊	蚊式機用	89
第一大隊	B-25 機用	30
第三大隊	P-51 機用	23
第四大隊	P-51 機用	28
第五大隊	P-51 機用	14
第五大隊	P-47N 機用	35
第八大隊	B-24 機用	58
第十一大隊	P-47D 機用	12
第十二中隊	P-38 機用	6
第十二中隊	B-25 機用	17
第廿大隊	C-46 機用	143
共計		455

二、基地設備之調撥：

　　夜航及加油設備為基地主要設備，大陸撤退時該項設備因使用關係無法先行撤運，致損失甚重。現台灣、海南、定海各基地，均係利用已撤運之少數設備及庫存器材予以修整應用，至本年 12 月份各基地設備始具規模。

38 年上半年度本部技術補給處主管空軍特種經費奉撥及動支情況表　附表（一）

1 月份		金元券
奉撥數		163,990,132,576.00
動支數	飛機器材費	150,000.00
	設備費	363,750.00
	保養費	1,764,135.45
	合計	2,277,885.45

2 月份		台幣
奉撥數		
動支數	飛機器材費	190,000,000.00
	設備費	50,000,000.00
	保養費	100,000,000.00
	合計	300,000,000.00

3 月份		金元券	台幣
奉撥數			
動支數	飛機器材費		40,000,000.00
	設備費	456,300.75	20,000,000.00
	保養費	8,911,255.00	585,000,000.00
	合計	9,367,555.75	645,000,000.00

4 月份		金元券	台幣
奉撥數			
動支數	飛機器材費	60,300,000.00	22,000,000.00
	設備費	18,000,000.00	480,000,000.00
	保養費	166,100,000.00	22,000,000.00
	合計	244,400,000.00	92,000,000.00

5 月份		金元券	台幣
奉撥數			
動支數	飛機器材費	400,000,000.00	46,500,000.00
	設備費	240,000,000.00	1,479,060,000.00
	保養費	360,000,000.00	325,109,570.00
	合計	1,000,000,000.00	1,850,169,570.00

6 月份		金元券	台幣	銀元
奉撥數			2,419,404,047.70	67,180.38
動支數	飛機器材費	50,000,000.00	46,500,000.00	
	設備費		257,800,000.00	
	保養費		696,500,000.00	
	合計	50,000,000.00	1,000,800,000.00	

38 年下半年度本部技術補給處主管空軍特種經費奉准及動用情況表　附表（二）

7 月份		銀元	台幣
奉撥數		133,279.08	
動用數	飛機器材費	492.00	566,500,000.00
	設備費	247.20	112,516,000.00
	保養費	492.00	100,000,000.00
	合計	1231.20	1,049,016,000.00

8 月份		銀元	新台幣
奉撥數		46,208.59	20,9947.40
動用數	飛機器材費	246.00	2,325.00
	設備費	508.00	2,462.40
	保養費	246.00	4,825.00
	合計	1,000.00	9,792.40

9 月份		銀元	新台幣
奉撥數		46,208.59	209,947.40
動用數	飛機器材費		1,337.00
	設備費	101.00	1,068.98
	保養費		23,625.00
	合計	101.00	27,030.48

10 月份		銀元	新台幣
奉撥數			209,947.40
動用數	動用數	886.00	2,345.00
	設備費	187.40	29,630.00
	保養費	2,635.00	43,399.60
	合計	3,708.40	75,374.60

11 月份		銀元	新台幣
奉撥數			209,947.40
動用數	飛機器材費	42.00	
	設備費	220.40	14,485.00
	保養費	1,000.00	33,032.50
	合計	1,262.40	47,517.50

12 月份		銀元	新台幣
奉撥數			209,947.40
動用數	飛機器材費		47,250.00
	設備費	48.50	27,600.00
	保養費	3,060.00	5,476.85
	合計	3,108.50	80,276.85

合計	銀元	新台幣
奉撥數	225,696.26	1,049,737.00
動用數	10,411.50	266,867.23
餘	215,284.76	782,869.77

附註：奉撥之 10 至 12 月份新台幣經費於 12 月下旬始撥到

第二章　器材整理與庫房修建

第一節　器材整理

　　本年度因受戰局影響，本軍進口物資及疏散器材掃數運集台灣，截至 10 月底止，先後到台物資已達 80,000 噸以上。各主要補給機構，除擔任經常業務外，均需集中全力作器材整理工作。因庫房及各種設備不敷，並受人力及運輸工具限制，工作甚為艱難，幸賴工作人員努力，終於年內將大部份整理完成。其概況如左：

一、供應總處物資共 44,847 噸，已整理完畢 39,466 噸，未整理 5,381 噸。

二、第七供應處物資共 31,467 噸，已整理完畢 29,802 噸，未整理 1,665 噸。

三、第四供應處物資共 4,797 噸，已全部整理完畢。

　　詳細整理情形，如附表（一）至（三）。

第二節　庫房修建

　　本軍自遷台後，即積極整修台區各基地航空器材庫房，以備存儲進口及疏運到台之器材。至歲末止，除台區外，僅有海南島、定海及西昌三基地仍在我手中。經統計本年度台灣、海南島、定海、西昌各基地原有及擴建後共有航空器材庫面積約 45,745 平方公尺，其詳細情形，如附表（四）。

　　尚不敷用航空器材庫房面積約 3,700 平方公尺，（包括美援入口器材噸位）已列入 39 年度工程預算呈請國防部撥款興建。

前供應總處庫房及物資整理情況表（附表一）

航空庫－台南二空一號庫	
面積（M^2）	1,060.20
存放器材名稱	01、02
庫存噸位	980.00
露天存放情形－噸位	
露天存放情形－位置	
已整理噸位	980.00
未整理噸位	
預定完成日期	年底
備考	

航空庫－台南二空二號庫	
面積（M^2）	1,284.00
存放器材名稱	02、04、待驗器材
庫存噸位	718.00
露天存放情形－噸位	
露天存放情形－位置	
已整理噸位	638.00
未整理噸位	80.00
預定完成日期	年底
備考	

航空庫－台南二空三號庫	
面積（M^2）	1,491.00
存放器材名稱	各類航材
庫存噸位	671.00
露天存放情形－噸位	
露天存放情形－位置	
已整理噸位	671.00
未整理噸位	
預定完成日期	年底
備考	

航空庫－台南二空四號庫	
面積（M^2）	3,528.00
存放器材名稱	02、待驗器材
庫存噸位	2,020.00
露天存放情形－噸位	
露天存放情形－位置	
已整理噸位	1,600.00
未整理噸位	420.00
預定完成日期	年底
備考	

航空庫－台南二空露天 A 區	
面積（M^2）	
存放器材名稱	01、17
庫存噸位	
露天存放情形－噸位	3,800.00
露天存放情形－位置	A 區馬路
已整理噸位	3,800.00
未整理噸位	
預定完成日期	年底
備考	

航空庫－台南二空露天 D 區	
面積（M^2）	
存放器材名稱	02、待驗器材
庫存噸位	
露天存放情形－噸位	546.00
露天存放情形－位置	D 區馬路
已整理噸位	346.00
未整理噸位	200.00
預定完成日期	年底
備考	

航空庫－台南二空露天 C 區	
面積（M^2）	
存放器材名稱	01、17
庫存噸位	
露天存放情形－噸位	2,600.00
露天存放情形－位置	C 區馬路
已整理噸位	2,600.00
未整理噸位	
預定完成日期	年底
備考	

航空庫－台南一空露天	
面積（M^2）	
存放器材名稱	蚊機器材
庫存噸位	
露天存放情形－噸位	2,999.30
露天存放情形－位置	一空
已整理噸位	2,999.30
未整理噸位	
預定完成日期	年底
備考	

航空庫－小崗山 A-1 庫	
面積（M^2）	1,260.00
存放器材名稱	航空器材
庫存噸位	763.00
露天存放情形－噸位	
露天存放情形－位置	
已整理噸位	603.50
未整理噸位	159.50
預定完成日期	年底
備考	

航空庫－小崗山 A-2 庫	
面積（M²）	1,260.00
存放器材名稱	航空器材
庫存噸位	846.15
露天存放情形－噸位	
露天存放情形－位置	
已整理噸位	695.40
未整理噸位	150.75
預定完成日期	年底
備考	

航空庫－小崗山 A-3 庫	
面積（M²）	1,476.00
存放器材名稱	航空器材
庫存噸位	1136.25
露天存放情形－噸位	
露天存放情形－位置	
已整理噸位	908.50
未整理噸位	227.75
預定完成日期	年底
備考	

航空庫－小崗山 A-4 庫	
面積（M²）	1,476.00
存放器材名稱	航空器材
庫存噸位	1089.00
露天存放情形－噸位	
露天存放情形－位置	
已整理噸位	1023.00
未整理噸位	75.00
預定完成日期	年底
備考	

航空庫－小崗山 A-5 庫	
面積（M^2）	1,476.00
存放器材名稱	航空器材
庫存噸位	853.60
露天存放情形－噸位	16.00
露天存放情形－位置	C 區、J 區
已整理噸位	717.70
未整理噸位	152.50
預定完成日期	年底
備考	

航空庫－小崗山 A-6 庫	
面積（M^2）	1,476.00
存放器材名稱	航空器材
庫存噸位	1031.85
露天存放情形－噸位	7.00
露天存放情形－位置	J 區
已整理噸位	1014.85
未整理噸位	24.00
預定完成日期	年底
備考	

航空庫－小崗山 A-7 庫	
面積（M^2）	1,471.50
存放器材名稱	航空器材
庫存噸位	1301.50
露天存放情形－噸位	35.00
露天存放情形－位置	I 區、K 區
已整理噸位	1294.50
未整理噸位	42.00
預定完成日期	年底
備考	

航空庫－小崗山 A-8 庫	
面積（M²）	1,471.50
存放器材名稱	航空器材
庫存噸位	1589.00
露天存放情形－噸位	101.00
露天存放情形－位置	I 區、E 區
已整理噸位	1676.00
未整理噸位	14.00
預定完成日期	年底
備考	

航空庫－小崗山 1 號山洞	
面積（M²）	1,230.00
存放器材名稱	航空器材
庫存噸位	967.70
露天存放情形－噸位	6.00
露天存放情形－位置	山洞外
已整理噸位	699.20
未整理噸位	274.50
預定完成日期	年底
備考	

航空庫－小崗山 2 號山洞	
面積（M²）	605.90
存放器材名稱	航空器材
庫存噸位	760.00
露天存放情形－噸位	18.00
露天存放情形－位置	山洞外
已整理噸位	683.00
未整理噸位	95.00
預定完成日期	年底
備考	

航空庫－小崗山露天	
面積（M^2）	
存放器材名稱	航空器材
庫存噸位	
露天存放情形－噸位	1407.40
露天存放情形－位置	A、B、D、F、H、I、J 等地區及山洞
已整理噸位	1407.40
未整理噸位	
預定完成日期	年底
備考	內中發動機 333 噸須詳加檢查

航空庫－小計	
面積（M^2）	20,566.10
存放器材名稱	
庫存噸位	14,736.05
露天存放情形－噸位	11,535.70
露天存放情形－位置	
已整理噸位	24,356.75
未整理噸位	1,915.00
預定完成日期	
備考	航材計共 26,271.75 噸

氣材庫－高雄通二庫	
面積（M^2）	166.80
存放器材名稱	美式氣象器材
庫存噸位	169.00
露天存放情形－噸位	16.00
露天存放情形－位置	庫房東北
已整理噸位	197.00
未整理噸位	8.00
預定完成日期	年底
備考	

氣材庫－高雄通二庫	
面積（M^2）	166.80
存放器材名稱	日式氣象器材
庫存噸位	2.00
露天存放情形－噸位	3.00
露天存放情形－位置	庫房門口
已整理噸位	5.00
未整理噸位	
預定完成日期	年底
備考	

氣材庫－小計	
面積（M^2）	166.80
存放器材名稱	
庫存噸位	191.00
露天存放情形－噸位	19.00
露天存放情形－位置	
已整理噸位	202.00
未整理噸位	8.00
預定完成日期	
備考	器材小計 210 噸

通材庫－高雄通二庫	
面積（M^2）	333.50
存放器材名稱	通信器材
庫存噸位	750.00
露天存放情形－噸位	200.00
露天存放情形－位置	8 號庫外
已整理噸位	303.00
未整理噸位	247.00
預定完成日期	年底
備考	

通材庫－高雄橋下庫	
面積（M²）	108.00
存放器材名稱	通信器材
庫存噸位	98.00
露天存放情形－噸位	
露天存放情形－位置	
已整理噸位	80.00
未整理噸位	18.00
預定完成日期	年底
備考	

通材庫－小計	
面積（M²）	441.50
存放器材名稱	
庫存噸位	448.00
露天存放情形－噸位	200.00
露天存放情形－位置	
已整理噸位	383.00
未整理噸位	265.00
預定完成日期	
備考	通材計 648 噸

待驗材庫－東港 B-4	
面積（M²）	1,600.00
存放器材名稱	待驗航材
庫存噸位	150.00
露天存放情形－噸位	50.00
露天存放情形－位置	
已整理噸位	191.00
未整理噸位	10.00
預定完成日期	年底
備考	已檢驗尚待整理

待驗材庫－東港 B-5	
面積（M^2）	3,720.00
存放器材名稱	待驗航材
庫存噸位	1,800.00
露天存放情形－噸位	600.00
露天存放情形－位置	
已整理噸位	2,300.00
未整理噸位	100.00
預定完成日期	年底
備考	已檢驗尚待整理

待驗材庫－高雄鐵二庫	
面積（M^2）	1,023.80
存放器材名稱	待驗通材
庫存噸位	900.00
露天存放情形－噸位	
露天存放情形－位置	
已整理噸位	820.00
未整理噸位	80.00
預定完成日期	年底
備考	已檢驗尚待整理

待驗材庫－高雄通三庫	
面積（M^2）	456.70
存放器材名稱	待驗通材
庫存噸位	150.00
露天存放情形－噸位	120.00
露天存放情形－位置	
已整理噸位	270.00
未整理噸位	
預定完成日期	年底
備考	待交

待驗材庫－高雄補給部前露天	
面積（M^2）	
存放器材名稱	待驗通材
庫存噸位	
露天存放情形－噸位	80.00
露天存放情形－位置	補給部前空地
已整理噸位	80.00
未整理噸位	
預定完成日期	年底
備考	待交

待驗材庫－高雄田町露天庫	
面積（M^2）	
存放器材名稱	待驗航材
庫存噸位	
露天存放情形－噸位	1,200.00
露天存放情形－位置	田町露天庫
已整理噸位	100.00
未整理噸位	1,100.00
預定完成日期	年底
備考	

待驗材庫－小計	
面積（M^2）	6,800.50
存放器材名稱	
庫存噸位	3,000.00
露天存放情形－噸位	2,050.00
露天存放情形－位置	
已整理噸位	3,760.00
未整理噸位	1,290.00
預定完成日期	
備考	待驗材計 5,050 噸

工程庫－高雄田町 53 庫	
面積（M²）	176.80
存放器材名稱	養場
庫存噸位	100.00
露天存放情形－噸位	
露天存放情形－位置	
已整理噸位	100.00
未整理噸位	
預定完成日期	年底
備考	

工程庫－高雄田町 53 庫	
面積（M²）	
存放器材名稱	圖繪
庫存噸位	45.00
露天存放情形－噸位	
露天存放情形－位置	
已整理噸位	45.00
未整理噸位	
預定完成日期	年底
備考	

工程庫－高雄田町 53 庫	
面積（M²）	
存放器材名稱	給水
庫存噸位	45.00
露天存放情形－噸位	8.00
露天存放情形－位置	53 號庫前
已整理噸位	125.00
未整理噸位	
預定完成日期	年底
備考	

工程庫－高雄田町 53 庫	
面積（M²）	
存放器材名稱	電料
庫存噸位	313.00
露天存放情形－噸位	
露天存放情形－位置	
已整理噸位	313.00
未整理噸位	
預定完成日期	年底
備考	

工程庫－高雄田町 53 庫	
面積（M²）	
存放器材名稱	建築
庫存噸位	49.00
露天存放情形－噸位	75.00
露天存放情形－位置	
已整理噸位	565.00
未整理噸位	
預定完成日期	年底
備考	

工程庫－高雄田町 38 庫	
面積（M²）	60.00
存放器材名稱	建築
庫存噸位	7.00
露天存放情形－噸位	
露天存放情形－位置	
已整理噸位	7.00
未整理噸位	
預定完成日期	年底
備考	

工程庫－台南二空露天	
面積（M^2）	
存放器材名稱	鐵路、給水及養場
庫存噸位	
露天存放情形－噸位	382.00
露天存放情形－位置	
已整理噸位	382.00
未整理噸位	
預定完成日期	年底
備考	

工程庫－小計	
面積（M^2）	236.80
存放器材名稱	
庫存噸位	196.30
露天存放情形－噸位	397.50
露天存放情形－位置	
已整理噸位	593.80
未整理噸位	
預定完成日期	
備考	工程器材計 593.8 噸

車材庫－高雄田町車材 3 庫	
面積（M^2）	293.20
存放器材名稱	車材配另件
庫存噸位	188.00
露天存放情形－噸位	
露天存放情形－位置	
已整理噸位	188.00
未整理噸位	
預定完成日期	年底
備考	

車材庫－高雄田町車材 4 庫	
面積（M^2）	293.20
存放器材名稱	汽車內外胎
庫存噸位	326.00
露天存放情形－噸位	
露天存放情形－位置	
已整理噸位	326.00
未整理噸位	
預定完成日期	年底
備考	

車材庫－高雄田町車材 6 庫	
面積（M^2）	293.20
存放器材名稱	車輛器材
庫存噸位	158.00
露天存放情形－噸位	
露天存放情形－位置	
已整理噸位	158.00
未整理噸位	
預定完成日期	年底
備考	

車材庫－高雄田町露天	
面積（M^2）	
存放器材名稱	特種車輛
庫存噸位	
露天存放情形－噸位	200.00
露天存放情形－位置	三號庫右側
已整理噸位	200.00
未整理噸位	
預定完成日期	年底
備考	

車材庫－小計	
面積（M²）	879.60
存放器材名稱	
庫存噸位	672.00
露天存放情形－噸位	200.00
露天存放情形－位置	
已整理噸位	872.00
未整理噸位	
預定完成日期	
備考	車材計 872 噸

醫藥庫－台南火車站公賣局庫	
面積（M²）	2,538.00
存放器材名稱	醫藥器材
庫存噸位	278.00
露天存放情形－噸位	
露天存放情形－位置	
已整理噸位	278.00
未整理噸位	
預定完成日期	年底
備考	醫材計 278 噸

軍械庫－高雄田町 53 庫	
面積（M²）	176.80
存放器材名稱	軍械器材
庫存噸位	124.00
露天存放情形－噸位	15.00
露天存放情形－位置	庫外西面
已整理噸位	139.00
未整理噸位	
預定完成日期	年底
備考	

軍械庫－高雄田町 C 庫	
面積（M^2）	176.80
存放器材名稱	軍械器材
庫存噸位	144.00
露天存放情形－噸位	
露天存放情形－位置	
已整理噸位	144.00
未整理噸位	
預定完成日期	年底
備考	

軍械庫－高雄田町 D 庫	
面積（M^2）	176.80
存放器材名稱	軍械器材
庫存噸位	144.00
露天存放情形－噸位	72.00
露天存放情形－位置	D 庫前面及北面 C 庫前面
已整理噸位	216.00
未整理噸位	
預定完成日期	年底
備考	

軍械庫－小計	
面積（M^2）	530.40
存放器材名稱	
庫存噸位	412.00
露天存放情形－噸位	87.00
露天存放情形－位置	
已整理噸位	499.00
未整理噸位	
預定完成日期	
備考	軍械材計 499 噸

油料庫－小港露天	
面積（M^2）	
存放器材名稱	油料
庫存噸位	
露天存放情形－噸位	4,486.00
露天存放情形－位置	小港機場
已整理噸位	3264.50
未整理噸位	1221.50
預定完成日期	年底
備考	油料計 4,486 噸

待修庫－屏東待修庫	
面積（M^2）	720.00
存放器材名稱	待修器材
庫存噸位	362.00
露天存放情形－噸位	
露天存放情形－位置	
已整理噸位	362.00
未整理噸位	
預定完成日期	年底
備考	

待修庫－二空露天	
面積（M^2）	
存放器材名稱	可修航材
庫存噸位	
露天存放情形－噸位	500.00
露天存放情形－位置	
已整理噸位	待運入庫
未整理噸位	
預定完成日期	年底
備考	

待修庫－二空露天	
面積（M²）	
存放器材名稱	可修航材
庫存噸位	
露天存放情形－噸位	400.00
露天存放情形－位置	
已整理噸位	待運入庫
未整理噸位	
預定完成日期	年底
備考	內可修發動機 70 具

待修庫－二空露天	
面積（M²）	
存放器材名稱	可修發動機
庫存噸位	
露天存放情形－噸位	1,389.00
露天存放情形－位置	
已整理噸位	待運入庫
未整理噸位	
預定完成日期	年底
備考	

待修庫－小計	
面積（M²）	720.00
存放器材名稱	
庫存噸位	362.00
露天存放情形－噸位	2,289.00
露天存放情形－位置	
已整理噸位	
未整理噸位	
預定完成日期	
備考	待修材計 2,651 噸

彈藥庫－岡山機場 7 號掩體	
面積（M^2）	800.00
存放器材名稱	子彈鏈
庫存噸位	60.00
露天存放情形－噸位	
露天存放情形－位置	
已整理噸位	
未整理噸位	60.00
預定完成日期	年底
備考	

彈藥庫－岡山機場 8 號掩體	
面積（M^2）	800.00
存放器材名稱	子彈鏈
庫存噸位	8.00
露天存放情形－噸位	
露天存放情形－位置	
已整理噸位	
未整理噸位	8.00
預定完成日期	年底
備考	

彈藥庫－岡山機場 10 號掩體	
面積（M^2）	440.00
存放器材名稱	引信附件
庫存噸位	60.00
露天存放情形－噸位	
露天存放情形－位置	
已整理噸位	60.00
未整理噸位	
預定完成日期	年底
備考	

彈藥庫－岡山機場 11 號掩體	
面積（M^2）	5,000.00
存放器材名稱	各式子彈
庫存噸位	150.00
露天存放情形－噸位	
露天存放情形－位置	
已整理噸位	25.00
未整理噸位	125.00
預定完成日期	年底
備考	

彈藥庫－岡山機場 13 號掩體	
面積（M^2）	5,000.00
存放器材名稱	各式子彈
庫存噸位	250.00
露天存放情形－噸位	
露天存放情形－位置	
已整理噸位	60.00
未整理噸位	190.00
預定完成日期	年底
備考	

彈藥庫－岡山機場 14 號掩體	
面積（M^2）	440.00
存放器材名稱	特種彈鏈
庫存噸位	176.00
露天存放情形－噸位	
露天存放情形－位置	
已整理噸位	19.00
未整理噸位	157.00
預定完成日期	年底
備考	

彈藥庫－大林機場大林積集地	
面積（M²）	
存放器材名稱	炸彈
庫存噸位	
露天存放情形－噸位	2442.40
露天存放情形－位置	
已整理噸位	2442.40
未整理噸位	
預定完成日期	年底
備考	

彈藥庫－公館機場公館積集地	
面積（M²）	
存放器材名稱	炸彈
庫存噸位	
露天存放情形－噸位	120.00
露天存放情形－位置	
已整理噸位	
未整理噸位	120.00
預定完成日期	年底
備考	

彈藥庫－台南二空積集地	
面積（M²）	
存放器材名稱	汽油彈空殼
庫存噸位	
露天存放情形－噸位	22.00
露天存放情形－位置	
已整理噸位	
未整理噸位	22.00
預定完成日期	年底
備考	

彈藥庫－小計	
面積（M²）	12,480.00
存放器材名稱	
庫存噸位	704.00
露天存放情形－噸位	2584.40
露天存放情形－位置	
已整理噸位	2606.40
未整理噸位	682.00
預定完成日期	
備考	彈藥計 3,288.4 噸

總計	
面積（M²）	45,759.70
存放器材名稱	
庫存噸位	20,999.35
露天存放情形－噸位	23,848.60
露天存放情形－位置	
已整理噸位	39,466.45
未整理噸位	5,381.50
預定完成日期	
備考	各類器材 44,847.95 噸

前第七供應處庫房及物資整理情況表（附表二）

航空庫－台南二空 1 號庫	
面積（M²）	1,116.00
存放器材名稱	美式航材
庫存噸位	1,200.00
露天存放情形－噸位	
露天存放情形－位置	
已整理噸位	1,200.00
未整理噸位	
預定完成日期	年底
備考	

航空庫－台南二空 2 號庫	
面積（M^2）	540.00
存放器材名稱	06.07 類
庫存噸位	737.00
露天存放情形－噸位	183.00
露天存放情形－位置	2 號庫外
已整理噸位	920.00
未整理噸位	
預定完成日期	年底
備考	

航空庫－台南二空 3 號庫	
面積（M^2）	744.00
存放器材名稱	蚊機器材
庫存噸位	1,484.00
露天存放情形－噸位	
露天存放情形－位置	
已整理噸位	1,484.00
未整理噸位	
預定完成日期	年底
備考	

航空庫－台南二空 7 號庫	
面積（M^2）	30.00
存放器材名稱	美式航材
庫存噸位	150.00
露天存放情形－噸位	
露天存放情形－位置	
已整理噸位	150.00
未整理噸位	
預定完成日期	年底
備考	

航空庫－台南二空 8 號庫	
面積（M²）	30.00
存放器材名稱	美式航材
庫存噸位	140.00
露天存放情形－噸位	
露天存放情形－位置	
已整理噸位	140.00
未整理噸位	
預定完成日期	年底
備考	

航空庫－台南二空 30 號庫	
面積（M²）	3,528.00
存放器材名稱	美式航材
庫存噸位	1,500.00
露天存放情形－噸位	800.00
露天存放情形－位置	3 號庫外
已整理噸位	2,005.00
未整理噸位	295.00
預定完成日期	年底
備考	

航空庫－台南二空 34 號庫	
面積（M²）	1,185.60
存放器材名稱	美式航材
庫存噸位	1,300.00
露天存放情形－噸位	
露天存放情形－位置	
已整理噸位	1,300.00
未整理噸位	
預定完成日期	年底
備考	

航空庫－台南二空 36 號庫	
面積（M²）	786.80
存放器材名稱	美式航材
庫存噸位	900.00
露天存放情形－噸位	300.00
露天存放情形－位置	36 號庫外
已整理噸位	964.00
未整理噸位	236.00
預定完成日期	年底
備考	

航空庫－台南二空 37 號庫	
面積（M²）	1,188.00
存放器材名稱	美式航材
庫存噸位	980.00
露天存放情形－噸位	135.00
露天存放情形－位置	37 號庫外
已整理噸位	1,000.00
未整理噸位	115.00
預定完成日期	年底
備考	

航空庫－台南一空 5、6、8、10 號掩體庫	
面積（M²）	576.00
存放器材名稱	美式航材
庫存噸位	800.00
露天存放情形－噸位	
露天存放情形－位置	
已整理噸位	800.00
未整理噸位	
預定完成日期	年底
備考	

航空庫－岡山機場露天	
面積（M²）	
存放器材名稱	日式航材
庫存噸位	
露天存放情形－噸位	15.00
露天存放情形－位置	
已整理噸位	15.00
未整理噸位	
預定完成日期	年底
備考	

航空庫－台南二空露天	
面積（M²）	
存放器材名稱	美式航材
庫存噸位	
露天存放情形－噸位	200.00
露天存放情形－位置	
已整理噸位	200.00
未整理噸位	
預定完成日期	年底
備考	

航空庫－小計	
面積（M²）	9,724.40
存放器材名稱	
庫存噸位	9,191.00
露天存放情形－噸位	1,633.00
露天存放情形－位置	
已整理噸位	10,178.00
未整理噸位	646.00
預定完成日期	
備考	航材計 10,824 噸

車材庫－台南二空 9 號庫	
面積（M^2）	90.00
存放器材名稱	美式車材
庫存噸位	50.00
露天存放情形－噸位	
露天存放情形－位置	
已整理噸位	50.00
未整理噸位	
預定完成日期	年底
備考	

車材庫－台南二空 12 號庫	
面積（M^2）	112.50
存放器材名稱	美式車材
庫存噸位	80.00
露天存放情形－噸位	
露天存放情形－位置	
已整理噸位	80.00
未整理噸位	
預定完成日期	年底
備考	

車材庫－台南二空 13 號庫	
面積（M^2）	825.00
存放器材名稱	美式車材
庫存噸位	60.00
露天存放情形－噸位	
露天存放情形－位置	
已整理噸位	60.00
未整理噸位	
預定完成日期	年底
備考	

車材庫－台南二空 14 號庫	
面積（M²）	30.00
存放器材名稱	美式車材
庫存噸位	20.00
露天存放情形－噸位	
露天存放情形－位置	
已整理噸位	20.00
未整理噸位	
預定完成日期	年底
備考	

車材庫－台南二空露天	
面積（M²）	
存放器材名稱	日式車材
庫存噸位	
露天存放情形－噸位	50.00
露天存放情形－位置	走廊
已整理噸位	50.00
未整理噸位	
預定完成日期	年底
備考	

車材庫－小計	
面積（M²）	
存放器材名稱	
庫存噸位	210.00
露天存放情形－噸位	50.00
露天存放情形－位置	
已整理噸位	260.00
未整理噸位	
預定完成日期	
備考	車材計 260 噸

通材庫－台南二空 10、11、16、17 號庫	
面積（M²）	255.60
存放器材名稱	16 類
庫存噸位	127.80
露天存放情形－噸位	437.47
露天存放情形－位置	
已整理噸位	565.27
未整理噸位	
預定完成日期	年底
備考	

通材庫－台南二空走廊	
面積（M²）	10.00
存放器材名稱	蓄電池
庫存噸位	27.05
露天存放情形－噸位	
露天存放情形－位置	
已整理噸位	27.05
未整理噸位	
預定完成日期	年底
備考	

通材庫－台南二空走廊	
面積（M²）	72.00
存放器材名稱	氣象器材
庫存噸位	20.00
露天存放情形－噸位	
露天存放情形－位置	
已整理噸位	20.00
未整理噸位	
預定完成日期	年底
備考	

通材庫－台南二空 35 號 A、B 庫	
面積（M²）	4,872.00
存放器材名稱	氣材及通材
庫存噸位	214.66
露天存放情形－噸位	
露天存放情形－位置	
已整理噸位	214.66
未整理噸位	
預定完成日期	年底
備考	

通材庫－台南二空露天	
面積（M²）	
存放器材名稱	通信器材
庫存噸位	
露天存放情形－噸位	490.00
露天存放情形－位置	
已整理噸位	
未整理噸位	490.00
預定完成日期	年底
備考	新收海球輪運到者

通材庫－小計	
面積（M²）	8,251.00
存放器材名稱	
庫存噸位	389.51
露天存放情形－噸位	927.47
露天存放情形－位置	
已整理噸位	826.98
未整理噸位	490.00
預定完成日期	
備考	通材計 1,316.98 噸

衛材庫－台南一空 35 號 A 庫	
面積（M^2）	297.00
存放器材名稱	衛生器材
庫存噸位	49.65
露天存放情形－噸位	
露天存放情形－位置	
已整理噸位	49.65
未整理噸位	
預定完成日期	年底
備考	衛材計 49.65 噸

照材庫－台南一空 35 號 B 庫	
面積（M^2）	297.00
存放器材名稱	照相器材
庫存噸位	87.20
露天存放情形－噸位	
露天存放情形－位置	
已整理噸位	84.20
未整理噸位	3.00
預定完成日期	年底
備考	衛材計 87.2 噸

待修庫－台南二空露天	
面積（M^2）	
存放器材名稱	待修器材
庫存噸位	
露天存放情形－噸位	204.21
露天存放情形－位置	
已整理噸位	204.40
未整理噸位	
預定完成日期	年底
備考	待修材計 204.21 噸

供應庫－台南一空供應庫	
面積（M^2）	112.00
存放器材名稱	航材
庫存噸位	1.50
露天存放情形－噸位	
露天存放情形－位置	
已整理噸位	1.50
未整理噸位	
預定完成日期	年底
備考	供應庫存 1.5 噸

油料庫－台南機場 1、2 油庫	
面積（M^2）	
存放器材名稱	油料
庫存噸位	
露天存放情形－噸位	5,200.80
露天存放情形－位置	
已整理噸位	5,200.80
未整理噸位	
預定完成日期	年底
備考	

油料庫－岡山機場岡山油庫	
面積（M^2）	
存放器材名稱	油料
庫存噸位	
露天存放情形－噸位	101.70
露天存放情形－位置	
已整理噸位	101.70
未整理噸位	
預定完成日期	年底
備考	

油料庫－小計	
面積（M²）	
存放器材名稱	
庫存噸位	
露天存放情形－噸位	5,302.50
露天存放情形－位置	
已整理噸位	5,302.50
未整理噸位	
預定完成日期	
備考	油料 5,302.5 噸

械彈庫－台南二空 4、6、70、35C 軍械庫	
面積（M²）	1,080.10
存放器材名稱	軍械
庫存噸位	576.50
露天存放情形－噸位	826.50
露天存放情形－位置	4 號軍械庫
已整理噸位	1,403.00
未整理噸位	
預定完成日期	年底
備考	

械彈庫－台南機場南掩體 17 個	
面積（M²）	5,029.00
存放器材名稱	彈藥
庫存噸位	2,489.00
露天存放情形－噸位	842.00
露天存放情形－位置	27 號彈藥庫
已整理噸位	3,331.00
未整理噸位	
預定完成日期	年底
備考	

械彈庫－仁德機場 20 彈藥庫	
面積（M²）	1,400.00
存放器材名稱	炸彈束
庫存噸位	676.00
露天存放情形－噸位	1,258.00
露天存放情形－位置	20 號彈藥庫
已整理噸位	1,408.00
未整理噸位	526.00
預定完成日期	年底
備考	

械彈庫－岡山機場掩彈庫 6 個	
面積（M²）	2,274.00
存放器材名稱	炸彈
庫存噸位	1,370.00
露天存放情形－噸位	
露天存放情形－位置	
已整理噸位	1,370.00
未整理噸位	
預定完成日期	年底
備考	

械彈庫－臺南機場 12、23、33 掩體引信	
面積（M²）	9,356.00
存放器材名稱	引信
庫存噸位	171.50
露天存放情形－噸位	
露天存放情形－位置	
已整理噸位	171.50
未整理噸位	
預定完成日期	年底
備考	

械彈庫－岡山機場 AA 掩體引信	
面積（M²）	118.00
存放器材名稱	引信
庫存噸位	81.00
露天存放情形－噸位	
露天存放情形－位置	
已整理噸位	81.00
未整理噸位	
預定完成日期	年底
備考	

械彈庫－紅毛牌子彈庫四洞、五平	
面積（M²）	2,020.89
存放器材名稱	子彈
庫存噸位	1,925.50
露天存放情形－噸位	
露天存放情形－位置	
已整理噸位	1,925.50
未整理噸位	
預定完成日期	年底
備考	

械彈庫－小計	
面積（M²）	12,907.59
存放器材名稱	
庫存噸位	7,289.50
露天存放情形－噸位	2,926.50
露天存放情形－位置	
已整理噸位	9,690.00
未整理噸位	526.00
預定完成日期	
備考	械彈計 10,216 噸

糧服庫－臺北大安 A、B 號庫	
面積（M²）	81.60
存放器材名稱	被服裝具
庫存噸位	100.00
露天存放情形－噸位	
露天存放情形－位置	
已整理噸位	100.00
未整理噸位	
預定完成日期	年底
備考	

糧服庫－高雄大湖 1-11 號庫	
面積（M²）	926.05
存放器材名稱	被服裝具
庫存噸位	1,125.00
露天存放情形－噸位	
露天存放情形－位置	
已整理噸位	1,125.00
未整理噸位	
預定完成日期	年底
備考	

糧服庫－臺中草屯甲、乙、丙庫	
面積（M²）	676.00
存放器材名稱	被服裝具
庫存噸位	800.00
露天存放情形－噸位	
露天存放情形－位置	
已整理噸位	800.00
未整理噸位	
預定完成日期	年底
備考	

糧服庫－臺中清水清水庫	
面積（M^2）	4,818.00
存放器材名稱	糧服
庫存噸位	1,180.00
露天存放情形－噸位	
露天存放情形－位置	
已整理噸位	1,180.00
未整理噸位	
預定完成日期	年底
備考	

糧服庫－小計	
面積（M^2）	6,506.65
存放器材名稱	
庫存噸位	3,205.00
露天存放情形－噸位	
露天存放情形－位置	
已整理噸位	3,205.00
未整理噸位	
預定完成日期	
備考	糧服計 3,205 噸

總計	
面積（M^2）	30,979.73
存放器材名稱	
庫存噸位	20,423.36
露天存放情形－噸位	11,043.68
露天存放情形－位置	
已整理噸位	29,802.04
未整理噸位	1,665
預定完成日期	
備考	各類器材計 31,467.04 噸

前第四供應處庫房及物資整理情況表（附表三）

航材庫－台南二空 8 及 11 號庫	
面積（M²）	2,797.00
存放器材名稱	航空器材
庫存噸位	1,480.00
露天存放情形－噸位	150.00
露天存放情形－位置	
已整理噸位	1,630.00
未整理噸位	
預定完成日期	年底
備考	

通材庫－台南二空 8 及 11 號庫	
面積（M²）	2,797.00
存放器材名稱	通信器材
庫存噸位	1,512.00
露天存放情形－噸位	150.00
露天存放情形－位置	
已整理噸位	1,662.00
未整理噸位	
預定完成日期	年底
備考	

軍械庫－台南二空 8 及 11 號庫	
面積（M²）	2,797.00
存放器材名稱	軍械器材
庫存噸位	120.00
露天存放情形－噸位	
露天存放情形－位置	
已整理噸位	120.00
未整理噸位	
預定完成日期	年底
備考	

車材庫－台南二空 8 及 11 號庫	
面積（M²）	2,797.00
存放器材名稱	車輛器材
庫存噸位	200.00
露天存放情形－噸位	
露天存放情形－位置	
已整理噸位	200.00
未整理噸位	
預定完成日期	年底
備考	

照相庫－台南二空 8 及 11 號庫	
面積（M²）	2,797.00
存放器材名稱	照相器材
庫存噸位	220.00
露天存放情形－噸位	
露天存放情形－位置	
已整理噸位	220.00
未整理噸位	
預定完成日期	年底
備考	

衛材庫－台南二空 8 及 11 號庫	
面積（M²）	2,797.00
存放器材名稱	衛生器材
庫存噸位	240.00
露天存放情形－噸位	
露天存放情形－位置	
已整理噸位	240.00
未整理噸位	
預定完成日期	年底
備考	

被服庫－台南二空 8 及 11 號庫	
面積（M^2）	2,797.00
存放器材名稱	被服裝具
庫存噸位	350.00
露天存放情形－噸位	
露天存放情形－位置	
已整理噸位	350.00
未整理噸位	
預定完成日期	年底
備考	

修護組設備－台南二空 8 及 11 號庫	
面積（M^2）	2,797.00
存放器材名稱	修護組設備
庫存噸位	
露天存放情形－噸位	375.00
露天存放情形－位置	
已整理噸位	375.00
未整理噸位	
預定完成日期	年底
備考	

合計	
面積（M^2）	2,797.00
存放器材名稱	
庫存噸位	4,122.00
露天存放情形－噸位	675.00
露天存放情形－位置	
已整理噸位	4,797.00
未整理噸位	
預定完成日期	
備考	各類器材計 4,797 噸

38 年度台灣區各基地庫房面積統計表（附表四）

地區	庫房座數	總面積（M^2）	主權	損壞情形	備考
臺南	15	18,776	本軍所有	完好	
新竹	4	2,117	本軍所有	內二座需檢修	
屏東	3	919	本軍所有	已檢修完好	
嘉義	2	2,790	本軍所有	完好	
臺中	2	533	本軍所有	完好	
小岡山	10	10,368	本軍所有	已檢修完好	內二座為山洞計面積 1,836M^2
高雄	1	5,344	其中鐵工庫 1,024M^2 係租用高雄港務局	已檢修完好	內田町庫 4,320M^2 在修建中
馬公	1	36	本軍所有	完好	
桃園	1	1,300	本軍所有	新建	興建中
臺北	1	55	本軍所有	完好	
海口	24	2,580	本軍所有	可用	多為碉堡庫
三亞	2	350	本軍所有	可用	
定海	1	25	本軍所有	完好	
西昌	1	552	本軍所有	完好	
合計	68	25,745			

第三章　航空油料

　　本年度預計共需各種航空油料（包括飛機汽油及附屬油料）2,840 萬介侖，實際收入 1,400 萬介侖（14,706,000），如下表（一）（二）。

一、38 年度收入航空油料數量表

區別	數量（介侖）
NXY11227 案	5,000,000
9120 案	5,030,000
9070 案	1,876,000
9168 案	2,860,000
總計	14,766,000

二、38 年訂案而需在39 年度交貨之航空油料數量表

區別	數量（介侖）
NXY11227 案	2,540,000

　　本年度內百號汽油料消耗量以 2 月份為最低，計 67 萬介侖，以 11 月份為最高，計 180 萬介侖，平均每月消耗 109 萬介侖，如左表。

三、38 年度每月份一百號航空汽油消耗情況表
（單位：介侖）

月份	消耗量
1	712,719
2	678,738
3	859,171
4	970,748
5	964,890
6	868,221

月份	消耗量
7	1,144,496
8	1,212,831
9	1,248,504
10	1,413,493
11	1,799,998
12	1,260,648
總計	13,134,457

四、本年度因戰役撤退而損失之百號汽油，如下表：

（單位：萬介侖）

地點	數量	地點	數量	地點	數量	地點	數量
南京	50	重慶	28	芷江	2	南寧	3
上海	35	梁山	3	柳州	1	昆明	12
漢口	2	恩施	5	衡陽	17	霑益	10
廣州	29	成都	2	貴陽	27	總計	226

第四章　航空器材廢料處理

第一節　廢料處理概況

一、本年度廢料處理，因大部勤務機構遷來臺灣，其處理權責另行規定，採分區負責督導制，以所在基地勤務隊為廢料處理執行單位，該地本軍最高級單位為督導單位。至大陸各軍區則仍舊由各該軍區司令部負責處理之。

二、5月11日以38維源發1101號訓令頒佈台灣省分區廢料處理辦法及老舊剩餘物資處理辦法，6月14日以38維源發1195號訓令頒佈台灣省以外廢料處理辦法。

三、各單位因戰局關係，於撤離遷移時，受運輸工具之限制，凡無遷運價值之件，均予拍賣。其中如使用多年已損壞，或已失準確性之機器工具等，故本年度拍賣廢品中，尤以機器工具較以往為多。拍賣詳情，如附表（一）。

第二節　廢料之利用

一、因戰局關係各廠所忙於遷建任務，製造及大翻修工作幾陷于停頓狀態，故無廢料利用。

二、撥贈廢飛機2架，為專科大學作教材之用。

38 年度航空器材廢料處理情況統計表（附表一）

標售情形－一軍區	
發動機（具）	18
機器及工具（件）	535
金屬及航材（噸）	807.282
售得價款－金元券	431,136,600.00
售得價款－銀元	4,380.00
售得價款－港幣	8,220

標售情形－二軍區	
飛機（架）	4
售得價款－金元券	246,781,462.00

標售情形－三軍區	
降落傘（具）	119
機器及工具（件）	70
金屬及航材（噸）	139.133
售得價款－金元券	32,937,938.00
售得價款－黃金	22.50
售得價款－銀元	6,666.58

標售情形－四軍區	
飛機（架）	2
輪胎（只）	401
機器及工具（件）	197
售得價款－銀元	4,350.00

標售情形－五軍區	
飛機（架）	3
發動機（具）	2
輪胎（只）	803
金屬及航材（噸）	167.149
售得價款－金元券	879,435.00
售得價款－黃金	108.74
售得價款－銀元	126.00

標售情形－台灣區	
飛機（架）	47
機器及工具（件）	26
金屬及航材（噸）	164.992
售得價款－新台幣	118,502.91

標售情形－京滬區	
飛機（架）	105
售得價款－金元券	15,259,436.90

標售情形－各學校	
輪胎（只）	1964
機器及工具（件）	14
金屬及航材（噸）	141.017
售得價款－金元券	29,014,731.70
售得價款－黃金	85.00
售得價款－銀元	1,134.00
售得價款－新台幣	1,233.00

標售情形－工業局	
機器及工具（件）	30
金屬及航材（噸）	5.492
售得價款－銀元	1,093.55
售得價款－港幣	17,355.00
備考	該局所屬廠所

標售情形－共計	
飛機（架）	161
發動機（具）	20
輪胎（只）	3,168
降落傘（具）	119
機器及工具（件）	872
金屬及航材（噸）	1,425.05
售得價款－金元券	756,009,603.60
售得價款－黃金	261.24
售得價款－銀元	17,750.13
售得價款－新台幣	119,735.91
售得價款－港幣	25,575.00

利用情形	
飛機（架）	2
備考	撥贈專科學校作教材

總計	
飛機（架）	163
發動機（具）	20
輪胎（只）	3,168
降落傘（具）	119
機器及工具（件）	872
金屬及航材（噸）	1,425.05

第五章　糧秣被服

第一節　官兵主食

一、本年度本軍軍糧，仍係由本部按軍額與各區人數暨實際需求，按月統籌分配各調配單位統領轉發，同時呈報國防部轉令各補給機關照配額撥補。

二、本年 1 月份起，本軍軍糧配額，仍係按 121,385 人撥配。至 5 月份以後，因裁減軍額改按 119,375 人配撥。從 8 月份起配屬本軍之地面部隊之主食，亦劃歸本部統籌辦理，不再由聯勤補給機關直接補給。

三、從 9 月份起，奉國防部核實點編，改按實有人數撥糧，計 9 月份實際領糧人數為 143,477 人，10 月份142,626 人，11 月份 141,050 人，12 月份82,500 人。

四、本年度共實領入軍糧 62,249,455 市斤，發出軍糧58,594,696 市斤。

第二節　眷糧

一、本軍各軍糧統領單位，因糧源關係，間有不能照額實足領糧，本年度實領糧數平均領到約在 80% 左右。此項軍糧，除核實撥發領用官兵外，節餘之數，由本部統籌運用處置。

二、自大陸軍事轉變，本軍于 37 年 11 月份開始陸續遷台。惟以台地百物高昂，軍眷生活困苦，為改善軍眷生活，俾免官士家庭負擔之累起見，乃利用庫

存之餘糧，實施計口授糧辦法，計如附件（一）。所有來台官士眷糧，按直系親屬大口月給眷糧30市斤，中口月給15市斤，小口月給8市斤。大陸區方面，亦按各地生活程度暨存糧狀況酌給眷糧。計自37年12月份起至38年9月份止，共支眷糧8,934,842斤，詳如附件（二）。該項計口授糧辦法施行以來，官士眷屬主食問題，全部解決，收效甚宏。惟自本年10月份起，庫存餘糧，業已撥罄，同時國防部實施點編，按實有人數撥糧，故本部無餘糧可以續發眷糧，乃建議東南長官公署參照本軍現行之計口授糧辦法，實施計口授糧，以免影響官士眷屬生活，而維士氣。旋准東南長官公署公佈計口授糧辦法，自10月份起施行，辦法如詳如附件（三）。乃按照規定按月具領轉發。計台灣區現有官士眷屬4萬2千餘人，月領眷糧106萬餘斤。

第三節　官兵副食

一、本軍38年度副食，仍以代金方式補給，其支給範圍，原僅限於士兵。自本年2月份起，官佐因薪給微薄，生活不敷維持，亦比照士兵同樣支給，以示體恤。並規定大陸區按銀元支給，台灣區按台幣支給。本年度各區按月支給標準，如附件（四）。

二、駐金門、定海、岱山等地官兵，因接近前線，當地蔬菜缺乏，為激勵士氣起見，除自8月份起加給銀元1元外，12月份起金門官兵每人月發慰勞津貼新台幣20元，岱山、定海月發10元，由軍糧補給

所在台代購副食品，按週空運濟補。

第四節　官兵夏服

一、官佐夏服

本年度官佐夏季服裝，計在上海購到國產卡其布 30 萬碼，按男性每人 12 碼，女性每人 10 碼，發給各人自行製做軍常服軍便服各 1 套著用。不予補助工資。計共發出布料 242,504 碼，結存 57,496 碼。

二、軍士及學員生夏服

本年度軍士學員生夏服，除第三、五軍區 5,800 人，由本部發料交各該部統籌製辦及部訓總隊學員 81 人，官校學生 431 人，係另撥布料自製外，其餘台區及第一、四軍區統係本軍被服工廠製做補給，共由被服工廠用草黃斜紋布製做夏服 25,000 份配發（計軍士 21,000 份，學員生 4,000 份，每份包括軍常服及軍便服各 1 套）。計發四軍區 3,000 份，一軍區 1,500 份，台區 19,315 份，結餘 1,185 份。至所需工資，三軍區實支金圓 375,000,000 元，五軍區實支金圓 300,000,000 元，官校實支舊台幣 184,675,000 元，被服工廠實支工資舊台幣 558,000,000 元，總共實支工資金圓 675,000,000 元，舊台幣 742,675,000 元。又部訓總隊學員，係官佐身份，故祇發布料，不發工資。

三、普通士兵夏服

本年度普通士兵夏服，仍係照上年例由聯勤總部籌製分區撥補，計共撥給本軍草黃平布夏服 48,000 份，每份包括軍常軍便服各 1 套。除實發出 32,559 份外，

實剩餘 15,441 份。

第五節　官兵冬服

本年度各級官兵冬服，早已計劃妥善。惟自 8 月份起配屬本軍各地面部隊，因聯勤部撤銷，劃歸本部直接補給，時間短促，除儘量利用庫存剩餘品外，不足之數，交廠加工趕製完成。所有全軍冬季服裝之補給情形，分述於左。

一、空軍官佐冬服

本年係就前年向美購到配發剩餘之布料及上年在上海向中紡公司定購之四萬碼呢料，按官佐每人 3 公尺（女性 2 公尺半）配發。因中紡較美料稍差，奉准以美料優先配發各作戰大隊官佐，餘按先後次序發給，由各人自行交商縫製軍常服 1 套、大盤軍帽 1 頂，因服裝費支絀，一律不予補助工資。

二、學員生冬服

各學校學員生冬服，本年由被服工廠量身製發夾軍服 2,160 份。每份包括草黃斜紋布夾軍服 1 套，大盤軍帽 1 頂，另發棉背心 1 件禦寒。官校三十期學生，由該校前在印度製做之呢軍服各配發 1 套，並由本部補給工資修改著用。同時將本年各校學員生領用之夏冬服，除帶薪受訓及短期訓練者外，暫改為給與品。

三、空軍士兵及普通士兵冬服

被服工廠本年製作空士草黃斜紋布夾軍服 17,000 套，普通士兵草黃斜紋布夾軍服 15,000 套，配發台、瓊區各級士兵。普通士兵並利用由蓉、渝調運來台之棉

背心各發 1 件。至大陸各軍區，係將庫存歷年剩餘棉軍服新品每人發給 1 套。

四、地面部隊冬服

1. 地面部隊官佐呢料，本年 8 月份起，始劃歸本部接辦，以時間倉促，無法籌購。除將庫存剩餘呢料僅足配發中校編制以上正副主官各 1 套（3 公尺）外，其餘各官佐配發美製草綠人字布料各 5 公尺，由各人自行交商縫製軍常服 1 套、大盤軍帽 1 頂著用，不予補助工資。

2. 台、瓊區士兵由被服工廠製做草黃斜紋布夾軍服 26,000 套，每人配發 1 套。並由各部隊利用舊棉服自行改製棉背心，工資由本部酌予補助。其無舊棉服可資改製者，儘本部庫存剩餘棉背心，予以配發，使每人均有1 件可資禦寒之棉服。

3. 大陸區士兵所需棉軍服，由各軍區就庫存歷年剩餘新品棉軍服配發。

五、本年度被服工廠製做學員生軍士普通士兵暨地面部隊服裝，共支出工資及附屬材料新台幣 213,283 元，工價較市價低廉十餘倍以上，節省公帑舊台幣壹百餘億元。

六、本年冬季服裝收發結存種量如左：

1. 官佐冬服呢料共發 43,872 碼，剩餘中紡呢料 20,928 碼。此項呢料剩餘，係因大陸戰事突變，大部人員未及撤出之故。

2. 官佐冬服美製人字卡其布共發出 10,635 公尺後無剩餘。

3. 軍士草黃斜紋布夾軍服共發出 16,450 套，剩餘 550 套。

4. 普通士兵草黃平布夾軍服共發出 37,350 份，剩餘3,650 份。

第六節　鞋襪

一、學員生部份

官校學生皮鞋於 37 年冬季曾發款交該校招商製辦補充配發，其他各校學員生除利用第四供應處庫存美軍皮鞋及由杭州糧服庫運台力士膠鞋 1,900 雙代替皮鞋，一併交由訓練司令部統籌配發每人 1 雙外，剩餘數由該部視使用情況增發之。

各校學員生線襪於本年 3 月間在滬購置 20,000 雙補充，全年每人配發 4 雙。

二、士兵部份

空軍技術兵普通士兵及各地面部隊士兵，本年度軍鞋之補給，係分區辦理。台、穗、瓊區由本部訂購黑色力士膠鞋 100,000 雙，由供應部配發，每人 1 雙。第三、四、五軍區，除利用庫存布鞋補給外，其不敷數量，經發款（計發交第五軍區 4,110 元銀元，第三軍區 1,918 銀元）交各軍區部自行招商製辦補充配發（第四軍區因戰況關係停止未做）。至軍襪之補給，係利用庫存黑色布襪配發著用。台區由第五軍區空運 35,000 雙，交由第七供應處配發，每人 1 雙。

第七節　飛行寢具

本年為適應作戰需要各基地應準備之作戰人員寢具，由被服工廠製做，視情況隨時調撥應用，先後撥發各基地寢具種量如附件（五）。

第八節　飛行服裝

本軍各空勤官士飛行服裝利用，前年在加拿大購到之單棉絨飛行服裝 40,000 份、皮帽 10,000 頂，上年度已大部換發著用，本年僅少數人員予以換領，計共發出加式飛服 550 份，加式皮帽 80 頂，尚餘存加服 16,240 份，加帽 990 頂。

第九節　海上飛行救生裝具

自大陸戰事轉變，本軍陸續集駐台灣，海上飛行，往來頻繁，為維護海洋飛行安全，救生設施之配備，從上年 12 月份開始籌劃，將前接收尚存各庫日式、美式之救生背心及水壺、乾糧袋等，調運來台，按機型及可乘人數配發各部隊領用。以美式配發空勤人員應用，日式配發搭機人員應用。惟以美式背心係橡膠製，使用時以 CO_2 氣瓶拉壓空氣使之膨脹，因此項 CO_2 氣瓶消耗甚多。當在 1,000 萬美金案內撥美金 3,000 元在美購到 5,000 只，隨救生背心配發備用，共計先後配發各部隊是項救生裝具種量，如附件（六）。為準備反攻大陸及損耗補充需要，又向美訂購新式 B-5 型救生背心 2,500 件，每件需美金約 17 元，預定 39 年 3 月份左右，可以運到應用。

第十節　庫存剩餘物資之分配處理

本年度因大陸戰事轉移，為免物資資匪，除一面將各區庫存物資視運輸情況儘量運台外，一面將不能運出或無需要或因運輸反不經濟者，授權各軍區部處理。至運台之物資，除冬夏應用之服裝及材料已予利用配發外，其餘非軍事經常需要之被服裝具，為免佔用庫房噸位，俾容納新收物資起見，飭供應司令部予以分配處理（其處理概況如附件七）。

第十一節　服裝費收支概況

本年度向國防部領入服裝經費，有金圓、有銀元，亦有港幣、黃金，為使計算方便，總共折合銀元為 786,381.21。惟金額有限，不敷開支，本部當將渝蓉庫存士兵棉軍服 25,000 份，價讓國防部，白平布 8,000 疋售給永孚商行。又將上海搶運來台之棉紗價售華昇商行，收入之款以彌補服裝費之不足。全年度服裝經費收支結存概況，如附件（八）。

第十二節　服裝材料收發概況

一、收入之部

本年聯勤總部撥發本軍黃卡其布 9,471 疋，黃斜紋布 12,578 疋，藍斜紋布 9,015 疋。

二、發出之部

　　1. 製作學員生軍士夏服實用材料，學員生 4,000 份，軍士 21,000 份，每份包括軍常服軍便服各 1 套，共用草黃卡其布 6,959 疋，白平布 87,323

定。（普通士兵夏服係由聯勤總部補給，故未
列支材料）。

2. 製作學員生軍士及本軍普通士兵地面部隊士兵冬
服實用材料。學員生 2,160 人，軍士 17,000 人，
本軍普通士兵 15,000 人，地面部隊士兵 26,000
人，以每人 1 套夾軍服計算，共用草黃斜紋布
9,080 疋，白平布 5,618 疋。

3. 被服工廠製墊被套 298 條，枕頭 150 個，枕心
1,400 個，共用白平布 139 疋。

4. 以上總計撥用草黃斜紋布 16,039 疋，白平布
6,630 疋。

5. 除上項製作服裝寢具外，尚結存草黃卡其斜紋布
6,010 疋，藍斜紋布 9,015 疋，惟已使用之白平
布，係利用上年結餘材料。

第十三節　加強空軍被服工廠設備及生產情形

本軍被服工廠，係抗戰時間成立，陸續購買縫紉機
210 部，其中使用年久，多已損壞，截至上年僅可使用
者 150 部，71 種銷眼機 3 部，45 種製鞋襪機 8 部。
本年因應實際需要添購新縫紉機 50 部，全年生產情
形如下：

一、夏服

1. 空士夏季軍常服 21,000 套。

2. 空士夏季軍便服 21,000 套。

3. 學員生夏季軍常服 8,000 套。

4. 大盤軍帽 23,000 頂。

    5. 船形帽 21,000 頂。

    6. 女雇工夏服 2,400 套。

二、冬服

    1. 空士夾軍服 17,000 套。

    2. 學員生量身夾軍服 2,000 套。

    3. 普通士兵夾軍服 15,000 套。

    4. 地面部隊士兵夾軍服 26,000 套。

    5. 軟邊軍帽 41,000 頂。

    6. 大盤軍帽 19,000 頂。

    7. 士兵綁腿 26,000 雙。

    8. 藍布工作衣帽 35,000 套。

三、雜項

    1. 蓋棉絮連套 800 床。

    2. 墊棉絮連套 898 床。

    3. 枕頭套 150 個。

    4. 枕頭心 1,400 個。

    5. 蚊帳 5,618 床。

    6. 通信袋 700 個。

    7. 修理救生背心 181 件。

空軍駐台官佐暨技術軍士眷屬計口授糧辦法（附件一）

          38 年 1 月 12 日維淳 022 代電公佈

          38 年 7 月 25 日維淳 2932 代電修正

          38 年 10 月 14 日維淳 417 訓令解釋

一、空軍總司令部為使住台官士（不包括普通士兵）、
    眷屬在戡亂期間生活安定起見，特根據實際情形，

不以階級之高低，而以人口之多寡規定計口授糧辦法。

二、本軍原駐台灣與疏散來台之官佐（聯勤補給之地面陸軍部隊除外）士（空軍各種技術軍士）直系親屬合于核給原則規定（詳見十二條），均得計口授糧，6 歲以上大口每人月發食米 30 市斤，3 歲以上 6 歲以下中口月發 15 市斤，3 歲以下小口月發食米 8 市斤，大中小口界限之劃分採習慣計算法，6 歲及 6 歲以上為大口，3 歲以上不到 6 歲為中口，不到 3 歲者為小口。

三、原在台灣之官士其眷糧自 37 年 12 月份起開始發給，最近調遣及疏散來台者，不論官士本人在台與否，均自眷屬實際到達之日起計口授糧。

四、各單位申請官士眷糧以本部核准有案之空軍軍額以內人員為限，至臨時雇用或非軍額以內之人員，一概不予發給。

五、各單位官士第一次請領眷糧時由該管機關負責調查清楚後造具申請清冊 3 份（格式如附表一），由主管官員負責證明逕送本部第一署登記科眷糧檢記組核符後，寄第七供應處填給補給證，逕寄原申請單位。

六、各官士所報眷口如有不實、冒領眷糧或將所領眷糧變價圖利者，除該管各級主官受連帶處分外，其本人應即交軍法以貪污條例治罪後並開除軍籍。

七、台灣第七供應處接到各單位報送之請領眷糧清冊，經核無訛後，即填發配給證（每 1 眷口發給配給證

1 張），飭各統領機關按月憑證發糧，由各眷每月即憑證逐向指定之發糧機關具領。

八、官士眷屬如有移動，即由請領人填具眷屬移動表（格式三）2 份，連同配給證正本送請原發糧機關登記，原發糧機關核符後即於移動表唧補，簽證欄內填妥後以 1 份及配給證正本退交持證人，憑往新到地區發糧機關領糧，同時速將另份移動表及配給證，副本寄送遷移地區發糧機關唧接發糧。

九、發糧機關於當月月終清發眷糧，1 週後即須填造該月份之眷糧清冊 2 份，暨附具月發眷糧統計表2 份，一併報由供應處核轉供應司令部核銷同時並以統計表副本呈報總部核備。

十、派駐台灣官士如奉令離職（離開空軍者為限），或眷屬遷返內地時其所領之物品（眷糧）配給證，應於離台前繳交當地發糧機關註銷。

十一、配給證如有遺失或損毀，應即開具原證號碼申請發糧機關補發，發糧機關接到此項申請後除立即轉報供應處補發，同時即將申請人原證副本註銷。

十二、各官士計口授糧核給原則茲規定如下：

1. 眷屬計口授糧以在役官佐及技術士之直系親屬在台灣者為限。

2. 在役人員有妻妾數人者，單給其配偶 1 人，媳孫不給。

3. 在役人員之兒女不論其正出庶出一律發給，新生子女須先報出再請眷糧。

4. 在役人員再娶再嫁之婦攜有子女仍從原姓者不給，其已改姓而為其子女者照給。

5. 女職員未嫁者給其父母，已婚者父母或翁姑任其擇一給之，如父母離台翁姑在台時須立辦繳領配糧證手續。

6. 女職員之丈夫不給。

7. 遺族在本軍服務者，照撫卹令所載直系親屬核給。

8. 在役人員直系親屬有職業者不給，子女已成年（以屆滿 20 足歲為準）及已婚者不給，惟子女在校求學或有傷患疾病暨寡媳無職業者得發之。

9. 其他賴以贍養之非直系親屬一概不給惟獨有特殊情形者須報經特准然後發給之。

十三、計口授糧辦法施行後，以前（37）原淳發 7635 亥東電規定之官佐 3 大口，軍士按 1 大口另 1 小口領糧辦法，應予同時廢止。

十四、本辦法僅限於台灣區施行，其他各地不准援例。

十五、破月計算法不分大中小口，平月大口日支 1 市斤、中口半市斤、小口 4 市兩，惟全月者仍按月支定量支給。

十六、配給證之覆查蓋章悉按（38）維具 808 號訓令辦理。

十七、本辦法自 37 年 12 月 1 日起施行。

附註　本辦法內之附表格式略。

空軍總司令部 37 年 12 月份及 38 年度撥發眷糧統計表
（附件二）　　　　　　　　　　　　（單位：市斤）

年度	月份	支付眷糧數		合計
		台灣區	大陸區	
37	12	315,082	226,075	541,157
38	1	501,008	41,230	542,238
	2	599,486	235,925	833,411
	3	671,397	240,193	911,592
	4	813,821	25,815	839,636
	5	872,166		872,166
	6	920,565	115,615	1,036,180
	7	940,595	113,620	1,054,215
	8	1,098,271		1,098,271
	9	1,205,976		1,205,976
	小計	7,936,367	998,475	8,934,842
	10	1,060,830		1,060,830
	11	1,065,608		1,065,608
	12	1,066,750		1,066,750
合計		11,129,555	998,475	12,128,030

備考　本年度結存軍糧 3,654,758 市斤，以前各年度累計結餘 5,280,084 市斤並入撥付眷糧。

空軍總司令部 38 年 10 月 15 日維淳發 4135 號代電
（附件三）
為飭各屬限期造送申請眷糧冊表送第七供應處以憑彙轉東南長官公署核發糧由。
一、本部前為體念來台官士眷屬生活困苦起見，經在餘糧項下按月撥發眷糧在案。
二、頃接東南長官公署（38）署參字第 0038 號代電頒發東南區眷糧實施辦法，並限本月 20 日以前造送申請冊表憑核，茲轉發原辦法 1 份，並根據該項原則指示如下：

1. 各單位須迅速遵辦「駐台軍眷申請姓名冊」及「眷糧申請表」，於 10 月月底以前送第七供應處。

2. 第七供應處不論改組與否，務須指定專人收辦，於 11 月初彙齊冊表送長官公署。

3. 各單位申請眷糧務須重新嚴加審核，否則如經長官公署查核不實，而致影響軍譽時決予嚴處，各單位須切實注意。

4. 遺族及駐美人員以發配給證者，由發糧單位轉知或代造。

5. 格式所列各欄必須據實填報完全，否則責由自負，軍眷處審核意見及簽證欄由各單位主官負責核實蓋章簽證。

6. 申請表規定由補給司令部印製價發，為趕時限，在未印製前由各單位照式製用。

7. 本軍計口授糧辦法暫不取消，尤須貫澈配給證制度，各單位不得任意不請配給證，而擅自列報或發糧。

8. 各屬填造表冊以奉准填發配給證者為限（但須重新加以審核），正在申請配給證者，如經單位主官確切審核認為合乎支給條例毫無問題者，及已申請配給證尚未填發者均准列造，但經第一署通知剔除後，應自動申請撤銷原表。

9. 旁系親屬必須專案報部核轉，不得任意列入。

三、仰遵照指示各節及附件規定，各項辦法切實遵限辦理。

四、在該項眷糧未領到前，仍按本軍計口授糧辦法辦理
並仰遵照！

東南區駐台軍眷糧實施辦法

一、本區陸海空勤經國防部東南區點編委員會點編完
成，或經東南軍政長官公署（以下簡稱本署），循
名覈實之軍事機關、學校、部隊、廠在職官佐技工
（海空軍軍士），經奉本署核准駐台眷屬並經各該
隸屬主管長官調查屬實者，得請核發眷糧。

二、申請眷糧之官佐一律以編制內現職，經呈報有案
及額外人員奉准有案者為限，技工僅限於編制內之
一、二、三級技工及駕駛通信軍士，其餘不得援請
發給。

三、上項軍眷以直系親屬為限，計口授糧為原則，其寡
嫂孤姪及弟妹等無謀生能力須本人撫養者，得由主
管長官轉請本署批准發給，直系親屬有職業或能自
謀生活者不發，女職員未嫁者給其父母，已嫁者父
母或翁姑任擇其一發給本人及眷屬均服軍職者祇發
眷糧 1 份，不得兼領，作戰陣亡官佐之直系親屬確
屬在台無法謀生者，得由主官負責證明專案呈請長
官公署核准後發給眷糧。

四、眷糧不滿 6 歲者為小口，每口給米 15 市斤，滿足
6 歲以上者為大口，給米 30 市斤，子女在壯年滿
足 18 歲至 30 歲可能自謀生活者不發眷糧，惟因求
學或殘廢無謀生能力者不在此限，應予申請表備考
欄分別註明。

五、上項軍眷請領眷糧以到達台灣，向隸屬軍眷管理處報到之日起計算發給，至離台前 1 日止停發，按日計算。

六、本區軍眷申請駐台及補給眷糧，依下列程序辦理之。

（一）凡合於本辦法第一、二兩條規定之各單位軍眷，如須駐台或隨任來台居住者，應報由各該隸屬主管長官（陸軍師或獨立團以上及其他相當單位主官），彙填「駐台軍眷申請姓名冊」（附式一）3 份辦請本署核定之（其在 38 年度 9 月 30 日以前，已居住台灣之各單位軍眷應向本署補辦申請手續。）

（二）經本署核定駐台眷屬，依照軍屬安置辦法規定內指定隸屬之眷屬管理處，填具眷糧申請表（附式二），報請本署核發眷糧。

（三）眷糧申請表經本署核定後，1 份存查，另 2 份分送補給部（作統籌撥糧及審查之根據），1 份送眷管處（即作按月分別補給眷糧根據）。

（四）核准之各單位軍眷糧，按月由補給部統籌發交各眷管處，由眷管處查對各該眷屬之申請表造具受領證明冊 2 份（附式三），直接由各眷屬蓋章具領送補給司令部憑冊核給糧數。

（五）凡未照一、二兩項規定辦理手續者不發眷糧。

（六）眷屬如有異動得據實際情形，報請眷管處轉報本署更正。

（七）眷屬人數絕對不得虛報，各級主官應層層負責，本署將隨時派員突擊抽查，如有虛報冒領，一經

告發或查出除即永遠停發其本人眷糧享受並予處分外，其直接長官間接長官經辦人員、政工監察人員、及軍眷管理處有關負責人員，均應受連帶處分。

（八）補給司令部撥發眷糧，應盡量以最近距離之軍糧倉庫分庫或補給站撥補，必要時得在軍糧管理處所在台區專設眷糧交付所，以資各眷屬便利。

（九）本辦法如有未盡事宜得隨時以命令修正之。

（十）本辦法自 38 年 10 月 1 日實施。

附註　本辦法內之附表格式略。

38 年度空軍副食費分區標準表（附件四）

附記

一、表列幣值說明：

1. 台灣區除 3 月份為銀元外，餘均為舊台幣數。

2. 大陸區 1、2 月份為金元券，3 月份以後為銀元。

二、自 2 月份起官佐比照士兵同樣支給之。

地區	台灣	廣州	京滬	太原
1 月份	18,000.00	110.00	130.00	330.00
2 月份	60,000.00	3,200.00	3,000.00	2,500.00
3 月份	2.00	2.00	2.00	2.00
4 月份	140,000.00	2.00	2.00	2.00
5 月份	140,000.00 加銀元 1.00	2.00	2.00	2.00
6-7 月份	500,000.00	2.00	2.00	2.00
8 月份	500,000.00	2.00	2.00	2.00
9-12 月份	500,000.00	2.00	2.00	2.00

地區	青島	廣東省	河南河北	湖北
1 月份	150.00	110.00	110.00	90.00
2 月份	2,400.00	2,800.00	2,400.00	1,200.00
3 月份	2.00	1.60	1.60	1.60
4 月份	2.00	2.00	2.00	2.00
5 月份	2.00	2.00	2.00	2.00
6-7 月份	2.00	2.00	2.00	2.00
8 月份	2.00	2.00	2.00	2.00
9-12 月份	2.00	2.00	2.00	2.00

地區	桂林市	陝甘寧青綏察晉北	新疆	贛閩
1 月份	80.00	110.00	130.00	90.00
2 月份	900.00	1,200.00	1,500.00	1,500.00
3 月份	1.60	1.20	1.20	1.20
4 月份	2.00	2.00	2.00	2.00
5 月份	2.00	2.00	2.00	2.00
6-7 月份	2.00	2.00	2.00	2.00
8 月份	2.00	2.00	2.00	2.00
9-12 月份	2.00	2.00	2.00	2.00

地區	西康	四川	廣西	滇黔
1 月份	90.00	80.00	80.00	80.00
2 月份	1,100.00	900.00	900.00	750.00
3 月份	1.00	1.00	1.20	1.00
4 月份	2.00	2.00	2.00	2.00
5 月份	2.00	2.00	2.00	2.00
6-7 月份	2.00	2.00	2.00	2.00
8 月份	2.00	2.00	2.00	2.00
9-12 月份	2.00	2.00	2.00	2.00

地區	長沙衡陽杭州	浙江	河北	蘇皖
1 月份	90.00	90.00	130.00	110.00
2 月份	1,800.00	1,200.00		
3 月份	1.60	1.60		
4 月份	2.00	2.00		
5 月份	2.00	2.00		
6-7 月份	2.00	2.00		
8 月份	2.00	2.00		
9-12 月份	2.00	2.00		

地區	昆明	定海岱山	金門
1 月份	80.00	90.00	90.00
2 月份	750.00	1,200.00	1,150.00
3 月份	1.20	1.60	1.60
4 月份	2.00	2.00	2.00
5 月份	2.00	2.00	2.00
6-7 月份	2.00	2.00	2.00
8 月份	2.00	3.00	3.00
9-12 月份	2.00	3.00 新台幣 10.00	3.00 新台幣 20.00

38 年度各基地招待作戰人員寢具補充狀況表（附表五）

38 年 月日	機關 名稱	駐地	補給品量						補給情形
			棉被	墊被	被單	蚊帳	枕頭	軍毯	
5/8		定海	93	57	182		310	22	由上海二二〇供應大隊運定
5/10		定海	90	173	85	25			
6/15		定海		40		372			
8/15	三四七供應分隊	定海				13			由台北糧服庫交松山二六五供應中隊空運
9/7		定海				50			由七供應處運台北庫接轉二六五供應中隊空運
9/17		定海				79			由上海二二〇供應大隊運定

38年月日	機關名稱	駐地	補給品量						補給情形
			棉被	墊被	被單	蚊帳	枕頭	軍毯	
9/27	三四七供應分隊	定海			140	50	100		由供應部運交台北庫接轉松山二六五供應中隊空運
10/24		定海	100		50		50		
11/17	三五六供應分隊	岱山	100		50	50	50	50	由供應部海杭輪運岱
11/30		岱山	100		50	50	50	50	
11/28	三五五供應分隊	金門	8		8	8	8	8	由供應部交台北糧服庫接轉二六五供應中隊空運
10/15	三四九供應分隊	馬公	10	10	10	10	20		供應部飭七供應處撥運
11/8		馬公	10	10	10	10	10		供應部飭七供應處撥運
8/25	三四八供應分隊	原駐廣州嗣駐三灶島	10	10	10	10	10	10	一軍區飭一供應處撥交
11/5	三五五供應分隊	貴州清鎮	250		200	100			由民筑兩庫撥交
11/11	三五四供應分隊	恆春	6	6	6	6	6		供應部飭七供應處撥交
8/20	三八八供應分隊	汕頭	100	100	100	100	100		由四供應處撥發
9/7	二七四供應分隊	台東	10		10	10	10		由七供應處撥發
7/10	四軍區司令部	衡陽		100	100	100	100	100	飭由六供應處撥發
8/26	四軍區司令部	衡陽		200	200	200	200	200	七供應處由台南交運

38年 月日	機關 名稱	駐地	補給品量						補給情形
			棉被	墊被	被單	蚊帳	枕頭	軍毯	
10/24	海南 指揮 部	海南 島	100			100			係由該部 派機接運
9/10	海南 指揮 部	海南 島	100	200	200	100	200		供應部飭 一供應處 撥發
	合計		1,087	906	1,411	1,443	1,224	440	

附記

（1）本表所列各基地招待作戰人員寢具係利用上年庫存品補給。

（2）嗣於 11 月 17 日由被服工廠製作寢具 800 份，截至 12 月 31 日止尚存寢具 1,000 份。

撥發各部隊海上飛行救生裝具種量表（附件六）

第一大隊　台中	妥善	待修
美式救生背心（具）	220	
日式救生背心（件）	320	
水壺（隻）	840	
乾糧袋（個）	240	
附註	日式浮衣 30 件	

第一大隊　台中	妥善	待修
美式救生背心（具）	6	
日式救生背心（件）		
水壺（隻）	360	390
乾糧袋（個）	98	
附註	水壺係日式，乾糧袋係美式，上列各件存在 201 供應大隊	

第三大隊　屏東	妥善	待修
美式救生背心（具）	80	15
日式救生背心（件）	115	
水壺（隻）		35
乾糧袋（個）		40
附註	水壺係日式，乾糧袋係美式	

第四大隊　嘉義	妥善	待修
美式救生背心（具）	40	3
日式救生背心（件）	10	
水壺（隻）		30
乾糧袋（個）	40	
附註	水壺、乾糧袋統係日式	

第五大隊　桃園	妥善	待修
美式救生背心（具）	13	
日式救生背心（件）	80	
水壺（隻）		42
乾糧袋（個）		50
附註	水壺、乾糧袋統係日式	

第八大隊　新竹	妥善	待修
美式救生背心（具）	336	
日式救生背心（件）	376	60
水壺（隻）		150
乾糧袋（個）	350	
附註	水壺係日式，乾糧袋係美式	

第十大隊　嘉義	妥善	待修
美式救生背心（具）	4	
日式救生背心（件）	813	
水壺（隻）	13	
乾糧袋（個）	5	
附註	水壺係日式，乾糧袋係美式	

第十大隊　嘉義	妥善	待修
美式救生背心（具）	290	150
日式救生背心（件）	850	237
水壺（隻）	117	
乾糧袋（個）	995	
附註	水壺係日式，乾糧袋係美式	

第十一大隊　屏東	妥善	待修
美式救生背心（具）	72	
日式救生背心（件）	186	
水壺（隻）		30
乾糧袋（個）		50
附註	水壺係日式，乾糧袋係美式	

第廿大隊　新竹	妥善	待修
美式救生背心（具）	420	
日式救生背心（件）	4,000	
水壺（隻）	205	
乾糧袋（個）	1,405	
附註	其中乾糧袋日式 1,170 件，其餘連水壺統係美式	

第廿大隊　新竹	妥善	待修
美式救生背心（具）		
日式救生背心（件）	50	
水壺（隻）		
乾糧袋（個）	273	33
附註	乾糧袋係日式，水壺係美式，上列各件存在 220 供應大隊	

第十二中隊　桃園	妥善	待修
美式救生背心（具）	36	15
日式救生背心（件）	47	3
水壺（隻）		65
乾糧袋（個）	50	
附註	水壺、乾糧袋統係日式	

官校　岡山	妥善	待修
美式救生背心（具）	40	
日式救生背心（件）	435	
水壺（隻）	20	
乾糧袋（個）	150	

供應司令部　台南	妥善	待修
美式救生背心（具）	6	
日式救生背心（件）		
水壺（隻）		
乾糧袋（個）		

訓練司令部　岡山	妥善	待修
美式救生背心（具）	15	
日式救生背心（件）	30	
水壺（隻）	15	
乾糧袋（個）	80	

本總部第三署　台北	妥善	待修
美式救生背心（具）	6	
日式救生背心（件）	21	
水壺（隻）	20	
乾糧袋（個）	30	

合計	妥善	待修
美式救生背心（具）	1,584	183
日式救生背心（件）	7,333	300
水壺（隻）	1,590	742
乾糧袋（個）	3,716	173

38 年度各庫存剩餘物資分配處理情況表（附件七）

品名	單位	數量	分配處理辦法
飛行透明眼鏡	付	2,300	配發各作戰部隊分給各飛行人員用
美式工作衣	件	10,347	按人數比例分配各作戰供應大隊與各學校發給各機械工作人員用
美式工匠鴨嘴帽	頂	10,347	按人數比例分配各作戰供應大隊與各學校發給各機械工作人員用
航空提包	個	170	按人數比例分配各作戰大隊發給各飛行人員領用
美式膠水袋	隻	6,480	按人數比例分配各作戰大隊發給各飛行人員領用
美式保暖瓶	個	1,160	按人數比例分配各作戰大隊發給各飛行人員領用　附註：餘品配發各醫院用
美式汗背心	件	7,750	按人數比例發給各校學員生領用
美式工匠鴨舌帽	頂	3,175	按人數比例發給各校學員生領用
美式草綠毛巾	條	100	發給岡山醫院領用
雨衣	件	3,200	按人數比例分配各單位發給外勤工作人員領用
膠靴	雙	5,200	按人數比例分配各單位發給外勤工作人員領用
雙層工作手套	付	406	分配各廠及各修護單位發給從事實際機械工作人員用
不分指手套	付	388	分配各廠及各修護單位發給從事實際機械工作人員用
電焊眼鏡	付	180	分配各廠及各修護單位發給從事實際機械工作人員用
工作圍裙	條	50	分配各廠及各修護單位發給從事實際機械工作人員用
防彈背心	件	9	分配各飛行部隊領用
美式陸地救生背心	件	268	分配各飛行部隊領用
美式頭罩	頂	1,400	按人數比例分配各學校作野外勤務用
美式草綠線襪	雙	3,500	按各學校人數比例分配各學員生用
線手套	付	4,800	按各學校人數比例分配各學員生用
日式飛行線手套	付	6,500	按各學校人數比例分配各學員生用
美式飛行眼鏡	付	121	按人數比例配交各單位發給駕駛士兵用
防塵眼鏡	付	1,395	按人數比例配交各單位發給駕駛士兵用
圓船形軍便帽	頂	232	發給防空學校學員生用
日式襯衣	件	659	按人數比例分配各作戰供應部隊及航空局總部與供應訓練司令部士兵領用

品名	單位	數量	分配處理辦法
日式襯褲	條	9,530	按人數比例分配各作戰供應部隊及航空局總部與供應訓練司令部士兵領用
日式冬季內衣	件	1,544	發給總部及供應司令部士兵領用
日式冬季內褲	條	2,667	發給總部及供應司令部士兵領用
拖鞋	雙	2,004	平均配發各醫院用
草綠腰帶	米達	22,150	按台區各單位官佐人數比例分配，每人 38 寸
太陽眼鏡	付	1,009	按人數比例分配各單位價發，各單位每付收銀洋 5 元
航空用小溫水瓶	個	5	廢品銷燬
羊毛衛生衣	件	2,184	配發台區各單位備作官士學員生獎品用
羊毛衛生褲	條	217	配發台區各單位備作官士學員生獎品用
美軍羊毛襪	雙	6,158	配發台區各單位備作官士學員生獎品用
絨呢手套	雙	630	配發台區各單位備作官士學員生獎品用
美式睡衣	件	40	撥交台南醫院用
軟木救生圈	個	5	撥交海球輪領用
美軍大盤帽	頂	1,125	撥交供應司令部各官佐領用
帆布腰帶	根	1,735	撥交地面警衛司令部領用
背包帶	根	2,090	撥交地面警衛司令部領用
擲彈筒套	件	235	撥交地面警衛司令部領用
卡檳槍夾袋	根	745	撥交地面警衛司令部領用
膠質彈藥袋	條	310	撥交地面警衛司令部領用
可爾基提手槍彈夾帶	根	530	撥交地面警衛司令部領用
帆布槍口套	件	1,230	撥交地面警衛司令部領用
紅十字標旗	個	4	發給各醫院一個
肥皂粉	磅	1,600	發給每一醫院 250 磅，其餘尚存 600 磅備用
斧子套	個	310	發工兵總隊領用
刀銷	個	245	發工兵總隊領用
鶴嘴鋤頭	把	1,455	發工兵總隊領用
圓鍬套	個	3,180	發工兵總隊領用
貨物打包機	部	2	撥發被服工廠使用
棉紗	並	2,540	價售華昇商行收入銀圓 195,301 圓
以上係台灣區物資處理概況			以下係大陸區處理概況
白平布	疋	8,000	價售給重慶永孚商行收入黃金 776.499 兩
棉軍服	份	25,000	價讓國防部收入黃金 1,071.31 兩
糧服	噸	2,952	授權三軍區自行處理
糧服	噸	561	授權五軍區自行處理
糧服	噸	129	授權一軍區自行處理
糧服	噸	115	授權四軍區自行處理

38 年度服裝經費收支概況表（附件八）

摘要	幣別	收入數	支出數	結存數
國防部先後撥發本部服裝經費	銀圓	786,381.21	365,563.53	420,817.68
棉紗服裝變價及售價售白平布款	銀圓	23,327.88	3,416.86	19,911.02
渝售白平布及價讓國防部士兵棉服款	黃金（兩）	1,847.809		1,847.809
合計	銀圓	809,709.09	368,980.39	440,728.70
	黃金（兩）	1,847.809		1,847.809

第六章　醫藥器材

　　本年度衛生經費僅能分配銀圓 16,186 元，新台幣 25,123 元，舊台幣 231,000,000 元，金圓券 77,000 元。按本軍 150,000 人計算，平均每人每月分配銀圓 2 分餘，僅及原預算 25%，與實際需要相差甚遠。尤以各單位遷台後器材損失甚多，需要數量倍增，補給方面，惟有以有限經費，及利用歷年積存之器材供應，並勵行節約，更以合理的控制與分配，故日常用品尚能按時供應，至特殊器材補給，則無力辦理，本年度籌辦狀況，如附表（一）。

38 年度醫藥器材籌辦狀況表（附表一）

器材來源	器材名稱	數量	處置	備考
徵購	痘苗	100,000 人份	直接分配各屬	
徵購	痘苗	100,000 人份	直接分配各屬	
徵購	藥品及敷料	2 噸	入庫備補	台北購
徵購	藥品及敷料	9 噸	入庫備補	廣州購
徵購	D. D. T.	5 噸	分配各屬後餘量入庫	國外購
徵購	配尼西林	100,000 片	入庫按時撥補	國外購
徵購	百日咳疫苗	100,000 人份	分配各屬後餘量入庫備補	國外購
接收	醫藥器材	387 箱	由軍醫處直接分配	衛生部撥贈
接收	醫藥器材	20 箱	分配各主要單位	湯總司令恩伯撥贈
接收	肺病特效藥（16 種）	66 公斤	分配各主要單位	沒收
零星購置	醫藥器材	138 次	核准由各屬自行購補	

第七章　工程器材

工程器材，分建築材料、水電器材、養場工具及消防器材等四類。

第一節　建築器材

本軍建築，仍採用包工制，凡新建工程所需之建築材料，均由承商一併承包。零星建築，由本軍自備材料，按實際需要撥補。總計本年度共發建築材料費新台幣 7,314 元。

第二節　水電器材

本軍新建工程之水電設備，均包括在工程費內一併辦理，不另供應材料。其原有之水電設備需要修護與器材者，由各該使用單位領款就地購補，計本年度共支水電器材費金圓券 45,219,422 元，新台幣 45,372 元。

第三節　養場工具

養場工具之裝備，係非消耗品，除原有裝備外，僅有零星之補充。本年度共支養場工具費新台幣 2,568 元。

第四節　消防器材

本軍自遷台後，為防患於無形起見，對於各主要基地暨廠庫之消防設備盡量加強。本年度除對各基地配備消防車輛外，並添置二氧化炭 4,000 公斤及藥沫滅火機 1,292 具、藥粉 2,266 份等主要消防器材，交供應

部按實際需要情形統籌分配各單位備用，以利消防。
全年度共支出消防設備費新台幣 56,740 元，金圓券
15,630,000 元。

第八章　營房用具

本軍全部遷移來台，因營房用具不便攜帶，兼以運輸工具缺乏，實際僅運出營具 15%，損失 85%，故需要補充數量極為浩鉅。然本部限於財力與預算，在本年度內未能全部予以補充，權以下列之優先順序分別補給：

一、作戰部隊，

二、損失極慘重之單位，

三、根據需要之緩急，

四、一般需要補充單位。

本年度營具預算為新台幣 15,353.35 元，雖盡量樽節，無如需求迫切，為支持作戰及便利工作，動支結果，全年度總支出為新台幣 149,723.41 元，超支 134,369.06 元，超支數均在其他部份流用暨廢料款與空運費內撥補。

又本年度已補充之營具量約為總需要量 40%，尚約有 60% 營具，待下年度繼續補充之。

第九章　地圖

本軍現用地圖，分為航行圖、軍用地圖、參考圖三類，由本部直接補給。上年原存地圖 556 箱，在京滬淪陷前全部運台備用。本年度由工程處續印百萬分之一蘭孛投影航圖本國部份（556）（262）（291）等 3 幅，各印 1,000 份，計 3,000 張，航圖 6,400 張，向國防部領到軍用地形圖 80,560 張，發出地形圖 13,270 張，航圖 39,304 張，尚存地形圖 13,270 張，航圖 24,696 張。

第十章　通信氣象器材

第一節　通信氣象器材之籌備

一、本年度通信氣象器材之補給，因限於經費，除儘庫
存器材撥發外，計動支銀元 306,786.82 元，新台幣
16,692.78 元，向國內零星購置補充。又動支美金
118,058.34 元，向國外徵購補充。國外徵購通材數
量統計，如附表（三）。

二、本年度補充各屬主要通信器材統計，如附表
（一）。補充各屬主要氣象器材統計，如附表
（二）。

第二節　通信之重要設施

一、建立東南區通信網器材之補充

本年度因加強東南區通信設施，計補充重要裝備
收發報機 73 套、電話總機 64 部，架設電話線 2,500 公
里，塔台裝備 23 套、導航儀 4 套。

二、籌撥各基地作戰指揮室通信設備器材

本年成立台北、桃園、新竹、台中、嘉義、屏東
等基地作戰指揮室所需通信器材，計中心指揮機 AN/
TTQ-1 6 套、收發報機 24 部、PE-75 油機 19 部。

38 年度補充各屬主要通信器材數量表（附表一）

項目	器材類別	單位	數量
1	收發報機類	套	132
2	收報機類	部	164
3	發射機類	部	158
4	真空管類	只	9,251
5	擴大器類	具	18
6	電源類	部	270
7	蓄電池類	只	126
8	儀表類	只	100
9	工具類	套	22
10	電話機類	部	568
11	中心指揮機	套	6
12	印字電報機	套	20
13	線料類	捲	742
14	線料類	公斤	8,803
15	線料類	呎	2,875

38 年度補充各屬主要氣象器材數量表（附表二）

項目	器材類別	單位	數量
1	氣壓表	具	18
2	溫度表	支	13
3	濕度表	付	14
4	風向及風速儀器	套	22
5	自記儀器	具	15
6	電鳴報分鐘	套	2
7	經緯儀	套	6
8	製氫器	套	4
9	測風繪圖板	套	3
10	氣球	個	30,600
11	鐘表	只	23
12	硯砂	磅	2052
13	氫氧化鈉	磅	15,378

38 年度向國外徵購通信器材數量表（附表三）

項目	名稱	單位	數量
1	真空管八十八項	只	28,093
2	晶體	付	2,100
3	SCR-718 絕對高度表	部	2
4	V. H. F. 無線電機	套	3
5	AN/APN-1 雷達高度表	套	30
6	SCR-718 雷達高度表	套	30
7	唱片	張	500
8	電唱頭	付	4
9	電唱盤	套	4
10	鋼絲錄音線	付	4
11	錄音針	打	2
12	NYION 針	打	2
13	32RA 發報機用各級線圈	套	50

第十一章　車輛器材

第一節　車輛及車輛器材

　　本年度全軍車輛及車輛器材之補給，均係由國內外購辦及接收美軍剩餘物資為補給資源。該項補給概況如左表。

名稱	單位	補給數量			
		國內購辦	國外購辦	接收美軍物資	小計
車輛	輛		10	6	16
車材	噸	150	100		250
輪胎	套	128	11,100	329	11,557
電瓶	只	270	1,295		1,565
自行車	輛	161			161

第二節　車輛器材使用消耗情況

　　本年度車材核發均以作戰部隊及運輸部隊為主，其消耗情況為第三軍區 35 噸，四軍區 40 噸，五軍區 40 噸，京滬區 15 噸，台灣區 100 噸，共計消耗車材 230 噸。自行車已全數分配各屬應用。

第三節　現存車材情況

一、現有車材品量

名稱	單位	存儲數量		總計數量
		台南	高雄	
車材	噸	20	50	70
輪胎	套	6,399	2,548	8,914
電瓶	只	135	415	550

二、美待運來台車材品量

名稱	單位	數量
車材	噸	40
車胎	套	2,206
電瓶	只	1,295

第四節　廢車之處理

本軍各單位報廢車輛,經准報廢後,均根據車輛報廢標售程序及標售廢車章則相繼出售。本年度已標售全軍歷年積存廢車及待標售車數量如左表:

類別	單位	數量
已標售車	輛	1,990
待標售車	輛	254

第十二章　修護業務

第一節　飛機之修護

一、本年度進廠修理飛機 591 架，修妥出廠 521 架，由各修理單位擔任修理。其分月進出廠數量統計，如附表（一）。

二、本年度報廢處理各式老舊缺件無法修理飛機 131 架，如附表（二）。

三、本年度報廢處理各式失事及破壞飛機 329 架，如附表（三）。

第二節　車輛之修護

一、本年度全軍大修妥車 775 輛，小修妥車 372 輛，其分月分類修妥車輛，如附表（四）。

二、本年度全軍計報廢美式車 535 輛，內特種車 91 輛，普通車 444 輛，如附表（五）。另報廢日式車 86 輛，內特種車 12 輛，普通車 74 輛，如附表（六）。

第三節　單個發動機之翻修

本軍單個發動機之翻修，主要由供應總處之發動機翻修組（本年 11 月份改組為修理總廠之發動機修理廠）擔任之。該組因於年度開始即自上海從事遷移台灣建廠，直迄下半年度開始方略有產量。至本年度全軍分月修妥單個發動機數量統計，如附表（七）。

第四節　通信器材之修護

本年度各修理單位及學校共計整修空陸用通材 1,600 具，其分月分單位整修各式通材數量統計，如附表（八）。

第五節　飛機及發動機附件之修理

本年度全年整修飛機及發動機附件共計 27,134 件，其分月分單位修妥數量統計，如附表（九）。

38 年度進出廠飛機架數比較表（附表一）

機種	P40 進廠	P40 出廠	P-47 進廠	P-47 出廠	P-51 進廠	P-51 出廠
1 月份	2		2	8	4	7
2 月份			1	2		2
3 月份					2	3
4 月份					4	
5 月份	1				1	3
6 月份	1		2		2	2
7 月份	1		14	2	6	3
8 月份				5	1	
9 月份			2	2	9	10
10 月份			1			
11 月份			1	2	5	5
12 月份					1	
合計	5		23	21	34	36

機種	F-5 進廠	F-5 出廠	B-24 進廠	B-24 出廠	B-25 進廠	B-25 出廠
1 月份		2			2	9
2 月份		1				
3 月份					2	2
4 月份						1
5 月份					3	3
6 月份					1	1
7 月份					2	1

機種	F-5 進廠	F-5 出廠	B-24 進廠	B-24 出廠	B-25 進廠	B-25 出廠
8 月份					1	2
9 月份					7	3
10 月份					12	6
11 月份					3	9
12 月份			7	7	3	3
合計		3	7	7	36	40

機種	蚊機 進廠	蚊機 出廠	C-46 進廠	C-46 出廠	C-47 進廠	C-47 出廠
1 月份	5	23	6	9	3	2
2 月份		5	18	2	5	5
3 月份		3	11	14	2	3
4 月份		2	13	16	3	3
5 月份	19	1	18	12	2	1
6 月份	17	3	14	13	4	3
7 月份	5	9	13	16	1	
8 月份	7	8	16	17	7	4
9 月份	8	7	21	21	9	4
10 月份	11	7	9	16	5	6
11 月份	2	5	13	21	7	6
12 月份	11	7	25	11	5	4
合計	85	80	177	168	53	41

機種	C-87 進廠	C-87 出廠	F-10 進廠	F-10 出廠	PT-17 進廠	PT-17 出廠
1 月份					4	6
2 月份					1	4
3 月份						
4 月份					2	
5 月份						1
6 月份					2	
7 月份					3	1
8 月份					2	
9 月份					5	2
10 月份					4	3
11 月份					6	3
12 月份	2	2	1		5	1
合計	2	2	1		34	21

機種	PT-19 進廠	PT-19 出廠	AT-6 進廠	AT-6 出廠	AT-17 進廠	AT-17 出廠
1 月份				3		1
2 月份	1	4	9	4	1	1
3 月份	1	1	1	1		
4 月份		1	1	4	2	3
5 月份	1		6		1	
6 月份			3	2		
7 月份		1	11	2		
8 月份			13	10		1
9 月份	1		10	13		
10 月份	10		7	12	1	
11 月份	1		14	13		
12 月份			11	7	1	1
合計	15	7	86	71	6	7

機種	AT-11 進廠	AT-11 出廠	L-5 進廠	L-5 出廠	大比機 進廠	大比機 出廠
1 月份			1	3		
2 月份						
3 月份			1	1	1	
4 月份				1		1
5 月份				1	1	
6 月份			1		1	2
7 月份			4	1		
8 月份						
9 月份	1		3	2		
10 月份			2			
11 月份	1		1			
12 月份	2					
合計	4		13	9	3	3

機種	小比機進廠	小比機出廠	FLEET進廠	FLEET出廠	UC-45進廠	UC-45出廠
1 月份						
2 月份				2		
3 月份						
4 月份					1	1
5 月份						
6 月份	1					
7 月份			1			
8 月份			2			
9 月份					1	
10 月份						1
11 月份				1		
12 月份						
合計	1		3	3	2	2

機種	BT-13 進廠	BT-13 出廠	合計進廠	合計出廠
1 月份	1		30	73
2 月份			36	32
3 月份			21	28
4 月份			26	33
5 月份			53	22
6 月份			49	26
7 月份			61	36
8 月份			49	47
9 月份			77	64
10 月份			62	51
11 月份			54	65
12 月份			73	44
合計	1		591	521

38年度報廢處理各式老舊缺件無法修理飛機數量表（附表二）

機種	1月	2月	3月	4月	5月	6月
P-40				1		
P-47				1	5	2
P-51	1		1	10	2	
B-25	4			9		
蚊機				2		
F－5	1					
C-46	4		1	2	2	4
C-47				1		1
AT-6						
PT-17	3					
PT-19	17			1		
FIEET						3
復興式						2
研究三				1		
N.A.	2		4			
L-5				5		
大比				1		
史汀生				1		
滑翔機				1		1
日機				2	1	
合計	32		6	38	10	13

機種	7月	8月	9月	10月	11月	12月	合計
P-40					1		2
P-47							8
P-51		2					16
B-25		1					14
蚊機							2
F－5							1
C-46		1	1		1		16
C-47		1					3
AT-6	5	1					6
PT-17					2	1	6
PT-19	1					1	20
FIEET					4		7
復興式							2
研究三							1
N.A.					3		9

機種	7月	8月	9月	10月	11月	12月	合計
L-5			1		5		11
大比							1
史汀生							1
滑翔機							2
日機							3
合計	6	6	2		16	2	131

38年度報廢處理各式失事及破壞飛機數量表（附表三）

機種	1月	2月	3月	4月	5月	6月
P-40						
P-47	1		1	3	3	2
P-51	2	1	2	1	2	
B-24				1		
B-25				2	2	1
蚊機	5	3		6	9	7
F-5						
C-46	2	1	4	1	7	1
C-47	1					1
AT-6						
PT-17	4				2	
PT-19	4			3	1	
L-5			1	2	1	
AT-17						
N.A.		1		1		
BT-13						
小比機						
合計	19	6	8	20	27	12

機種	7月	8月	9月	10月	11月	12月	合計
P-40	1					6	7
P-47	14	1	7	3		2	37
P-51	17	14	6	8	14	10	77
B-24		1					2
B-25	1	1		1		1	9
蚊機	10	5	1	12	2	7	67
F-5	2						2
C-46	9	2	1	2	3	5	38
C-47	2	1			2		7
AT-6		1	1				2
PT-17			2	30		1	39

機種	7月	8月	9月	10月	11月	12月	合計
PT-19	4	8	1	7			28
L-5	1	1	1			2	9
AT-17		1					1
N.A.							2
BT-13		1					1
小比機					1		1
合計	61	37	20	63	22	34	326

38 年度修妥車輛統計表（附表四）

車種			1月	2月	3月	4月	5月	6月
修護機構	大修車	特車	16	2	3	15	11	14
		卡車	27	13	14	13	23	25
		中車	6	9	8	7	10	7
		小車	14	9	34	36	33	46
	小修車	特車	6	2	8	18	25	29
		卡車	48	51	36	65	79	68
		中車	4	2	25	36	31	44
		小車	53	53	235	256	303	302
其他單位	大修車	特車	1	1	1	2	1	1
		卡車	4	5	4	5	5	6
		中車	1	1	5	2	1	3
		小車	2	1	5	8	7	9
	小修車	特車	1	2	3	1	2	4
		卡車	3	6	8	5	10	15
		中車	1	4	5	7	2	7
		小車	10	15	12	20	15	21
分月總計	大修車	特車	17	3	4	17	12	15
		卡車	31	18	18	18	26	31
		中車	7	10	13	9	11	10
		小車	16	10	39	44	40	55
	小修車	特車	7	4	11	19	27	33
		卡車	51	57	44	70	89	83
		中車	5	6	30	43	33	51
		小車	63	67	247	276	318	323

			7月	8月	9月	10月	11月	12月	總計
修護機構	大修車	特車	4	6	7	9	5	9	101
		卡車	13	9	9	9	4	5	164
		中車	6	4	3	9	5	5	79
		小車	27	21	15	14	4	6	259
	小修車	特車	18	33	29	22	13	10	213
		卡車	53	63	83	55	55	14	670
		中車	26	37	42	31	19	11	308
		小車	126	289	197	114	134	36	2,097
其他單位	大修車	特車	1	2	1	2	1	1	15
		卡車	5	3	4	8	3	1	51
		中車	1	1	2	1	4	1	23
		小車	7	4	11	14	11	4	83
	小修車	特車	2	3	2	1	3	2	26
		卡車	17	10	19	17	20	10	140
		中車	4	2	6	4	2	1	45
		小車	18	25	28	24	20	4	212
分月總計	大修車	特車	5	8	8	11	6	10	116
		卡車	18	12	13	17	7	6	215
		中車	7	5	5	10	9	6	102
		小車	34	25	26	28	15	10	343
	小修車	特車	20	36	31	23	16	12	239
		卡車	70	73	102	72	75	24	810
		中車	30	39	48	35	21	12	353
		小車	144	314	225	138	154	40	2,309

附註

一、卡車－包括運輸卡車、貨車等。

二、中型車－包括中吉甫、指揮車、站車等。

三、小型車－包括小吉甫、座車、二三輪卡等。

38年度美式車輛報廢數量統計表（附表五）

車種		1月	2月	3月	4月	5月	6月
特種車輛	油車	17	1	1	10		
	起重車	2			8		
	吊掛車				2		
	始動車						
	作業車						
	工程車	1					
	牽引車				10		
	消防車				4		
	拖車	1			13		
	水車	1			9		
	燈車	1					
	通訊車				1		
	救護車	2					
普通車輛	卡車	113	15	6	63	1	2
	中型車	23	1	17			
	小吉普	47		2	15		
	座車	8					2
	二三輪卡	7			15		
合計		223	17	26	150	1	4

車種		7月	8月	9月	10月	11月	12月	全年
特種車輛	油車				2		1	32
	起重車						1	11
	吊掛車						1	3
	始動車							
	作業車							
	工程車						1	2
	牽引車							10
	消防車							4
	拖車							14
	水車							10
	燈車							1
	通訊車							1
	救護車				1			3
普通車輛	卡車	4	2		24		29	269
	中型車				6		13	60
	小吉普		8	1	3		12	88
	座車	1	2		1			14
	二三輪卡		1					23
合計		5	12	1	37		58	535

38 年度日式車輛報廢數量統計表（附表六）

車種		5 月	6 月	7 月	8 月
特種車輛	油車	5			
	起重車	2			
	吊掛車	1			
	始動車	2			
	作業車	1			
	工程車				
	牽引車				
	消防車				
	拖車				
	水車				
	燈車				
	通信車				
	救護車				
普通車輛	卡車	36	8		2
	中型車				
	小吉普				
	座車	10			1
	二三輪卡				
	合計	57	8		3

車種		9 月	10 月	11 月	12 月	全年
特種車輛	油車					5
	起重車					2
	吊掛車		1			2
	始動車					2
	作業車					1
	工程車					
	牽引車					
	消防車					
	拖車					
	水車					
	燈車					
	通信車					
	救護車					
普通車輛	卡車	1	11	4		62
	中型車		1			1
	小吉普					
	座車					11
	二三輪卡					
	合計	1	13	4		86

38 年度本軍各單位修妥飛機發動機統計表（附表七）

發動機型別		1月	2月	3月	4月	5月	6月
總廠發動機修理廠	R-1830-92						
	R-1830-90C						
	R-1830-65						
	R-1830-43						
官校勤務處	R-1340-AN-1					2	3
	R-755-9						
	R-670						
	R-985						
第五供應處	R-1830-92			1			
	V-1650-7	1			2		1
	O-435-1		2			1	1
	V-1710-111	2			1		
	V-1710-113						

發動機型別		7月	8月	9月	10月	11月	12月	總計
總廠發動機修理廠	R-1830-92	2	3	14	1			20
	R-1830-90C		1	4			4	9
	R-1830-65			1	5	2	1	9
	R-1830-43				3		3	6
官校勤務處	R-1340-AN-1		10	8		2	4	29
	R-755-9		2					2
	R-670	2	1			3	1	7
	R-985			4		1		5
第五供應處	R-1830-92				1			2
	V-1650-7		2	1				7
	O-435-1		3		1			8
	V-1710-111	2						5
	V-1710-113							109

38 年度通信器材修理分月分類考核統計表（附表八）

修理機構／1月	無線電機	有線電機	雷達	油機
供應總處				
一供應處	3			
三供應處				
五供應處	13			2
七供應處				
二〇一供應大隊				
二〇三供應大隊				
二一〇供應大隊				
二二〇供應大隊				
通信器材修理廠				
通信工程隊	7			2
四〇五通信大隊	8			2
通信學校				
防空學校				
分類合計	31			6

修理機構／2月	無線電機	有線電機	雷達	油機
供應總處				
一供應處	3			2
三供應處				
五供應處	12			
七供應處				
二〇一供應大隊	1			
二〇三供應大隊				
二一〇供應大隊	7			
二二〇供應大隊				
通信器材修理廠				
通信工程隊	10	1		1
四〇五通信大隊	10			3
通信學校				
防空學校				
分類合計	43	1		6

修理機構／3月	無線電機	有線電機	雷達	油機
供應總處				
一供應處	3			2
三供應處				
五供應處	6			7
七供應處				

修理機構／3 月	無線電機	有線電機	雷達	油機
二〇一供應大隊	1			
二〇三供應大隊				
二一〇供應大隊	20			
二二〇供應大隊	10			
通信器材修理廠				
通信工程隊	8			8
四〇五通信大隊	5			2
通信學校				
防空學校				
分類合計	53			19

修理機構／4 月	無線電機	有線電機	雷達	油機
供應總處	30			
一供應處	7			1
三供應處				
五供應處	9			4
七供應處	8			
二〇一供應大隊				
二〇三供應大隊				
二一〇供應大隊	20			
二二〇供應大隊	11			
通信器材修理廠				
通信工程隊	22			10
四〇五通信大隊				
通信學校				
防空學校				
分類合計	107			15

修理機構／5 月	無線電機	有線電機	雷達	油機
供應總處	23	1	5	
一供應處				
三供應處				2
五供應處	12			3
七供應處				65
二〇一供應大隊	3			
二〇三供應大隊				
二一〇供應大隊	20			
二二〇供應大隊	15			
通信器材修理廠				
通信工程隊	21			16

修理機構／5月	無線電機	有線電機	雷達	油機
四〇五通信大隊				
通信學校				
防空學校	1			2
分類合計	95	10	5	86

修理機構／6月	無線電機	有線電機	雷達	油機
供應總處	54	7		7
一供應處				
三供應處	4			
五供應處	1			
七供應處	8	10		1
二〇一供應大隊	4			
二〇三供應大隊				
二一〇供應大隊	16			
二二〇供應大隊	20			
通信器材修理廠				
通信工程隊	18	1		4
四〇五通信大隊				
通信學校				
防空學校				
分類合計	125	18		12

修理機構／7月	無線電機	有線電機	雷達	油機
供應總處	57	4		9
一供應處				
三供應處	6			3
五供應處	17			4
七供應處	7			22
二〇一供應大隊				
二〇三供應大隊	3			
二一〇供應大隊				
二二〇供應大隊	40			
通信器材修理廠				
通信工程隊	17	7		10
四〇五通信大隊				
通信學校				
防空學校	2		1	
分類合計	159	11	1	48

修理機構／8月	無線電機	有線電機	雷達	油機
供應總處	22	1	1	
一供應處				
三供應處	7	4		4
五供應處	15	1		4
七供應處				
二〇一供應大隊	12			
二〇三供應大隊				
二一〇供應大隊	12			
二二〇供應大隊	42			
通信器材修理廠				
通信工程隊	3	2		10
四〇五通信大隊				
通信學校	4	1		3
防空學校	3			1
分類合計	130	9	1	22

修理機構／9月	無線電機	有線電機	雷達	油機
供應總處	29		2	
一供應處				
三供應處	12			
五供應處	13			2
七供應處				
二〇一供應大隊	15			
二〇三供應大隊				
二一〇供應大隊	12			
二二〇供應大隊	52			
通信器材修理廠				
通信工程隊	12	10		16
四〇五通信大隊				
通信學校				
防空學校				
分類合計	145	10	2	18

修理機構／10月	無線電機	有線電機	雷達	油機
供應總處				
一供應處				
三供應處				
五供應處				
七供應處	5			52
二〇一供應大隊	3			

修理機構／10月	無線電機	有線電機	雷達	油機
二〇三供應大隊				
二一〇供應大隊	20			
二二〇供應大隊				
通信器材修理廠				
通信工程隊	10	1		7
四〇五通信大隊				
通信學校				
防空學校				
分類合計	38	1		59

修理機構／11月	無線電機	有線電機	雷達	油機
供應總處				
一供應處				
三供應處				
五供應處				
七供應處				
二〇一供應大隊				
二〇三供應大隊				
二一〇供應大隊				
二二〇供應大隊				
通信器材修理廠		80		
通信工程隊				
四〇五通信大隊				
通信學校			230	
防空學校				
分類合計		80	230	

修理機構／12月	無線電機	有線電機	雷達	油機
供應總處				
一供應處				
三供應處				
五供應處				
七供應處				
二〇一供應大隊				
二〇三供應大隊				
二一〇供應大隊				
二二〇供應大隊				
通信器材修理廠		3		
通信工程隊				
四〇五通信大隊				

修理機構／12月	無線電機	有線電機	雷達	油機
通信學校				
防空學校				
分類合計		3		

修理機構／合計	無線電機	有線電機	雷達	油機
供應總處	215	22	8	16
一供應處	16			5
三供應處	39	4		9
五供應處	98	1		26
七供應處	28	10		18
二〇一供應大隊	39			
二〇三供應大隊	3			
二一〇供應大隊	127			
二二〇供應大隊	190			
通信器材修理廠		83		
通信工程隊	138	22		84
四〇五通信大隊	23			7
通信學校	4	1	230	3
防空學校	6		1	3
分類合計	926	143	238	293
總計	1,600			

38年度飛機及發動機附件修製數量分月統計表

（附表九）　　　　　　　　　　　　　　　（單位：件）

機關	1月	2月	3月	4月	5月	6月
供應總處				575	587	2,881
一供應處				22	31	98
三供應處						
四供應處			31	42	81	
五供應處	74	241	85	76	82	102
六供應處	101	71	21	35	74	
七供應處		21	34	87	92	47
二〇一供應大隊			66	78	182	220
二〇三供應大隊					62	98
二一〇供應大隊			67	83	91	171
二二〇供應大隊				41	54	76
官校勤務處				17	151	257
總計	175	333	304	1,056	1,487	3,950

機關	7月	8月	9月	10月	11月	12月	總計
供應總處	4,904	1,641	1,735	2,868	1,651	2,041	18,883
一供應處							151
三供應處	61	49		116			226
四供應處							154
五供應處	45	125	92	80			1,002
六供應處							302
七供應處	58	42	135	31			547
二〇一供應大隊	203	83	144	152	131	124	1,333
二〇三供應大隊	221	113	83	90	52	61	780
二一〇供應大隊	321	210	163	202	130	125	1,563
二二〇供應大隊	105	71	44	63	56	48	558
官校勤務處	130	170	127	261	366	106	1,585
總計	6,048	2,504	2,523	3,863	2,386	2,505	27,134

附記

附件種類：汽化器、磁電機、發電機、起動機、儀表、螺旋槳、電咀、電瓶、安定面、直尾翅、升降舵、方向舵、排氣管、調速器、電壓調節器。

第十三章　修護政策

第一節　供應機構之遷建

　　由於大陸軍事情況逆轉，各地相繼陷匪，為確保本軍後勤修護業務，以支援本軍作戰實力起見，各供應機構遂在詳密策劃之下從事大規模之遷建。其中少數機構因基於需要而移駐華南或留駐原地，以支援各該地區之戰爭，遂至緊急時期不及遷出，而原單位撤銷者。其遷廠情形如左表：

單位名稱	原駐地	遷駐地	備考
供應總處	上海	屏東	
第一供應處	瀋陽	廣州、海口	至海口後原單位撤銷
第二供應處	北平		至台灣後原單位撤銷
第三供應處	西安	成都	駐地撤守原單位撤銷
第四供應處	南京	福州、台灣	至台灣後改組為二〇四供應大隊
第五供應處	重慶		駐地撤守原單位撤銷
第六供應處	漢口	衡陽	駐地撤守原單位撤銷
第七供應處	台南		未動
第二〇一供應大隊	漢口	台中	
第二〇三供應大隊	徐州	南昌、屏東	
第二一〇供應大隊	南京	嘉義	
第二二〇供應大隊	上海	新竹	

　　本軍依據修護重點政策，於 37 年始集中全力於上海建設供應總處修護執行部，為全軍示範性工廠，並使北平、南京、漢口諸供應處個別發展專業，俾修護業務獲得有效而適當之配合，至此遂不得已而中輟。且少數供應機構，因須留駐原地配合作戰，以情況特殊未及撤出，或由於運輸工具及時限之不足，工具機器之損失，為數亦鉅。而技術員士或以家室為累，或因意志不堅，多未能隨軍來台，對本軍修護技術之建立影響至大。

各供應機構遷台後，即積極從事建廠工作，其所遭遇之困難甚多。最大者莫如工作廠房問題。台灣各基地，雖有日人遺留之鋼架棚廠，然大半於勝利前夕為盟機炸毀。及今急欲修復則深感材料及經濟力量之不逮。兼以棚廠分佈情況，未能與本軍需要相配合，且大部均為部隊所利用，益增此項問題之困難。他如運台機器之整裝，電力問題之初步解決，均在極端困難之環境下，以自立更生之決心，達成各單位在台之建廠工作。

　　本軍作戰大隊全部遷台，而修理機構之遷台者僅屬其中一部份，且負三、四階段大修工作之供應處，大率相繼撤銷。原設台灣之第七供應處，因據以往政策係任日式器材之整理工作，對美式裝備之修理經驗及設備均屬缺乏，遂致各作戰大隊遺留之待修飛機及其他裝備，頓感有積累之現象。針對此種情況，除積極研究治本辦法，於本年 11 月調整台灣各基地之修理單位，普設供應大隊，並使其編制能靈活配合各基地之部隊對修護工作之需要。並為增強修護行政效率，將大修工作，自綜合之供應機器中獨立設廠為修理總廠（包括飛機、發動機及儀表3 個修理廠）、通信修理廠及汽車修理廠外（參閱組織之部），並於本年 5 月底召集本軍各單位修護補給主管人員研究緊急之處理方策，並完成具體之過渡期間加強修護補給緊急處置辦法付諸實施。

第二節　新購飛機之裝配

　　本軍本年度自美購返各式作戰及教練機共 296 架，另由裝甲兵團贈來 CESSNA 機 3 架，合共 299 架，其

型別數量統計，如附表（一）。此項飛機根據部隊作戰及學校訓練之需要，按照計劃分批交由本軍供應機構及官校勤務處裝配之，間亦有因使用迫切指撥機型相同，維護經驗豐富之大隊裝備者。計全年度共裝妥各式新機246架，分配部隊學校及司令部使用。其裝配各機型別數量及承裝單位，如附表（二）。

第三節　驅逐機裝置定向儀及雷達

因作戰及航行之需要，本軍驅逐機於本年度增裝敵我識別雷達（I. F. F.）、機尾警報雷達及自動定向儀，按照本軍器材情況本年度各大隊裝妥數量，如左表：

部隊	三大隊	四大隊	五大隊	十一大隊
敵我識別雷達 （I. F. F.）	7	11	7	4
機尾警報雷達	9	16	26	15
自動定向儀	9	9	9	9

38 年度購回及接收各式飛機數量表（附表一）

機種	購回機數	由裝甲兵團贈來	合計
P-47	42		42
P-51	53		53
B-25	11		11
AT-6	170		170
AT-11	20		20
Cessna		3	3
合計	296	3	299

38年度各單位裝配妥各式新機數量表（附表二）

單位	機種	1月份	2月份	3月份	4月份	5月份	6月份
總廠	蚊機	9	10	8	7	2	
總廠	P-47						
總廠	AT-6				3	17	3
總廠	AT-11						
官校勤務處	AT-6					7	3
官校勤務處	AT-11						
二〇七供應大隊	P-51						
三製廠	AT-6						
三製廠	Cessna						
二〇四供應大隊	P-51						
十一大隊	P-47						
三大隊	AT-6						
合計		9	10	8	10	26	6

單位	機種	7月份	8月份	9月份	10月份	11月份	12月份	合計
總廠	蚊機						7	43
總廠	P-47		3	1				4
總廠	AT-6	8	4	20	7	3		65
總廠	AT-11		1	3	1			5
官校勤務處	AT-6	6	4		3	1	4	28
官校勤務處	AT-11				2	2	1	5
二〇七供應大隊	P-51	4	21	1	7	6		39
三製廠	AT-6						1	1
三製廠	Cessna				3			3
二〇四供應大隊	P-51					10	3	13
十一大隊	P-47	17			21			38
三大隊	AT-6			2				2
合計		35	33	27	44	22	16	246

第十四章　徵購概況

第一節　徵購工作概況

　　我國以重工業落後，航空工業無從開展，本軍所用各種飛機及器材油彈等，均不能自給，須取給於外國。39 勇湧發 0274 附件更因若干型別飛機及其零件皆為美國在第二次世界大戰時所造，戰爭結束後美國已致力於新式飛機之發展，加之原有軍用工廠復員，改造民生用品，故舊有模型均已銷燬停製，因之本軍欲求其另件之補充，不得不求之於剩餘物資市場。惟剩餘物資多係躉批拋售，不能逐項挑選，致有部份器材不合需用。今後除國內確實無法供給者仍向國外購置補充外，當盡量尋求國產品代替，並協助發展生產，以期杜塞外匯漏厄，助長本國工業發展。

第二節　國內外徵購物資之統計

第一款　國內徵購物資統計

　　本年度因戡亂戰局轉移，本軍補給重心年初即行移台，各級機構亦分別遷徙撤退，故國內徵購物資為數無多，合計僅支用金圓券 296,660,934 元、銀元 69,568.35元。舊台幣 132,246,737 元，新台幣 237,973,428.96 元，及在香港購料支用港幣 335,330 元、美金 200,953.83元，詳附表（一）。又各種油料征購情形，詳附表（二）。

第二款　國外徵購物資統計

　　抗戰勝利以後，國家財力已感窮困，復經數年戡亂

益見艱難，尤以國外購料所需外匯，更為缺乏。37 年美國軍援款項下分配本軍之 2 千 8 百萬元，除上年已支用 2 千 4 百餘萬元外，所餘不足 4 百萬元。而以往購料餘款為數無多，況均有預定用途，苟非年初奉撥美金專款 1 千萬元實無以為繼。本年在國外徵購物資計值美金 4,005,308.38 元，詳附表（三）。全部美援款 2 千 8 百萬美元運用情況，詳附表（四）。1 千萬元專款奉准動用情況詳如附表（五）。

第三節　國外徵購物資內運統計

本年自國外內運物資計 81,184,335.38 磅，其分月內運數及逐月累計數，詳附表（六）。各式飛機內運計 296 架，其情況詳附表（七）。

38 年度國內徵購物資分類價款統計表（附表一）

1 月份		
汽車器材	TW	2,124,650.00
汽車器材	GY	644.00
總計	TW	2,124,650.00
總計	GY	644.00

2 月份		
汽車器材	TW	1,020,700.00
軍需物資	TW	135,000.00
總計	TW	1,155,700.00

3 月份		
汽車器材	TW	2,700,747.00
其他	TW	4,995,900.00
總計	TW	7,696,647.00

4 月份		
汽車器材	TW	77,045,740.00
汽車器材	GY	240,000.00
軍需物資	GY	294,890,000.00
醫藥器材	GY	500,000.00
其他	GY	1,030,290.00
總計	TW	77,045,740.00
總計	GY	296,660,290.00

5 月份		
其他	TW	44,224,000.00
總計	TW	44,224,000.00

6 月份		
汽車器材	TW	207,410,000.00
油料	TW	17,143,200.00
五金	TW	12,990,000.00
總計	TW	237,543,200.00

7 月份		
航空器材	NTW	19,373.70
軍需物資	NTW	2,458.25
醫藥器材	NTW	775.00
五金	NTW	55.00
總計	NTW	22,661.95

8 月份		
航空器材	NTW	5,709.55
汽車器材	NTW	265.925
通信器材	NTW	276.75
軍需物資	NTW	6,165.70
軍需物資	SY	67,806.00
醫藥器材	NTW	4,990.00
油料	NTW	▲114,074.34
其他	NTW	▲58,999.20
總計	NTW	17,407.925
總計	SY	67,806.00
總計	NTW	▲173,073.44

9 月份		
航空器材	SY	150.00
汽車器材	NTW	1,248.50
汽車器材	SY	1,123.20
通信器材	SY	229.50
軍需物資	NTW	571.60
軍需物資	SY	7.28
醫藥器材	SY	3.00
油料	US	▲13,553.83
油料	NTW	▲13,608.00
五金	NTW	511.25
其他	NTW	2,379.08
其他	SY	120.05
其他	US	▲400.00
其他	NTW	▲55,000.00
總計	NTW	4,710.43
總計	SY	1,633.03
總計	US	▲13,953.83
總計	NTW	▲68,608.00

10 月份		
航空器材	NTW	2,310.00
汽車器材	NTW	5,258,125
軍需物資	NTW	10,229.24
油料	NTW	84,100.00
五金	NTW	110.00
其他	NTW	1,800.00
其他	SY	25.00
總計	NTW	103,798.865
總計	SY	25.00

11 月份		
通信器材	NTW	600.00
軍需物資	NTW	292.50
油料	NTW	930.00
油料	US	▲183,000.00
其他	NTW	1,000.00
總計	NTW	2,822.50
總計	US	▲187,000.00

12 月份		
汽車器材	NTW	7,700.00
通信器材	NTW	1,471.00
通信器材	NTW	▲7,250.00
軍需物資	HK	335,330.00
醫藥器材	SY	104.32
五金	NTW	6,008.00
五金	NTW	▲150.00
其他	NTW	20,566.85
總計	NTW	29,745.85
總計	SY	104.32
總計	HK	335,330.00
總計	NTW	▲7,400.00

合計		
航空器材	NTW	27,384.25
航空器材	SY	150.00
汽車器材	TW	82,891,837.00
汽車器材	NTW	207,424,472.55
汽車器材	GY	240,644.00
汽車器材	SY	1,123.20
通信器材	NTW	2,347.75
通信器材	NTW	▲7,250.00
通信器材	NTW 合計	9,597.75
通信器材	SY	229.50
軍需物資	TW	135,000.00
軍需物資	NTW	19,717.29
軍需物資	GY	294,890,000.00
軍需物資	SY	67,813.28
軍需物資	HK	335,330.00
醫藥器材	NTW	5,765.00
醫藥器材	GY	500,000.00
醫藥器材	SY	107.32
油料	NTW	17,228,230.00
油料	NTW	▲127,682.24
油料	NTW 合計	17,355,912.24
油料	US	▲200,553.83
五金	NTW	12,996,684.25
五金	NTW	▲150.00
五金	NTW 合計	12,996,834.25
其他	TW	49,219,900.00
其他	NTW	25,746.43

合計		
其他	NTW	▲113,999.20
其他	NTW 合計	139,745.63
其他	GY	1,030,290.00
其他	SY	145.05
其他	US	▲400.00
總計	TW	132,246,737.00
總計	NTW	237,724,347.52
總計	NTW	▲249,081.44
總計	NTW 合計	237,973,428.96
總計	GY	296,660,934.00
總計	SY	69,568.35
總計	HK	335,330.00
總計	US	▲200,953.83

備考

1. 有「▲」數字之價格約係表示本部經辦訂約徵購，其件均係供應司令部或一軍區部承辦徵購手續。

2. 在國內以美金徵購油料，該油雖由國外，但其訂約係在國內辦理，故仍列本表。

38 年度訂購油料數量價值統計表（附表二）

油料名稱	訂購數量	單位	價值（元）	
			美金	新台幣
100 號飛機汽油	5,400,000	加侖	2,296,666.00	
73 號飛機汽油	600,000	加侖	228,259.29	
91 號飛機汽油	900,000	加侖	228,650.00	
70 號汽車汽油	1,000,000	加侖	187,000.00	
683 號汽車汽油	60,000	加侖	13,553.83	
汽車汽油	53,000	加侖		100,064.00
柴油	1,500	加侖		1,848.00
機油	2,538	加侖		8,959.14
黑油	270	加侖		953.10
剎車油	100	加侖		1,500.00
柴油	10,000	加侖		13,608.00
黃油	500	磅		750.00
總計	8,027,408	加侖	2,949,129.12	127,682.24
	500	磅		

38 年度國外徵購物資統計表（附表三）

（價款：美金）

月份	飛機	發動機	飛機及發動機器材	油料	軍械	通信器材
1月份			56,657.63		25,200.00	1,549.87
2月份			77,256.34			2,039.40
3月份		162,550.00	167,733.66	253.55		585.64
4月份	780,000.00	14,300.00	59,965.67			
5月份			6,353.25			7,503.21
6月份			42,612.12		2,040,00	29.52
7月份	325,369.29		26,322.85			
8月份			65,862.51	469,276.16		
9月份			48,446.54		31,393.45	63,374.64
10月份		61,230.00	135,531.89	774,040.45	375.60	23,324.66
11月份			78,501.45		1,626.25	8,198.72
12月份			57,460.78	25,016.75	1,920.87	180.00
總計	1,105,369.29	238,080.00	822,704.69	1,268,586.91	62,556.17	106,785.66

月份	工具及地面器材	醫藥器材	車輛器材	軍需器材	其他器材	合計
1月份	837.00				3,228.00	87,472.50
2月份		51,080.35			32,400.00	162,776.09
3月份	4,888.80	13,049.22			8,820.00	358,480.87
4月份					2,901.10	857,166.83
5月份	37,228.63					51,085.09
6月份	5,391.80				3,766.44 933.12	54,773.00
7月份	34,315.45					386,007.59
8月份	20,371.83		195.48		680.25	556,386.23
9月份	42,749.80				21,548.79	207,513.22
10月份		554.40	11,285.00		3,365.68	1,009,707.68
11月份					3,183.60	91,510.02
12月份	53,600.00	3,948.00		39,478.80	824.06	182,429.26
總計	199,383.31	69,231.97	11,480.48	39,478.80	81,651.10	4,005,308.38

附註：

1. 本表所動支購料係在美金現款與軍援款內動支，並包括在美及在英與菲律濱三地購料在內。

2. 在美購料計動支美金 3,936,656.94 元。

3. 在英購料計動支英金 1,881-16-14 磅，經折美金 3,766.44 元。

4. 在菲購料計動支美金 64,885.00 元。

2 千 8 百萬美援款運用情況表（附表四）

器材類別	單位	數量	價款
飛機	架	355	7,346,838.68
發動機	具	1,041	2,583,499.74
航空器材	噸	674.3	4,789,035.02
車輛器材	噸	164.5	114,789.58
械彈	噸	8,346	4,066,491.11
通信及氣象器材	噸	30.4	484,375.63
航空汽油	加侖	23,620,000	7,525,067.48
其他	噸	1,120	1,089,902.76
總計			28,000,000.00

1 千萬美元購料專款已動用情況表（附表五）

分配類別	百分率	分配預算款項	已奉准動用預算款額
飛機及航空器材	65%	6,500,000.00	2,777,045.69
軍需及一般補給品	10%	1,000,000.00	205,963.34
特種用途	5%	500,000.00	
準備金	20%	2,000,000.00	100,000.00
總計	100%	10,000,000.00	3,083,009.03

38 年度徵購物資內運統計表（附表六）

月份	內運噸位（磅）	累計
1 月	11,966,175.25	11,966,175.25
2 月	2,592,870.00	14,559,045.25
3 月	17,428,337.00	31,987,382.25
4 月	1,422,457.00	33,409,839.25
5 月	2,533,064.75	35,942,904.00
6 月	8,318,818.00	44,261,722.00
7 月	5,332,796.13	49,594,518.13
8 月	747,509.00	50,342,027.13
9 月	4,273,230.25	54,615,257.38
10 月	9,732,088.00	64,347,345.38
11 月	68,816.00	64,416,161.38
12 月	16,768,174.00	81,184,335.38

38 年度補充各式飛機內運接收進度表（附表七）

飛機型別	2 月	3 月	4 月	5 月	6 月	7 月
AT-6	11	44	46	44	14	7
AT-11				5	8	6
B-25						
P-47		5	36		1	
P-51	20	16	17			
S-51 直昇機						
47D1 直昇機						
總計	31	65	99	49	23	13

飛機型別	8 月	9 月	10 月	11 月	12 月	合計
AT-6	4					170
AT-11	1					20
B-25		2	5	2	2	11
P-47						42
P-51						53
S-51 直昇機					1	1
47D1 直昇機					2	2
總計	5	2	5	2	5	299

第十五章　械彈業務

第一節　械彈補充

　　本年度械彈補充，極感困難，除盡量修配國內現有缺損械彈並配製汽油彈以供戡亂戰役應用外，計向美方及菲方購得械彈完妥者約 8,233.6 噸，缺件者 2,316 噸，詳附表（一）。

第二節　械彈消耗

　　本年度彈藥消耗，計炸彈 2,288.48 噸，127m/m 子彈 1,633,663 發，7.62m/m 子彈 91,200 發，303 吋子彈 579,950 發，20m/m 砲彈 180,607 發，其中以 2 月份消耗最小，10 月份消耗最大，詳附表（二）。

第三節　械彈損失

　　本年度由大陸疏台械彈約一萬餘噸，因環境關係不及撤運而遭損失者，約計合用炸彈 4,261.4 噸，子彈 19,852,655 發，機槍砲 1,719 挺，軍械附件 29 萬餘件。不合用炸彈 4,132 噸，子彈 1 千 8 百餘萬發，機槍砲 1,434 挺，軍械附件 140 餘萬件，及陸用槍枝 9,239 枝，子彈 540 餘萬發，附件 16 萬餘件，汽油彈、藥粉 2 萬餘磅，詳附表（三）。

第四節　械彈修造

　　為彌補向外訂購之不足，在國內設法將缺損械彈加以修整，並配造軍械裝槍附件，及自製汽油彈應用。

一、彈藥修改：計修妥國造 100 公斤炸彈 1,006 枚，國
　　造 50 公斤炸彈 681 枚，日造 30 公斤練習彈 3,000
　　枚，美造 100 磅燃燒彈 1,500 枚。

二、汽油彈之研造：本年度利用 75 加侖副油箱製妥應
　　用之汽油彈 1,400 枝，並研究將裝燐之原裝引信改
　　裝鈉料，俾適合海面使用，經試用結果，已獲成
　　功，請兵工署代製 3,000 枝備用中。

三、軍械附件之配造：本年度向美訂購回國之 B-25 機
　　11 架，裝槍器材十分之八不能在美購得，又由滬
　　疏運來台之蚊式機 16 架，裝槍器材亦殘缺不全。
　　遂設法在國內研究倣製配件千餘件，始將上列各機
　　裝妥武器，以供作戰應用。

38 年度空陸用械彈補充數量表（附表一）

項別 彈種	數量				備考
	完好		缺件		
	數量（枚）	噸位	缺件 （枚）	噸位	
M65.1000# 炸彈	5,000	2,500T	100	55T	
M64.500#			9,081	2,261T	
M57.250#	10,000	1,250T			
M30.100#	32,500	1,625T			
M58.300# 半穿甲彈	5,000	1,250T			
M26.500# 殺傷彈束	2,000	503T			實際進口 2,011 組
M81.260# 殺傷彈	5,000	625T			
M1A1.100# 殺傷彈束	5,000	250T			
12.7 子彈	118,000	23.6T			
12.7 彈鏈	5,000,000	100T			
M14 Ignitey	6,000	12T			
N.R 藥粉	30T	30T			
製保險絲用材料	1,150#				

項別 彈種	數量				備考
	完好		缺件		
	數量（枚）	噸位	缺件（枚）	噸位	
保險絲夾	36,000	2T			
.30 卡柄槍彈	2,595,800	62T			
C-1 自動駕駛儀	30 套	1T			
合計		8,233.6T		2,316T	

38 年度全國各基地空用彈藥消耗數量表（附表二）

彈種 月份	炸彈 （噸）	12.7m/m 子彈（粒）	7.62m/m 子彈（粒）	503m/m 子彈（粒）	20m/m 砲彈 （發）
1 月份	415	101,783		3,200	2,500
2 月份	3.4			1,650	2,500
3 月份	33	28,655		30,000	8,500
4 月份	175	33,000		81,600	16,300
5 月份	120.85	126,535		43,700	5,400
6 月份	39.4	49,690		12,700	3,000
7 月份	13,812	105,391		51,300	14,164
8 月份	187.3	241,175		140,400	40,246
9 月份	300.83	226,413	900	80,200	23,283
10 月份	494.4	362,380	41,600	86,300	35,218
11 月份	2,630	201,260	17,500	31,900	27,324
12 月份	117.9	57,401	31,200	17,000	2,172
合計	2,288.48	16,336,63	91,200	379,950	180,607

備考　12 月份消耗係截至 25 日止。

38年度各軍區部損失陸空用械彈數量統計表（附表三）

基地	合現機用空用械彈			
	炸彈（噸）	子（砲）彈（粒）	機砲枚（粒）	軍械器材炸彈附件
三軍區	312.1	1,957,412	29	54,850
四軍區	648.4	2,712,131	23	1,497
五軍區	1,633.3	10,808,249	1,168	55,633
一、二軍區及其他	1,667.6	4,374,863	506	182,296
合計	4,261.4	19,852,655	1,719	294,276

基地	不合現機用空用械彈			
	炸彈（噸）	子（砲）彈（粒）	軍械器材炸彈附件（件）	機（砲）枚（支）
三軍區	195.6	1,981,935	5,538	98
四軍區	740.7	13,777,135	42,710	22
五軍區	2,804	11,277,345	264,853	961
一、二軍區及其他	392.4	3,524,472	494,418	353
合計	4,132.7	18,155,936	1,007,519	1,434

基地	陸用械彈			
	手槍（支）	手槍彈（粒）	步槍（支）	步槍彈（粒）
三軍區	327	18,198	522	66,568
四軍區	82	4,575	117	25,802
五軍區	1,316	592,838	4,051	803,123
一、二軍區及其他	302	45,883	1,951	2,839,100
合計	2,027	661,494	6,641	3,734,593

基地	陸用械彈			汽油彈藥粉（磅）
	機槍（砲）（支）	機槍附件（件）	機槍（砲）彈（粒）	
三軍區	24	11,150	24	
四軍區	326	4,557	32,239	7,378
五軍區	179	120,469	721,952	6,775
一、二軍區及其他	42	32,929	273,130	6,625
合計	571	169,105	1,050,221	20,778

第十六章　運輸業務

第一節　水陸運輸情況

第一款　轉移運輸

（一）轉移政策

自上年冬期戰局逆轉，本軍即依照空軍戡亂復建編組計劃之決定，以台灣為總基地，所有機關部隊之物資人員均分批逐漸轉移台灣，故一年來運輸業務，即以執行此項決策為重心。

由大陸轉移台灣物資運輸，亦係按照決定原則，除應留作戰所必需使用者外，餘以「有用」「良好」及「待修可用品」為主，無運輸價值者盡量就地處理，以節省運輸噸位及運費。

（二）轉移經過

第一階段

自 37 年 11 月徐蚌會戰失利，沿江感受威脅時起，本軍京、滬、漢、杭物資、人員即開始分別利用鐵道及船隻疏運台灣，此時駐西安之第三軍區物資、人員，同時利用汽車向漢中及川境轉移，此階段之運輸截至本年 5 月告一段落，全部完竣。

第二階段

自本年 5 月上海撤守以後，長江以南本軍閩、贛、湘、桂、粵各基地物資、人員，除作戰需要者疏運一部份至柳、桂外，餘均先集運廣州及福州轉運台灣，至10月間廣州撤守時完竣。

第三階段

自廣州失陷後川、滇、黔、桂各地本軍物資人員向台灣轉移分別空運至海南島，再循水運來台。截至本年年終尚在實施中，預計 39 年 1 月間可以完竣。

（三）轉移數量

本軍以公佈大陸廣袤地區之物資人員全面疏運台灣，在運輸工具困難及運費拮据之情況下，採取水陸並進，逐步轉移辦法，並多方張羅運費，經一年來之努力，除很少數在海南島尚未運竣外，其餘大部均按照優先次序完成。共計一年來運輸 46,082 人及物資 141,657 噸，見附表（一）。

第二款　經常運輸

本軍經常駐防大陸前線各基地之作戰部隊，所需補給油彈器材等軍品，除留用當地應疏運之物資外，其餘須由後方或台灣按時經常運往補給以支援作戰。此外全軍各機關、部隊、學校所需之經常補給亦賴運輸。本年度總計運輸數量為 138,741 噸，合 46,629,715 公里噸，見附表（二）。

第三款　接收物資運輸

進口物資，均係在國外購買內運，為本軍物資主要來源。本年度因台灣為本軍總基地，故外輪進口物資均在高雄及基隆兩港卸運至台南及附近各地存儲。一年來統計接收此項外來物資，運輸共為 121,708 噸，見附表（三）。

第二節　運輸機構之動態

　　本年度因受大陸上戰局失利轉變迅速之影響，所有各運輸站、汽車中隊，僅撤出 3 個汽車中隊至台灣服務，其餘運輸站與汽車中隊，初則需要留駐原地擔任當地疏運業務，繼則因情況之變遷，至緊張時期即無法撤出，均予撤銷，因之汽車中隊之運輸車輛頗多損失。茲將已撤銷及現存各運輸機構列表如左：

一、已撤銷之大陸各運輸機構

原駐地	番號	撤銷經過
蘭州	第三運輸站 汽車第九一二中隊	在原地撤銷
西安	第四運輸站 汽車第九〇七中隊 汽車第九一一中隊	隨第三軍區司令部轉移漢中，至成都後撤銷
南京	第五運輸站	一部份人員轉移福州後撤銷
漢口	第六運輸站 汽車第九〇五中隊	隨第四軍區司令部移駐衡陽，合併第七運輸站後撤銷 轉移衡陽、柳州至南寧後撤銷
衡陽	第七運輸站	在原地撤銷
芷江	第八運輸站 汽車第九〇二中隊	移駐柳州後撤銷
廣州	第九運輸站 汽車第九〇三中隊	移駐海南島後撤銷 廣州失守後撤銷
重慶	第十運輸站 汽車第九〇一中隊 汽車第九〇九中隊 汽車第九〇四中隊	重慶失守後撤銷
貴陽	第十一運輸站 汽車第九〇八中隊	移駐昆明後撤銷
昆明	第十二運輸站 汽車第九一五中隊	昆明失守先後撤銷
南昌	第十五運輸站	逐步轉移贛州、廣州至獨山後撤銷
福州	第十六運輸站	在昆明撤銷

二、現存台灣區各運輸機構

駐地	番號	隸屬	改組或移駐情形
基隆	基隆運輸站	供應司令部	原駐基隆第十三運輸站改組
高雄	高雄運輸站	供應司令部	原駐高雄第十四運輸站改組
桃園	汽車九○九汽車中隊	供應司令部	原駐衡陽移駐現址
台南	汽車九一三汽車中隊	供應司令部	原駐貴陽移駐現址
高雄	汽車九一七汽車中隊	供應司令部	原駐衡陽移駐現址
汐止	汽車九一九汽車中隊	供應司令部	原在台成立

第三節　車輛狀況

　　本軍普通車輛，在抗戰復員時連同接收日偽及美軍車輛共達 8,397 輛，但均係老舊車輛，新車則數年來未曾補充。至 37 年年終尚有 5,399 輛。本年度因淘汰廢舊就地處理，以及戰局逐次失利之損失，計共減少 1,427 輛，僅存 3,972 輛。惟其中尚有第三、四、五軍區司令部所屬最後損失車輛尚未據報，故在海南及東南區現有車輛尚不及此數，見附表（四）。

38 年度各地物資人員疏運數量統計表（附表一）

疏運地點	人員	物資（噸）				
		油料	械彈	器材	其他	合計
南京	5,760			3,437	1,890	5,327
上海	33,453	16,836	6,990	67,352	12,517	103,695
西安	2,843	181	1,027	1,556	189	2,953
廣州	575	2,514	4,007	5,210	2,043	13,774
衡陽		1,617	2,800	1,586	121	6,124
福州	3,451	1,821	60	5,236	680	7,797
廈門		104		46		150
芷江		221	66	71	20	378
海南島		8	994	450	7	1,459
總計	46,082	23,302	15,944	84,944	17,467	141,657

備考

1. 本表統計數字係截至 38 年 11 月底止。

2. 最近三、五軍區及四軍區由桂至海南島轉台物資、人員尚在疏運中，未列入本表。

38 年度各月份經常物資運輸數量統計表（附表二）

路線	物資				合計（噸）	公里	公里噸
	油料	彈械	器材	其他			
1 月	2,546	1,741	87	31	4,405	1,236	2,480,307
2 月	5,840	4,520	3,604	247	14,211	23,424	5,368,337
3 月	2,242	4,616	1,211	193	8,262	24,149	2,462,738
4 月	9,750	2,133	2,007	718	14,608	25,218	4,218,404
5 月	4,511	618	2,041	1,363	8,598	16,856	2,055,866
6 月	6,855	1,414	2,892	209	11,370	12,633	2,415,349
7 月	7,775	2,169	1,878	277	12,099	17,530	4,320,469
8 月	4,070	2,536	1,003	509	8,118	13,145	2,278,145
9 月	11,106	2,059	1,025	1,551	15,741	19,788	6,401,653
10 月	9,650	2,077	1,743	2,032	15,502	13,907	5,433,519
11 月	7,724	3,516	617	1,101	12,958	7,407	3,778,070
12 月	10,021	1,662	1,083	103	12,869	9,368	5,416,858
總計	82,090	29,126	19,191	8,334	138,741	184,661	46,629,715

路線	自車裝運		軍商車代運	
	噸數	公里噸	噸數	公里噸
1 月	2,841	1,213,107	54	2,700
2 月	5,555	834,230		
3 月	2,088	618,778	61	5,484
4 月	1,568	442,850		
5 月	1,552	578,497	5	5,750
6 月	1,464	191,899	21	7,665
7 月	2,527	427,999		
8 月	2,345	332,575		
9 月	3,598	938,730	2,101	1,300,039
10 月	3,268	672,840	2,369	1,848,388
11 月	2,162	291,727		
12 月	38	905		
總計	29,006	6,544,131	4,611	3,170,026

路線	火車裝運		船隻代運	
	噸數	公里噸	噸數	公里噸
1 月			1,510	1,264,500
2 月	3,539	285,992	5,117	4,248,115
3 月	5,684	1,533,082	429	305,394
4 月	11,669	2,558,218	1,371	1,217,336
5 月	6,232	1,067,369	809	404,250
6 月	9,396	1,895,685	489	320,100
7 月	6,314	1,378,319	3,258	2,514,151
8 月	4,478	884,501	1,295	1,061,069
9 月	8,038	2,744,552	2,004	1,418,332
10 月	6,970	1,071,589	2,895	1,840,702
11 月	7,901	1,316,919	2,895	2,169,430
12 月	10,383	2,573,136	2,448	2,842,772
總計	80,604	17,309,362	24,520	19,606,151

國外進口物資統計表（附表三）

物資種類	噸位
油料	63,235.5T
械彈	10,015.5T
飛機、發動機及器材等	48,457T
合計	121,708T

備考　表列物資，計分裝 65 艘中外船隻，分別由美國及香港運台。

空軍現有普通車輛分佈狀況數量統計表（附表四）

38 年 12 月份

車輛種類	卡車					
	GMC			其他卡車		
	完好	待修	待廢	完好	待修	待廢
台灣區一般機關	181	130	3	72	114	19
作戰大（中）隊	47	12		14	6	1
訓練部所屬	31	8	1	21	15	2
工業局所屬	18	7		53	23	
傘兵及警衛部隊	9	7		3	2	
高砲部所屬	49	23	3	45	11	2
海南定海金門岱山區	7			61	19	2
三軍區所屬	93	46	3	25	7	
四軍區所屬	156	40	2	23	13	3
五軍區所屬	292	193	15	24	49	12
工兵總隊所屬	110	67		14	11	
其他						
合計	993	533	27	355	270	41

車輛種類	座車			站車		
	完好	待修	待廢	完好	待修	待廢
台灣區一般機關	30	26	9		2	
作戰大（中）隊	11	6				
訓練部所屬	13	3			1	
工業局所屬	13	6	1		2	
傘兵及警衛部隊	2	1				
高砲部所屬	2	2				
海南定海金門岱山區	10	10	5			
三軍區所屬	3	5	2		2	
四軍區所屬	2	2	3			
五軍區所屬	5	14			6	
工兵總隊所屬	1					
其他	1					
合計	93	75	20		13	

車輛種類	交通車			指揮車		
	完好	待修	待廢	完好	待修	待廢
台灣區一般機關	7	1		2	1	
作戰大（中）隊	3	1		3	2	
訓練部所屬	3	1		2	1	
工業局所屬	7	1	1			
傘兵及警衛部隊						
高砲部所屬						
海南定海金門岱山區		1				
三軍區所屬						
四軍區所屬						
五軍區所屬	1	1		1		
工兵總隊所屬					5	
其他						
合計	21	6	1	8	9	

車輛種類	中吉甫			小吉甫		
	完好	待修	待廢	完好	待修	待廢
台灣區一般機關	64	51	3	254	81	6
作戰大（中）隊	40	26		145	40	1
訓練部所屬	25	15	1	50	19	15
工業局所屬	7			21	5	
傘兵及警衛部隊	26	15		30	3	
高砲部所屬	6	2		10	1	
海南定海金門岱山區	1			5		
三軍區所屬	26	15		48	10	6
四軍區所屬	10	3		35	13	4
五軍區所屬	36	57		65	73	
工兵總隊所屬	18	14		20	15	
其他				5		
合計	259	198	4	688	260	32

車輛種類	二（三）輪卡			合計		
	完好	待修	待廢	完好	待修	待廢
台灣區一般機關	1	12	6	611	418	46
作戰大（中）隊		1		263	94	2
訓練部所屬				145	63	19
工業局所屬	1	1		120	45	2
傘兵及警衛部隊	12	6	1	82	34	1
高砲部所屬			1	112	39	6
海南定海金門岱山區	4	16		88	46	7
三軍區所屬				195	85	11
四軍區所屬				226	71	12
五軍區所屬	1	2		425	395	27
工兵總隊所屬	1			164	112	
其他				6		
合計	20	38	8	2,437	1,402	133

第十七章　後勤計劃

一、後勤業務計劃單位，為有效支援作戰主要動力之
　　一，本部為適應此項要求，于本年 7 月 1 日將前第
　　四署基地勤務科改為後勤計劃室，仍隸屬於第四
　　署，而賦予以左列之任務。

　　　1. 依據三、五署之作戰計劃及編組計劃，擬訂後勤
　　　　供應之全盤計劃。

　　　2. 關於補給、修護、運輸、徵購等部門之綜合廣泛
　　　　計劃事項。

　　　3. 關於各時期空軍補給勤務之全盤規劃及聯繫事項。

　　　4. 為使後勤業務實施能配合作戰起見，應作適時及
　　　　適切之協調建議事項。

　　　5. 後勤預算之列報支配及協調事項。

　　　6. 關於已決定保持或裁併或後撤及最近基地勤務之
　　　　規劃事項。

　　　7. 基地勤務及設施之規劃建議及連繫事項。

　　　8. 關於直屬本部供應中（分）隊業務之策劃督導及
　　　　有關文件之簽辦事項。

二、後勤業務至為廣泛，且將直接影響作戰之成敗，為
　　求能經常就全部後勤因素檢討一切後勤措施，謀其
　　改進，並適時估計需求，預籌此後之供應，使各後
　　勤業務有關部份能適切配合發揮最大效能，則後勤
　　單位實為溝通與聯繫之樞紐。

第一節　基地勤務概況

（包括機場及基地設備情形）

一、本年度實有機場 190 個，如附表（一）。因大陸戰況失利多數已陷入匪手，至本年終止僅有台灣及東南沿海島嶼計 36 個機場（台灣 29、海南島 2、東南沿海島嶼 4、西昌1）。

二、機場狀況表所列之機場，包括一、二、三、四、五軍區及台灣區所轄之設有供應勤務機構與保留之機場。

三、本年度各級供應（勤務）機構分佈情形，如附表（二）。原設供應總處及供應處 7 個，均先後撤銷。本年度成立供應大隊 4 個、供應中隊 11 個、供應分隊 7 個，撤銷供應中隊 11 個、供應分隊 22 個。截至本年終止，僅有供應大隊 6 個、供應中隊 5 個、供應分隊 8 個。

四、基地裝備，因使用年久，損壞殊多又以大陸戰局轉移，多有損失，撤運途中亦有破損。截至本年終各基地現有夜航、加油、掛彈、消防、養場、招待、防寒、防風及車輛營舍廠庫等設備，如附表（三）。

第二節　物資撤退之規劃及聯繫

一、根據復建計劃，決定本軍物資撤退方針如下：

　　1. 主力及大陸不需要各基地之物資即行轉移台灣。

　　2. 大陸作戰之各基地仍酌量留置必需之物資，俾支援大陸作戰。

二、實施經過及成果

空軍物資之轉移，均根據原定計劃事先分別召集有關單位研究。決定各基地應疏運及保留標準，再規定疏運處理原則及辦法，製訂方案，頒佈實施。且於戰況演變之時，不斷予以修正及指示，並於戰況緊急時，由各級司令部派員督導。故實施情形雖未完全合乎理想。但空軍之重要物資，大都均能安全轉移台灣。計原存大陸物資約 31,163 噸，當時決定在大陸作戰留用者計 6,943 噸，原定疏運者計 12,059 噸，預定在大陸就地處理者，計 12,161 噸。結果除作戰留用者外，計原定疏運物資中安全運出者達 9,616 噸，佔 80% 弱。其他就地處理者，亦經分別處理，未處理者，均經予以破壞故實施成果尚屬完滿。

三、得失檢討

本軍物資疏運結果，雖未能盡如理想，然在種種條件限制下能運達預定量之 80% 弱，亦屬難能。其未能合乎理想之原因，不外戰事變化急劇，及基地條件受財力人力之限制等外在因素之影響。至於內在因素，如執行時聯繫欠確實，及一部份料賬未能適時整理清楚，亦待改善。

第三節　空軍 6 個月緊急補給案計劃情形

一、為維持空軍 8⅓ 大隊兵力及配合訓練計與勤務機構需要之器材飛機及裝備計，根據過去之消耗量以補足每月之補充率，及保持必需之存量，俾作適時適切之補充，藉免一旦來源缺乏影響戰況。

二、自抗戰後所獲得之裝備器材，為運用美軍剩餘
物資，以擔任復員戡亂任務，雖盡量樽節使用，
迄至去年已大部耗罄。幸於美援款內空軍分得
28,000,000 美元，作徵購補充器材之用。然因款過
少，所購器材僅及實際一年需要量三分之一。且以
戰況轉移，航程增加，出動頻繁，消耗數字亦因
之增鉅，故現有器材裝備油彈等之存量亦與日俱
減矣。

三、本計劃補充之急要器材及飛機為第一期之補充數
量，以維持 6 個月為基準，需款 50,000,000 美元為
限度，各項飛機器材均按剩餘物資讓售價格估計，
如有超出於次要補充數量中剔除之。

四、本計劃預期在美訂購後運抵國內至少 2 個月以上，
故第一期 6 個月之緊急補給起迄日期，定自 38 年
11 月 1 日起至 39 年 4 月 30 日止。需求補給數量，
如附表（四）。

第四節　金門、岱山及二期作戰計劃之整備情形

依據作戰計劃，本年度有關大陸基地兵力部署準備
案（根據國防部 38 年度第二期作戰有關空軍基地分佈
計劃），及金門、岱山基地之整備案，對於油料、彈
藥、糧服、炊膳、寢具、修護、通訊、氣象、車輛、加
油、掛彈、夜航、養場等設備，所需應行補給數量及所
需運費等，業訂定全盤計劃實施。

第五節　廠庫工程

　　台灣區各基地，因大陸疏運來台物資之日增，以及修護重心移駐台灣致形成廠庫不敷，器材多致露天存放，保管困難，修護工作無法展開，為使器材能迅速入庫及修護工作順利展開，經由 8 月份起至 39 年度 1 月份止，每月由結餘經費項下撥舊台幣 200 億，共計 1,200 億，以修建庫房，本年度撥發之 1,000 億，分一、二、三期訂定急需修建工程項目，按期付諸實施。計一、二兩期已完成 70%，第三期亦已完成 30%，預計至明年 2 月終可全部完成。致明年度之二百億，亦已另行編列第四期工程項目積極進行中。本年度第一、二期工程項目及進行情形，如附表（五）（第三期工程尚未能決定）。此項廠庫修建工程，雖未能全部解決本軍之需要，惟僅就本年度新建工程面積論，已達 30,000 平方公尺以上，加以各項修理工程在內，對本軍之廠庫自有裨益。此後仍當視需求及經費情形，繼續計劃，期謀全部合理之解決。

第六節　宿舍及眷屬房屋工程

　　本軍遷移來台後，因鑒於供應部隊人員日有增加，宿舍及眷屬房屋缺乏頗形嚴重，尤以供應部隊之宿舍眷宅為最，影響工作效率。經於 8 月份在空運費項下撥發舊台幣 400 億，興建供應司令部，供應總處、第七供應處、二〇四供應大隊宿舍至眷屬房屋工程，共分三期辦理，均在積極進行中。惟因各供應機構改組，人數增加，經歷次修改時間較久，受物價波動之影響，似已無

法全部按預定計劃估計可照原計劃完成 70%。原根據
各單位所缺宿舍眷宅情形編列之概算，如附表（六）
（七）（八）。

第七節　後勤預算之協調

　　為謀本部第五署各單位業務經費之動支得以協調，
俾能兼籌全盤業務，得以均衡，而避邪畸輕畸重之弊，
本年度已定有會計事項處理程序頒發實施。至該署業務
經費，由預財處分配到署，按核定之比例，作第二級之
分配，實施結果亦尚順利。

第八節　供應機構改組物資交接之規劃

　　本年度本軍主要供應機構，如第四第七供應處及供
應總處等，先後改組為二〇四、二〇七供應大隊與補給
總庫、飛機修理總廠及台北、台南汽車修理廠等。其後
勤方面之業務，如器材之交接，廠房裝備之分配，及業
務系統之調整，經事先計劃：（1）應交接之單位及物
資數量，（2）過渡期間之業務維持辦法，（3）補給系
統、修護程序系統、指揮隸屬及技術指導系統等之修正
等，均予核定原則，飭供應部擬訂細部具體實行辦法，
轉飭各有關單位辦理。故此次各供應機構在改組期間，
關於業務之推行尚無脫節現象。

38 年度各地區機場狀況表（附表一）

一、第一軍區

機場名稱	廣州（天河）	廣州（白雲）	汕頭
經度 E	113°19'	113°16'	116°42'
緯度 N	23°08'	23°10'	23°23'
位置	廣州東 6 公里	廣州西北 10 公里	汕頭東 4 公里
標高 F.T.	36	30	5
場面長 M	2,000	2,000	
場面寬 M	1,650	1,800	
跑道長 M	1,500 1,400	1,400 1,200	1,600
跑道寬 M	60 100	130 100	50
跑道厚 M	0.30 0.40	0.30 0.15	0.15
跑道質料	石灰三合土	洋灰碎石	三合土
機場概況	排水易有指揮塔台營舍庫房及簡單夜航設備等	跑道良好排水不易	排水良好有簡單設備
能降機種	C-54	C-46	C-46

機場名稱	三灶島	海口	三亞
經度 E	113°24'	100°20'	109°25'
緯度 N	22°00'	20°01'	18°19'
位置	三灶島南部	海口市南郊	榆林西 14 公里
標高 F.T.	100	52	29
場面長 M	1,600	1,500	1,150
場面寬 M	800	1,200 570	1,150 850
跑道長 M	1,200 800	1,500 1,200	1,230 1,040
跑道寬 M	60 40	150	60 50
跑道厚 M	0.30 0.30	0.02	0.30
跑道質料	水泥石子	柏油洋灰	洋灰
機場概況	恆風西北排水良好跑道可用向南方擴展無設備	有指揮塔台電台氣象台及夜航設備庫房營舍等	有指揮塔台電台氣象台及夜航設備庫房營舍等
能降機種	C-47	C-46	C-46

機場名稱	黃流	潭牛	加來
經度 E	108°44'		
緯度 N	18°31'		
位置	黃流東北 5 公里	海南島潭牛	海南島加來
標高 F.T.	33		
場面長 M	1,000	1,510	440,000M²
場面寬 M	1,000	1,525	
跑道長 M	1,500 1,200	1,100 1,430	
跑道寬 M	80	170 150	
跑道厚 M	0.18		
跑道質料	柏油	砂土	土面
機場概況	排水良好機場尚可擴展無設備	跑道已破壞	無跑道
能降機種	C-47	不能用	

機場名稱	贛縣	福州	建甌
經度 E	114°59'	119°18'	118°18'
緯度 N	25°49'	26°03'	27°04'
位置	贛縣南 3 公里	福州南 8 公里	建甌西 1 公里
標高 F.T.	350	20	674
場面長 M	1,400	1,470	1,420
場面寬 M	750	100	570
跑道長 M	1,400	1,427	1,200
跑道寬 M	50	50	50
跑道厚 M	0.30	0.10	0.15
跑道質料	碎石	碎石	碎石
機場概況	跑道良好排水易機場尚可擴修	每年雨季時排水不易機場可擴修	恆風東南排水良好機場南端可擴展
能降機種	C-47	C-47	C-47

機場名稱	長汀	廈門	西營
經度 E	116°21'	118°07'	110°25'
緯度 N	25°46'	24°32'	21°10'
位置	長汀東北 1 公里	廈門西北 15 公里	廣州灣西北 7 公里
標高 F.T.	1,016	49	
場面長 M	1,550	1,500	
場面寬 M	450 150	400 300	
跑道長 M	1,450	1,500 1,200	750 800
跑道寬 M	50	75	40 40
跑道厚 M	0.25		
跑道質料	砂土	土質	碎石
機場概況	排水良好西南兩方可擴修僅有少數營舍庫房	恆風東北排水不良僅有簡單設備	無設備
能降機種	C-47	C-47	中型機

機場名稱	北海	遂溪
經度 E	109°03'	110°10'
緯度 N	21°23'	21°24'
位置	北海西南 3 公里	遂溪西北 7 公里
標高 F.T.		30
場面長 M	1,900	3,400
場面寬 M	1,300	2,100
跑道長 M		1,709
跑道寬 M		200
跑道厚 M		
跑道質料	土質	土質
機場概況	無跑道	機場狀況良好無設備
能降機種	中型機	C-47

二、第二軍區

機場名稱	北平（南苑）	北平（西郊）	天津
經度 E	116°24'	116°18'	117°18'
緯度 N	39°45'	39°58'	39°06'
位置	北平南 6 公里	北平西 20 公里	天津東北18 公里
標高 F.T.	128	209	27
場面長 M	3,500	3,000	2,000
場面寬 M	2,000	1,500	2,000
跑道長 M	2,500	1,000	1,000
跑道寬 M	100 60	60	80
跑道厚 M	0.30	0.40	0.30
跑道質料	柏油碎石	洋灰碎石	水泥碎石
機場概況	跑道以南北一條最長滑行道雨時積水有夜航設備	排水易有機堡十六座機場四週均可擴展	機場圓形跑道外土質鬆軟不能用有指揮塔台
能降機種	B-29	C-54	C-47

機場名稱	歸綏	包頭	陝壩
經度 E	111°01'	111°01'	107°13'
緯度 N	40°48'	40°36'	40°55'
位置	歸綏新城東半公里	包頭南 2 公里	綏遠陝南 5 公里
標高 F.T.	3,466	3,332	4,500
場面長 M	1,700	1,800	1,700
場面寬 M	1,000 1,700	1,300	1,400
跑道長 M	1,200 800 1,400	1,260	1,800
跑道寬 M	95	96	100
跑道厚 M		0.05	
跑道質料	土質	洋灰	沙土
機場概況	大雨後排水不易機場東南可擴展有簡單夜航設備	跑道排水不良場面排水不易有機棚油彈庫及營房等	機場起落地帶平整可用排水不易營舍庫房均無
能降機種	C-47	C-47	C-47

機場名稱	青島
經度 E	120°50'
緯度 N	36°20'
位置	青島市北 15 公里
標高 F.T.	25
場面長 M	2,000
場面寬 M	2,000
跑道長 M	1,680 1,520
跑道寬 M	100
跑道厚 M	0.23
跑道質料	瀝青
機場概況	機場狀況良好惟限於地形不能擴展曾由美軍使用
能降機種	C-46

三、第三軍區

機場名稱	西安	寶雞	安康
經度 E	108°55'	106°58'	107°05'
緯度 N	34°16'	34°17'	32°46'
位置	西安市西 1 公里	寶雞北 1 公里	安康西 15 公里
標高 F.T.	1,364	2,079	885
場面長 M		1,500	1,700
場面寬 M		500 1,000	800 400
跑道長 M	1,800	1,100	1,600 1,000
跑道寬 M	50	50	30 50
跑道厚 M	0.20	0.15	0.25
跑道質料	碎石	碎石	碎石
機場概況	排水易有指揮塔及夜航設備機棚兩座營舍庫房均有	跑道可用排水易惟無附屬設備	機場狀況良好
能降機種	C-46	中型機	C-46

機場名稱	南鄭	鄠縣	五渠寺
經度 E	107°03'	108°32'	107°15'
緯度 N	33°05'	34°11'	33°15'
位置	南鄭西門外	鄠縣北 5 公里	南鄭東北 21 公里
標高 F.T.	1,605	1,377	1,960
場面長 M	2,600	3,000	1,600
場面寬 M	600 1,000	2,500 200	500
跑道長 M	2,300 1,500	2,300	1,650
跑道寬 M	60 100	60	30
跑道厚 M	0.40 0.20	0.30	0.20
跑道質料	碎石	碎石	碎石
機場概況	恆風東北有簡單夜航設備排水良好營舍倉庫房設備齊全	場面良好排水不易有營舍指揮塔建築及簡單夜航設備	機場狀況良好跑道可用惟無附屬設備
能降機種	B-24	B-24	C-47

機場名稱	榆林	鳳翔	沔縣
經度 E	109°45'		106°47'
緯度 N	38°17'		33°07'
位置	榆林南 1 公里	鳳翔縣外	沔縣東南倉台村
標高 F.T.	3,410		1,738
場面長 M	1,300		1,500
場面寬 M	100		200
跑道長 M	1,200	1,200	1,500
跑道寬 M	50	50	60
跑道厚 M	0.15	0.15	0.20
跑道質料	碎石	碎石	碎石
機場概況	跑道南端鬆軟場面多浮石不能擴展無營舍庫房等設備	跑道尚未完成	土質堅硬排水好惟無附屬設備
能降機種	C-47	不能用	C-47

機場名稱	蘭州	天水	中衛
經度 E	103°44'	150°29'	105°10'
緯度 N	36°02'	34°45'	37°35'
位置	蘭州東 3 公里	天水東 11 公里	中衛西 4 公里
標高 F.T.	5,103	3,850	3,591
場面長 M	2,850	1,200	1,200
場面寬 M	400 900	600	600
跑道長 M	1,000	1,000	
跑道寬 M	100	50	
跑道厚 M	0.25	0.15	
跑道質料	沙石	碎石	沙土
機場概況	機場狀況良好可用排水尚易有指揮塔及簡單夜航設備營舍庫房等	恆風東西排水尚易東可擴 1,500 公尺西可擴 500 公尺	恆風東北排水不良受水淹沒沙土滿場
能降機種	C-64	C-47	不能用

機場名稱	平涼	西寧	都蘭
經度 E	109°48'	101°56'	98°46'
緯度 N	36°30'	36°36'	37°02'
位置	平涼東 3 公里	西寧東 10 公里	都蘭北部
標高 F.T.	4,929	7,527	9,990
場面長 M	961	1,800	1,500
場面寬 M	774 1,030	800	300
跑道長 M	800		
跑道寬 M	50		
跑道厚 M	0.15		
跑道質料	碎石	粘土	砂土
機場概況	南部堅硬大雨後排水良好有營舍庫房等	地勢高亢排水易東西尚可擴有少量附屬設備	場面東高西低自闢築後尚未試航
能降機種	外型機	C-47	中型機

機場名稱	玉樹	稱多	大河壩
經度 E	96°48'	96°37'	99°56'
緯度 N	32°54'	33°19'	35°45'
位置	玉樹東南 25 公里	稱多東 22 公里	青海與海縣北
標高 F.T.	1,280	1,290	11,800
場面長 M	3,900	2,000	3,500
場面寬 M	1,400	600	1,000
跑道長 M			
跑道寬 M			
跑道厚 M			
跑道質料	沙土	黃土	沙土
機場概況	場面堅硬排水易四週環山北臨結有河	無跑道無設備	東部堅硬西部鬆軟
能降機種	C-47	C-47	中型機

機場名稱	迪化（一）	迪化（二）	哈密
經度 E	87°36'	87°39'	93°32'
緯度 N	43°49'	43°47'	42°46'
位置	迪化東南 1 公里	迪化西南 5 公里	哈密東北 5 公里
標高 F.T.	2,600	2,600	2,499
場面長 M	1,350	1,300	1,350
場面寬 M	300	750	350
跑道長 M	1,500	1,300	1,500
跑道寬 M	100	1,000	100
跑道厚 M	0.30		
跑道質料	三合土	黃土	砂土
機場概況	跑道可用有指揮塔及簡單夜航設備營舍庫房等	恆風東南無排水設備能擴修有簡單營房油庫	機場能擴修有營房油彈庫機棚等
能降機種	C-46	C-47	C-47

機場名稱	庫車	焉耆	喀什
經度 E	82°58′	86°35′	75°56′
緯度 N	41°47′	42°05′	39°27′
位置	庫車東 7 公里	焉耆北 1 公里	疏勒西南 1 公里
標高 F.T.	3,608	2,470	6,914
場面長 M	1,500	1,400	1,200
場面寬 M	300	400	400
跑道長 M			1,030
跑道寬 M			30
跑道厚 M			0.10
跑道質料	砂土	鹹土	碎石
機場概況	能擴修有營房及簡陋油彈庫	場面局部輕鬆勉強可用能擴修有少數營房庫房等	恆風無定場面鹹土佔 2/3 勉強可用能擴修
能降機種	C-47	C-47	C-47

機場名稱	阿克蘇	岷縣	臨洮
經度 E	80°12′	103°55′	103°51′
緯度 N	41°16′	34°15′	35°21′
位置	阿克蘇西北 5 公里	岷縣西 1 公里	臨洮西 1 公里
標高 F.T.	3,624	7,826	6,156
場面長 M	1,500	1,050	1,100
場面寬 M	300	800	550
跑道長 M		1,000	
跑道寬 M		50	
跑道厚 M		0.30	
跑道質料	沙土	石子	沙石
機場概況	機場可用無設備	恆風東北排水良好機場向西可擴 430 公尺向東可擴 120 公尺	僅可臨時迫降用
能降機種	C-47	C-47	C-47

機場名稱	嘉峪關	酒泉	玉門
經度 E	98°25'	98°42'	97°14'
緯度 N	39°50'	39°41'	40°18'
位置	嘉峪關東15公里	酒泉南4公里	玉山東北4公里
標高 F.T.	8,420	4,887	16,990
場面長 M	1,500	1,700	1,500
場面寬 M	1,500	1,400	500
跑道長 M		1,300	
跑道寬 M		400	
跑道厚 M			
跑道質料	沙石	沙石	沙石
機場概況	場面堅硬排水良好有營房及油彈坑等設備	場面堅硬可用現民航機使用該場	機場新闢無設備
能降機種	C-46	C-47	C-47

機場名稱	山丹	安西	張掖
經度 E	101°02'	95°57'	100°13'
緯度 N	38°49'	40°30'	38°50'
位置	山丹西北2公里	安西南1公里	張掖南13公里
標高 F.T.	19,548	3,875	5,085
場面長 M	1,500	1,560	1,400
場面寬 M	500	700	900
跑道長 M			400
跑道寬 M			
跑道厚 M			
跑道質料	沙土	沙石	沙土
機場概況	機場新闢無設備	恆風向東西有簡單夜航信號設備	南部堅硬西部鬆軟排水易恆風西北有油庫2座
能降機種	C-47	C-47	C-47

機場名稱	武威	敦煌	成縣
經度 E	102°45'	94°43'	105°35'
緯度 N	38°20'	40°06'	33°46'
位置	武威西北 6 公里	敦煌西南 8 公里	成縣東 1 公里
標高 F.T.	4,838		2,952
場面長 M	1,500	2,000	1,400
場面寬 M	1,400	160	590
跑道長 M			1,000
跑道寬 M			50
跑道厚 M			0.25
跑道質料	石礫	沙土	石子
機場概況	恆風西北排水易有營房掩體油庫等設備	機場西北為戈壁	東南有高山西有河流
能降機種	C-47	C-47	C-47

機場名稱	靜寧	寧夏	同心城
經度 E	105°48'	106°15'	105°51'
緯度 N	35°18'	38°30'	37°00'
位置	靜寧西南半公里	寧夏永寧西 8 公里	同心城北 1 公里
標高 F.T.	6,691	3,650	433
場面長 M	1,280	1,400	1,600
場面寬 M	900	80	1,000
跑道長 M	1,200		
跑道寬 M	650		
跑道厚 M			
跑道質料	沙土	沙土	沙土
機場概況	場地西北堅硬南部鬆軟排水不良	恆風向西北排水不良不能擴修春夏之交濕氣上升不能用	機場南北向恆風向西北排水良好東西及西北不能擴修
能降機種	C-47	C-47	C-47

機場名稱	榆次
經度 E	112°26'
緯度 N	37°48'
位置	榆次西北 15 公里
標高 F.T.	2,624
場面長 M	
場面寬 M	
跑道長 M	1,500
跑道寬 M	80
跑道厚 M	0.15
跑道質料	洋灰
機場概況	機場地勢過低雨後跑道積水有油彈庫 1 座無附屬設備
能降機種	C-46

四、第四軍區

機場名稱	漢口	武昌	宜昌
經度 E	114°15'	114°25'	111°25'
緯度 N	30°36'	30°32'	30°43'
位置	位漢口市西 3 公里	武昌南 3 公里南湖	宜昌東北郊
標高 F.T.	88	118	1,866
場面長 M	6,800	2,200	
場面寬 M	4,800	1,700	
跑道長 M	1,800	1,450 1,550	1,000
跑道寬 M	50	50	90
跑道厚 M	0.30	0.50	
跑道質料	柏油	水泥	磚石
機場概況	機場狀況良好有指揮塔及夜航設備營舍庫房等	恆風東北排水良好有指揮塔台機棚機堡及簡單夜航設備	恆風東南場面可用東有山地無附屬設備
能降機種	C-46	B-24	中型機

機場名稱	當陽	南昌	玉山
經度 E	111°45'	115°57'	118°15'
緯度 N	30°53'	28°35'	28°44'
位置	當陽東 1 公里	南昌東南 8 公里	玉山東北 4 公里
標高 F.T.	475	130	65
場面長 M	2,000	2,000	2,000
場面寬 M	800	1,000 700	1,200
跑道長 M	1,520	1,500	1,500
跑道寬 M	100	50	50
跑道厚 M	0.23	0.25	0.15
跑道質料	三合土	碎石	碎石
機場概況	無一切設備	排水良好南北可擴修 1,000 米有指揮塔台機棚等簡單設備	恆風東北大雨後排水不易向東南可擴展僅有簡單設備
能降機種	中型機	C-47	C-47

機場名稱	吉安	遂川	南城
經度 E	114°59'	114°39'	116°37'
緯度 N	27°05'	26°25'	27°35'
位置	吉安西南 2 公里	遂川北 7 公里	南城北 1 公里
標高 F.T.	196	196	229
場面長 M	1,500	2,500	1,300
場面寬 M	1,000 240	400	360
跑道長 M	1,500 1,000	2,200	1,200
跑道寬 M	100 50	60	50
跑道厚 M	0.10	0.30	0.15
跑道質料	碎石	碎石	碎石
機場概況	恆風向南北排水尚易東北山地向南可擴展	恆風東北排水不易機場不能擴展設備不全	無設備
能降機種	C-47	B-24	小型機

機場名稱	安慶	蕪湖	合肥
經度 E	117°23'	118°22'	117°20'
緯度 N	30°33'	31°27'	31°54'
位置	安慶東 9 公里	蕪湖北 7 公里	合肥東 2 公里
標高 F.T.	65	120	147
場面長 M	1,800	1,800	700
場面寬 M	200	220	700
跑道長 M	1,800	1,600	1,100
跑道寬 M	100	50	50
跑道厚 M	0.10	0.10	0.12
跑道質料	碎石	碎石	碎石
機場概況	排水不良雨後不能用無設備	狀況尚可無設備	跑道末端 200 米鋪石子不能用雨後排水不良
能降機種	C-47	C-47	中型機

機場名稱	蘇州	東海	杭州
經度 E	120°38'	119°09'	120°14'
緯度 N	31°18'	34°38'	30°20'
位置	蘇州南 4 公里	東海東北 3 公里	杭州東北 10 公里
標高 F.T.	20	130	22
場面長 M	900	1,400	1,600
場面寬 M	600 300	1,300	1,400
跑道長 M	900	800	1,400
跑道寬 M	200	300	60
跑道厚 M			0.07
跑道質料	土質	土質	洋灰
機場概況	四週空曠無障礙場面平整部份可用	南有山丘雨後不能用	機場良好有指揮塔台機棚及夜航營舍庫房等設備
能降機種	小型機	小型機	C-47

機場名稱	寧波	金華	嘉興
經度 E	121°29'	119°43'	120°42'
緯度 N	29°48'	29°04'	30°44'
位置	寧波西南 10 公里	金華東南 1 公里	嘉興西南 7 公里
標高 F.T.	19	115	23
場面長 M		1,600	1,500
場面寬 M		480	800
跑道長 M	1,200	1,450	1,500
跑道寬 M	30	50	300
跑道厚 M	0.20	0.15	
跑道質料	碎石	水泥	土地
機場概況	另有副跑道900公尺不能用無設備	機場高低不平跑道常完善僅有簡單設備	無跑道機場平整可用無設備
能降機種	C-47	C-47	小型機

機場名稱	衢州	長沙	芷江
經度 E	118°08'	112°59'	109°38'
緯度 N	28°09'	28°13'	27°27'
位置	衢州東門外 1 公里	長沙東北半公里	芷江東南 1 公里
標高 F.T.		190	867
場面長 M	260 / 800	1,000	1,700
場面寬 M	940 / 854	60	1,150 / 340
跑道長 M	1,900 / 1,800	900	1450
跑道寬 M	50	30	50
跑道厚 M		0.03	0.30
跑道質料	碎石	石子	碎石
機場概況	場面破壞未修復僅有簡單設備	排水不良機場尚可擴修 300 米無附屬設備	恆風東北排水不良附屬設備全無
能降機種	不能用	小型機	C-46

機場名稱	衡陽	零陵	寶慶
經度 E	112°37'	111°31'	111°22'
緯度 N	26°56'	26°22'	27°53'
位置	衡陽東 5 公里	零陵北 15 公里	淑浦東 7 公里
標高 F.T.	242	500	850
場面長 M	1,560	1,800	1,500
場面寬 M	750 180	600	700
跑道長 M	1,500 1,300	1,600	1,200
跑道寬 M	50 30	100	50
跑道厚 M	0.57 0.43	0.30	0.30
跑道質料	碎石	碎石	沙石
機場概況	排水欠佳有機棚油庫及簡單設備	無設備	尚未修復
能降機種	C-46	C-46	不能用

機場名稱	淑浦	湘潭	茶陵
經度 E	110°38'	112°54'	113°33'
緯度 N	27°53'	27°50'	26°54'
位置	淑浦東 7 公里	湘潭東南 5 公里	茶陵東南 5 公里
標高 F.T.	900	203	700
場面長 M	1,750	1,750	1,000
場面寬 M	500	580 400	60
跑道長 M	1,450 1,750	800	1,000
跑道寬 M	40 50	50	60
跑道厚 M	0.50 0.35	0.50	0.10
跑道質料	碎石	碎石	石子
機場概況	機場可用無設備	恆風南北排水不易東北有小丘東南為湘江	無設備
能降機種	C-46	小型機	中型機

機場名稱	南寧	丹竹	都安
經度 E	108°19'	110°38'	108°06'
緯度 N	22°48'	23°24'	24°07'
位置	南寧東南2公里	平南東丹竹墟	都安北18公里
標高 F.T.	246	328	1,640
場面長 M	1,650	2,100	1,500
場面寬 M	110	183	500
跑道長 M	1,545	2,000	
跑道寬 M	45	50	
跑道厚 M	0.25	0.50	
跑道質料	碎石	碎石	碎土
機場概況	狀況良好僅有簡單設備	狀況良好現無設備	無跑道及一切設備
能降機種	C-46	B-24	小型機

機場名稱	百色	梧州
經度 E	106°35'	111°18'
緯度 N	23°55'	23°18'
位置	百色東南2公里	梧州南對江
標高 F.T.	520	200
場面長 M	1,600	800
場面寬 M	300	200
跑道長 M	1,450	
跑道寬 M	30	
跑道厚 M	0.20	
跑道質料	碎石	土質
機場概況	跑道可用無設備	無設備
能降機種	C-47	小型機

五、第五軍區

機場名稱	重慶（白市驛）	重慶（九龍坡）	梁山
經度 E	106°22'	106°33'	107°49'
緯度 N	29°30'	29°30'	30°42'
位置	重慶市西 20 公里	重慶東南 14 公里	梁中西北 半公里
標高 F.T.	1,213	787	639
場面長 M	1,700	1,200	2,040
場面寬 M	500	200	675 500
跑道長 M	1,500	1,200	1,500 1,800
跑道寬 M	150	50	50
跑道厚 M	0.30	0.30	0.40 0.50
跑道質料	碎石	碎石	碎石
機場概況	恆風南北跑道堅硬有指揮塔夜航設備及營舍庫房等	跑道外鬆軟	恆風東北排水不易有機堡油彈庫及簡單夜航設備
能降機種	C-46	C-47	C-46

機場名稱	萬縣	瀘縣	新津
經度 E	108°25'	105°28'	103°50'
緯度 N	30°49'	28°42'	30°25'
位置	萬縣南岸 陳家壩	瀘縣西南	新津東 3 公里
標高 F.T.	590	900	1,670
場面長 M	420	2,200	2,600
場面寬 M	160	350	1,600
跑道長 M		1,800	2,600
跑道寬 M		60	60
跑道厚 M		0.40	0.50
跑道質料	土質	洋灰	碎石
機場概況	場地狹小久未使用	機場曾受水淹無附屬設備	機場狀況良好有指揮塔台夜航設備及營舍庫房等
能降機種	小型機	C-46	B-29

機場名稱	宜賓	秀山	開江
經度 E	104°31'	109°00'	107°55'
緯度 N	28°48'	28°25'	31°00'
位置	宜賓西北7公里	秀山西南1公里	開江西南5公里
標高 F.T.	820	2,624	1,531
場面長 M	1,850	1,300	1,200
場面寬 M	800	250	250
跑道長 M	1,700		
跑道寬 M	50		
跑道厚 M	0.15		
跑道質料	碎石	土質	土質
機場概況	跑道可用無設備	無設備	無設備
能降機種	C-47	小型機	小型機

機場名稱	達縣	廣元	閬中
經度 E	107°23'	105°55'	105°58'
緯度 N	31°12'	28°25'	31°30'
位置	達縣西南11公里	廣元縣東5公里	閬中北半公里
標高 F.T.	1,009	1,702	1,210
場面長 M	1,200	1,600	1,210
場面寬 M	340	900	600 1,200
跑道長 M			1,000
跑道寬 M			200
跑道厚 M			
跑道質料	土質	土質	泥沙
機場概況	無設備	場地北部堅硬東部鬆軟排水不易	恆風西北排水不良無設備
能降機種	小型機	小型機	小型機

機場名稱	松潘	南充	遂寧
經度 E	103°39'	106°30'	105°35'
緯度 N	32°49'	30°47'	30°29'
位置	松潘東北23公里	南充2公里	遂寧東南4公里
標高 F.T.	7,700	880	1,023
場面長 M	800	1,200	1,200
場面寬 M	400	600	1,200
跑道長 M			1,400
跑道寬 M			80
跑道厚 M			0.25
跑道質料	土質	土質	碎石
機場概況	無附屬設備	無附屬設備	機場狀況良好無設備
能降機種	小型機	小型機	C-47

機場名稱	綿陽	簡陽	廣漢
經度 E	104°47'	104°39'	104°23'
緯度 N	31°27'	30°20'	30°48'
位置	綿陽南8公里	簡陽東南15公里	廣漢東南郊
標高 F.T.	1,320	1,333	1,644
場面長 M	1,600	1,600	2,600
場面寬 M	300	300	1,000
跑道長 M	1,400	1,400	2,600 1,400
跑道寬 M	45	45	61 45
跑道厚 M	0.25	0.25	0.50
跑道質料	碎石	碎石	碎石
機場概況	無附屬設備	無附屬設備	排水良好跑道良好無設備
能降機種	小型機	小型機	B-24

機場名稱	太平寺（成都）	鳳凰山（成都）	邛崍
經度 E	104°00'	104°25'	103°36'
緯度 N	30°36'	30°43'	30°30'
位置	成都南 7 公里	成都北 5 公里	邛崍東北 8 公里
標高 F.T.	1,650	1,640	1,705
場面長 M	1,800	1,400	2,600
場面寬 M	1,800	600	1,500
跑道長 M		1,400	2,600
跑道寬 M		45	61
跑道厚 M		0.20	0.50
跑道質料	泥土	碎石	碎石
機場概況	無跑道場地可用有指揮塔台簡單夜航設備僅有少數營舍庫房等	機場狀況良好僅有簡單設備	跑道完好無設備
能降機種	C-47	C-47	B-29

機場名稱	雙流	大足	彭山
經度 E	103°57'	105°46'	103°52'
緯度 N	38°35'	29°39'	30°17'
位置	雙流東北 1 公里	大足東南 15 公里	彭山北 7 公里
標高 F.T.	1,640	1,279	1,640
場面長 M	1,800	1,400	3,000
場面寬 M	1,000	300	1,050
跑道長 M	1,400		2,600
跑道寬 M	40		61
跑道厚 M	0.20		0.50
跑道質料	碎石	土質	碎石
機場概況	跑道完好無設備	天雨不能降機無設備	跑道完好無設備
能降機種	C-47	小型機	B-29

機場名稱	合江	夾江	恩施
經度 E	105°44'	103°34'	109°29'
緯度 N	28°49'	29°42'	30°18'
位置	合江西北2公里	夾江東南2公里	恩施北半公里
標高 F.T.	803	1,644	1,344
場面長 M	1,300	1,500	1,800
場面寬 M	250	500	250
跑道長 M			1,450
跑道寬 M			100
跑道厚 M			0.20
跑道質料	土質	沙土	碎石
機場概況	無跑道及附屬設備	無跑道及附屬設備	恆風北排水良南北均可擴展有營房及山洞庫僅有簡單設備
能降機種	小型機	小型機	C-47

機場名稱	康定	西昌	理化
經度 E	101°35'	102°15'	100°15'
緯度 N	30°02'	27°54'	29°58'
位置	康定西72公里	西昌西北5公里	理化南3公里
標高 F.T.	8,396	4,290	3,137
場面長 M	2,000	1,600	4,000
場面寬 M	80	1,280	400
跑道長 M		1,500	
跑道寬 M		50	
跑道厚 M		0.50	
跑道質料	泥土	碎石	土質
機場概況	無跑道四週山丘排水易	排水不易附屬設備無	機場大部鬆軟無跑道
能降機種	小型機	C-47	小型機

機場名稱	甘孜	雅安	貴陽
經度 E	100°00'	103°02'	107°43'
緯度 N	33°37'	30°00'	26°34'
位置	甘孜東南 1 公里	雅安西半公里	貴陽南 1.5 公里
標高 F.T.	1,110	3,000	3,460
場面長 M	2,000	570	4,040
場面寬 M	200	410	330
跑道長 M			
跑道寬 M			
跑道厚 M			
跑道質料	土質	土質	黃土
機場概況	場面西南堅硬東北鬆軟排水較易	無跑道西南山地障礙	無跑道大部堅硬排水尚易
能降機種	小型機	小型機	小型機

機場名稱	清鎮	黃平	遵義
經度 E	106°28'	107°44'	107°03'
緯度 N	26°36'	27°00'	27°36'
位置	清鎮東南 2 公里	黃平西北 22 公里	遵義東南 17 公里
標高 F.T.	4,126	2,296	2,722
場面長 M	1,410	1,900	1,200
場面寬 M	300 130	500 350	400
跑道長 M	1,350 1,350	1,750	1,400
跑道寬 M	100 60	50	50
跑道厚 M	0.20	0.30	0.30
跑道質料	碎石	碎石	碎石
機場概況	排水易有機堡油彈庫營房機棚等	無設備	無附屬設備
能降機種	C-47	C-46	C-46

機場名稱	思南	獨山	安順
經度 E	108°20'	107°32'	105°50'
緯度 N	27°44'	25°51'	26°16'
位置	思南 18 公里	獨山東北 1 公里	安順西北 3 公里
標高 F.T.	2,296	2,624	4,500
場面長 M	1,400	1,650	1,200 780
場面寬 M	400		300 300
跑道長 M		1,350	
跑道寬 M		30	
跑道厚 M		0.30	
跑道質料	土質	石子	土質
機場概況	中部堅硬西端鬆軟排水不易	無設備	中北部堅硬排水不易
能降機種	小型機	C-47	小型機

機場名稱	盤縣	昆明	昭通
經度 E	104°29'	102°43'	103°41'
緯度 N	25°48'	25°02'	27°19'
位置	盤縣東北15 公里	昆明東南 5 公里	昭通東北 2 公里
標高 F.T.		6,240	6,230
場面長 M		2,300	1,750
場面寬 M		1,500 1,300	1,200 450
跑道長 M	1,300	2,200 2,100	1,500
跑道寬 M	50	100 50	50
跑道厚 M		0.40	0.20
跑道質料	土質	碎石洋灰	碎石
機場概況	場面舖有碎石極堅硬有排水溝	洋灰跑道已封鎖設備齊全	排水不易跑道可用
能降機種	小型機	C-46	C-46

機場名稱	羊街	雲南驛	白屯
經度 E	103°04'	100°43'	100°44'
緯度 N	25°24'	25°25'	25°25'
位置	尋南西南 28 公里	祥雲東南 12 公里	雲南驛東北 4 公里
標高 F.T.	6,363	6,420	6,500
場面長 M	2,000	2,070	1,680
場面寬 M	300	800 580	200
跑道長 M	1,800	1,850	1,600
跑道寬 M	140	20	100
跑道厚 M	0.60	0.40	0.40
跑道質料	碎石	碎石	碎石
機場概況	東西有山排水不良	跑道良好可用無設備	狀況良好無設備
能降機種	B-24	C-46	C-46

機場名稱	保山	呈貢	蒙自
經度 E	99°09'	102°48'	103°23'
緯度 N	25°03'	24°52'	25°19'
位置	保山南 7 公里	呈貢西南 6 公里	蒙自東南 1 公里
標高 F.T.	5,248	5,904	5,422
場面長 M	1,900	3,100	1,200
場面寬 M	200	350	900
跑道長 M	1,800	260	1,700
跑道寬 M	45	60	30
跑道厚 M	0.30	0.60	0.25
跑道質料	碎石	碎石	碎石
機場概況	無設備	跑道可用無設備	跑道外鬆軟排水良好
能降機種	C-46	B-29	C-47

機場名稱	陸良	羅平	東川
經度 E	103°37'	104°19'	103°12'
緯度 N	25°02'	24°57'	26°26'
位置	陸良西南 6 公里	羅平南 3 公里	東川東北 2 公里
標高 F.T.	6,077	5,441	7,248
場面長 M	3,610	3,150	1,300
場面寬 M	840	1,400	400
跑道長 M	3,225	2,250	
跑道寬 M	60	50	
跑道厚 M	0.45	0.40	
跑道質料	碎石	碎石	土質
機場概況	跑道良好無設備	場面有指揮塔台 1 座油池等建築	無跑道中部堅硬排水不易無設備
能降機種	B-24	B-24	小型機

機場名稱	廣南	麗江	楚雄
經度 E	105°07'	100°13'	101°34'
緯度 N	24°09'	26°52'	25°02'
位置	廣南東 1 公里	麗江西北 3 公里	楚雄東北郊
標高 F.T.	4,150	8,136	5,870
場面長 M	1,100	800	1,845
場面寬 M	100	400	710 225
跑道長 M	1,500		
跑道寬 M	30		
跑道厚 M	0.25		
跑道質料	碎石	土質	泥質
機場概況	無附屬設備	無設備	無設備
能降機種	C-47	小型機	小型機

機場名稱	大理	騰衝	芒市
經度 E	100°09'	98°30'	98°32'
緯度 N	25°44'	25°00'	24°24'
位置	大理西南郊	騰衝西南 2 公里	芒市西南 3 公里
標高 F.T.	6,000	5,249	3,000
場面長 M	500	1,200	1,200
場面寬 M	450	50	500
跑道長 M			
跑道寬 M			
跑道厚 M			
跑道質料	土質	土質	土質
機場概況	無設備	無設備	無設備
能降機種	小型機	小型機	小型機

機場名稱	猛撒	思茅	南嶠
經度 E	99°36'	101°02'	100°16'
緯度 N	23°43'	22°48'	22°01'
位置	猛撒西北 5 公里	思茅西南 2 公里	南嶠西北 11 公里
標高 F.T.	4,500	4,214	6,560
場面長 M	2,330	1,600	1,500
場面寬 M	45	100	100
跑道長 M			1,500
跑道寬 M			60
跑道厚 M			
跑道質料	土質	土質	石子
機場概況	無設備	無設備	無設備
能降機種	小型機	小型機	小型機

機場名稱	霑益
經度 E	103°49'
緯度 N	29°38'
位置	霑益東南一公里
標高 F.T.	6120
場面長 M	2000
場面寬 M	650
跑道長 M	1800
跑道寬 M	100
跑道厚 M	0.60
跑道質料	碎石
機場概況	排水良好有營房油庫庫房等惟現無其他設備
能降機種	C-46

六、台灣區

機場名稱	松山（台北）	桃園	新竹
經度 E	121°33'	121°14'	120°58'
緯度 N	25°05'	25°05'	24°48'
位置	台北松山	新竹西北 9 公里	新竹西北 2 公里
標高 F.T.	203	430	16
場面長 M	2,000 1,500	2,200	2,000
場面寬 M	1,000	2,200	1,600
跑道長 M	1,800 700	1,500	1,800 1,170 1,180
跑道寬 M	45 90	50	45 80
跑道厚 M	0.20	0.30	0.50
跑道質料	水泥	混凝土	水泥柏油碎石
機場概況	跑道良好有指揮塔台夜航設備棚廠營舍庫房機堡及防風設備等	跑道良好有指揮塔台夜航設備棚廠機堡營舍庫房防風設備等	跑道良好有指揮塔台夜航設備棚廠機堡營舍庫房防風設備等
能降機種	C-54	C-46	B-24

機場名稱	台中	嘉義	台南
經度 E	120°40'	121°24'	120°13'
緯度 N	24°08'	23°27'	24°51'
位置	台中西北7公里	嘉義西南7公里	台南市南
標高 F.T.	229	90	75
場面長 M	2,000	2,000	2,225
場面寬 M	1,400	900	1,525
跑道長 M	1,500 1,200	1,700	1,300
跑道寬 M	100 25	150	80
跑道厚 M	0.15 0.04	0.35	0.30
跑道質料	水泥洋灰	水泥	柏油
機場概況	跑道良好有指揮塔台夜航設備棚廠機堡營舍庫房防風設備等	跑道良好有指揮塔台夜航設備棚廠機堡營舍庫房防風設備等	跑道良好有指揮塔台夜航設備棚廠機堡營舍庫房防風設備等
能降機種	C-46	C-46	C-46

機場名稱	岡山	屏東（北）	台東（北）
經度 E	120°15'	120°27'	121°10'
緯度 N	22°46'	22°40'	22°35'
位置	岡山西南	屏東西北	台東縣卑南鄉
標高 F.T.	16	65	
場面長 M	1,800M²		
場面寬 M			
跑道長 M	1,200 1,100	1,600	1,000
跑道寬 M	80	60	60
跑道厚 M	0.20	0.20	0.20
跑道質料	柏油碎石	洋灰	礫土
機場概況	跑道良好有指揮塔台夜航設備棚廠機堡營舍庫房防風設備等	跑道良好有指揮塔台夜航設備棚廠機堡營舍庫房防風設備等	無跑道雨後場面鬆軟排水尚易有簡單設備
能降機種	C-46	C-46	C-46

機場名稱	恆春	宜蘭（南）	宜蘭（北）
經度 E	120°40'	121°45'	121°46'
緯度 N	22°01'	24°45'	24°45'
位置	恆春北 3 公里	宜蘭南 4 公里	宜蘭五結
標高 F.T.	49	22	37
場面長 M	2,000	1,800	
場面寬 M	1,200	1,000	
跑道長 M	1,300 1,040	1,600	1,200
跑道寬 M	120 100	110	20
跑道厚 M	0.80	0.20	0.15
跑道質料	水泥	水泥	水泥
機場概況	有指揮塔台電台氣象台及簡單設備	跑道良好僅有簡單設備	久未修整
能降機種	C-46	C-47	不能用

機場名稱	宜蘭（西）	草屯	虎尾
經度 E	121°46'	120°38'	120°30'
緯度 N	24°45'	23°56'	23°41'
位置	宜蘭員山鄉內湖	台中縣草屯西南1.5 公里	虎尾鎮西 2 公里
標高 F.T.	49	27	80
場面長 M			1,500
場面寬 M			1,475
跑道長 M	1,000	1,500	
跑道寬 M	100	60	
跑道厚 M		0.10	
跑道質料	土質	水泥	草地
機場概況	場地鬆軟	跑道尚需修理無設備	無跑道僅有簡單設備
能降機種	不能用	不能用	小型機

機場名稱	小港	仁德	大林
經度 E	120°20'	120°14'	120°30'
緯度 N	22°30'	23°01'	23°36'
位置	鳳山南 5 公里	台南市東南 3 公里	嘉義大林鎮 大埔美
標高 F.T.		82	
場面長 M	2,000	1,750	
場面寬 M	400	200	
跑道長 M	1,600 1,600	1,460	1,500
跑道寬 M	200	60	100
跑道厚 M	0.20	0.06	0.30
跑道質料	洋灰	柏油	碎石
機場概況	跑道彈坑未修復	修整後可用	修整後可用
能降機種	不能用	不能用	小型機

機場名稱	北斗	台東（南）	屏東（南）
經度 E		120°09'	120°27'
緯度 N		22°45'	20°40'
位置		台東馬蘭鎮西	屏東西 4 公里
標高 F.T.		65	65
場面長 M		2,000	2,000
場面寬 M		1,500	1,000
跑道長 M	1,800	2,000	1,250
跑道寬 M	300	200	100
跑道厚 M			0.20
跑道質料	砂土	砂土	洋灰
機場概況	修整後可用	無設備	跑道良好可用
能降機種	小型機	小型機	C-54

機場名稱	台中（東）	花蓮港（南）	花蓮港（北）
經度 E	128°43'	121°35'	121°40'
緯度 N	24°09'	23°58'	24°01'
位置	台中大屯門	花蓮港西南4公里	花蓮市北6公里
標高 F.T.	380	65	39
場面長 M		2,000	2,500
場面寬 M		1,600	1,900
跑道長 M	1,400		900
跑道寬 M	100		50
跑道厚 M			
跑道質料	土質	砂土	砂土
機場概況	須修理始能用	恆風冬北夏南排水良好無設備	無跑道僅有簡單設備
能降機種	小型機	小型機	C-47

機場名稱	公館	龍潭	台北（南）
經度 E	120°41'	121°39'	121°35'
緯度 N	24°09'	24°57'	25°05'
位置	台中縣公館南	龍潭西2公里	台北馬場町西北
標高 F.T.	750	431	22
場面長 M	1,800		1,200
場面寬 M	1,500		100
跑道長 M	1,300	1,500	1,100
跑道寬 M	80	50	80
跑道厚 M	0.20	0.20	0.30
跑道質料	碎石	碎石	碎石
機場概況	跑道僅東端1條可用無設備	可作臨時迫降用無設備	排水不良無設備
能降機種	C-47	C-47	不能用

機場名稱	淡水（水）	東港（水）	馬公
經度 E	121°26'	120°27'	119°10'
緯度 N	25°13'	22°28'	24°14'
位置	淡水縣淡水	東港東南 3 公里	澎湖島馬公市東南 5 公里
標高 F.T.			
場面長 M			1,100
場面寬 M			400
跑道長 M			1,000
跑道寬 M			100
跑道厚 M			
跑道質料			泥沙土
機場概況			無跑道有電台氣象台及簡單設備
能降機種	水上機	水上機	C-46

機場名稱	金門	岱山	定海
經度 E			122°09'
緯度 N			30°06'
位置			定海城東南 2 公里
標高 F.T.			
場面長 M			
場面寬 M			
跑道長 M	1,200	1,200	1,500
跑道寬 M	30	30	45
跑道厚 M	0.15	0.15	0.30
跑道質料	砂土碎石	碎石	泥土碎石
機場概況	有指揮塔台電台氣象台及簡單設備	有指揮塔台電台氣象台及簡單設備	有指揮塔台電台氣象台及簡單設備
能降機種	C-46		C-46

38年度空軍供應（勤務）機構番號及分佈地區表
（附表二）

項次	番號	原駐地點	成立日期	轉駐地點	撤銷日期
1	空軍供應總處	上海（大場）	36/2/1	臺南	38/11/1
2	空軍第一供應處	廣州	37/12/1		38/11/1
3	空軍第三供應處	西安	36/2/1	成都	39/1/1
4	空軍第四供應處	南京（大教場）	36/2/1	福州	38/11/30
5	空軍第五供應處	重慶	36/2/1		38/12/16
6	空軍第六供應處	漢口	36/2/1	衡陽	38/7/1
7	空軍第七供應處	臺南	36/2/1		38/11/30
8	空軍第二〇一供應大隊	漢口	36/2/1	台中	
9	空軍第二〇三供應大隊	徐州	36/2/1	屏東	
10	空軍第二一〇供應大隊	南京（明故宮）	36/2/1	嘉義	
11	空軍第二二〇供應大隊	上海（江灣）	36/2/1	新竹	
12	空軍第二〇四供應大隊	桃園	37/12/1		
13	空軍第二〇七供應大隊	台南	37/12/1		
14	空軍第二五四供應中隊	蘭州	36/6/1		38/11/1
15	空軍第二五五供應中隊	新津	36/6/1	西昌	
16	空軍第二五九供應中隊	迪化	37/5/1		38/11/1
17	空軍第二六一供應中隊	昆明	37/12/1		391/1
18	空軍第二六三供應中隊	遂川	37/12/1		38/7/1
19	空軍第二六四供應中隊	廈門	38/3/1		38/11/1
20	空軍第二六五供應中隊	松山	38/1/1		
21	空軍第二七〇供應中隊	衡陽	38/7/1	南寧	39/1/31
22	空軍第二七一供應中隊	桃園	38/6/1		38/11/30
23	空軍第二七二供應中隊	桂林	38/6/1		38/12/16
24	空軍第二七三供應中隊	柳州	38/6/1		38/12/31
25	空軍第二七四供應中隊	臺東	38/6/1		
26	空軍第二七五供應中隊	廣州	38/8/16		38/11/16
27	空軍第二七六供應中隊	清鎮	38/12/1		38/12/16
28	空軍第二七七供應中隊	海口	38/11/1		
29	空軍第二七八供應中隊	三亞	38/11/1		
30	空軍第三〇七供應分隊	歸綏	37/3/1	陝壩	38/11/1
31	空軍第三一二供應分隊	嘉峪關	37/3/1		38/11/1
32	空軍第三一三供應分隊	寧夏	37/3/1		38/11/1
33	空軍第三一六供應分隊	南昌	37/3/1		38/7/1
34	空軍第三一七供應分隊	芷江	37/3/1		38/11/1

項次	番號	原駐地點	成立日期	轉駐地點	撤銷日期
35	空軍第三一九供應分隊	恩施	37/3/1	瀘州	38/12/16
36	空軍第三二一供應分隊	桂林	37/3/1		38/6/1
37	空軍第三二二供應分隊	西昌	37/3/1		38/11/1
38	空軍第三二九供應分隊	西寧	37/12/1		38/11/1
39	空軍第三三〇供應分隊	榆林	37/12/1	鄠縣至廣元	38/9/1
40	空軍第三三二供應分隊	三亞	37/12/1		38/11/1
41	空軍第三三三供應分隊	寧波	37/12/1		38/6/1
42	空軍第三三四供應分隊	柳州	37/12/1		38/6/1
43	空軍第三三五供應分隊	清鎮	37/12/1		38/12/1
44	空軍第三三六供應分隊	霑益	37/12/1		38/12/16
45	空軍第三三七供應分隊	蚌埠	37/10/1		38/5/16
46	空軍第三三八供應分隊	汕頭	37/12/1		38/11/1
47	空軍第三三九供應分隊	衢州	37/11/1	零陵至百色	39/1/31
48	空軍第三四〇供應分隊	玉山	37/11/1		38/6/1

民國史料 35

關鍵年代：空軍一九四九年鑑
（一）

The Critical Era: Annual of R. O. C. Air Force in 1949
- Section I

原 編 者　空軍總司令部
編　　者　民國歷史文化學社編輯部
總 編 輯　陳新林、呂芳上
執行編輯　林弘毅
文字編輯　王永輝
排　　版　溫心忻

出　　版　🛡️ 開源書局出版有限公司

　　　　　香港金鐘夏慤道 18 號海富中心
　　　　　1 座 26 樓 06 室
　　　　　TEL：+852-35860995

　　　　　🌼 民國歷史文化學社 有限公司

　　　　　10646 台北市大安區羅斯福路三段
　　　　　　　37 號 7 樓之 1
　　　　　TEL：+886-2-2369-6912
　　　　　FAX：+886-2-2369-6990

初版一刷　2020 年 7 月 31 日
定　　價　新台幣 400 元
　　　　　港　幣 105 元
　　　　　美　元 15 元
I S B N　978-986-99288-7-8
印　　刷　長達印刷有限公司
　　　　　台北市西園路二段 50 巷 4 弄 21 號
　　　　　TEL：+886-2-2304-0488

http://www.rchcs.com.tw

國家圖書館出版品預行編目 (CIP) 資料
關鍵年代:空軍一九四九年鑑 = The critical era:
annual of R.O.C. Air Force in 1949 / 民國歷史文化學
社編輯部編著 . -- 初版 . -- 臺北市 : 民國歷史文化學
社 , 2020.07

　　面；　公分 . -- (民國史料 ; 35)

ISBN 978-986-99288-7-8(第 1 冊 : 平裝)

1. 空軍　2. 歷史

598.809　　　　　　　　　　　　　　　　109011300